昆虫创意产业
创新创业实践

曹成全 等 著

中国农业科学技术出版社

图书在版编目(CIP)数据

昆虫创意产业创新创业实践 / 曹成全等著 . --北京：中国农业科学技术出版社，2025.4. --ISBN 978-7-5116-7393-0

Ⅰ. S899；G124

中国国家版本馆 CIP 数据核字第 2025PH1841 号

责任编辑　闫庆健
责任校对　李向荣
责任印制　姜义伟　王思文

出 版 者	中国农业科学技术出版社
	北京市中关村南大街 12 号　　邮编：100081
电　　话	（010）82106638（编辑室）　（010）82109702（发行部）
	（010）82109709（读者服务部）
网　　址	https://castp.caas.cn
经 销 者	各地新华书店
印 刷 者	北京捷迅佳彩印刷有限公司
开　　本	170 mm×240 mm　1/16
印　　张	17.75
字　　数	318 千字
版　　次	2025 年 4 月第 1 版　2025 年 4 月第 1 次印刷
定　　价	68.00 元

◆版权所有・翻印必究◆

《昆虫创意产业创新创业实践》
著者名单

主　著	曹成全	乐山师范学院
副主著	王圣印	浙江师范大学行知学院
	杨　洲	吉林动画学院
	顾俊杰	四川农业大学
	潘鹏亮	信阳农林学院
参　著	童　超	乐山师范学院
	李　龙	四川虫生生物科技有限公司
	曹凤勤	海南大学
	童　松	北京师范大学珠海校区
	黄欣蒸	中国农业大学
	陈　云	安放童年(重庆)生态农业发展有限公司
	张　毅	青岛农业大学
	王玉玉	河北农业大学
	丁　来	郑州中昆农业技术开发有限公司
	杨小峰	浙江理工大学

前　言

长期以来，我一直在思考三个问题：第一，昆虫学的研究内容到底应该包括哪些？研究昆虫最终是为了什么？第二，作为一种特殊的新兴产业，昆虫产业的规律是什么？到底应该怎么做昆虫产业？第三，近些年出现的大学生就业难和创业浅的深层次原因是什么？如何通过教学改革破解？大学生到底应该如何创新和创业？这也是本书想要尝试回答的几个问题。

关于第一个问题，我认为，昆虫学研究不仅局限于昆虫自然规律的基础研究和植物保护思维下的害虫防治，还应该扩大到资源昆虫开发利用和产业发展；研究昆虫最终是为了利用昆虫来满足人们对美好生活的需要，让昆虫造福人类，让人类与昆虫友好相处。就全世界范围来说，昆虫产业方面的研究还很匮乏，研究者的人数很少，研究的产业领域和深度都参差不齐，从而限制了昆虫资源对人类生活和美好未来的贡献度。尤其近十年来，对昆虫资源的利用和产业化已经成为多个国家昆虫学者关注的热点之一。目前，昆虫学已经明显地呈现出"昆虫基础理论与技术""农业昆虫与害虫防治"和"昆虫资源及产业化"3个研究方向。

关于第二个问题，目前，中国及其他很多国家和地区已经开始如火如荼地发展昆虫产业，但基本还是着眼于昆虫繁育及加工利用等领域的技术性研究，鲜有专注于昆虫产业化的产业规律和应用路径研究。很多专家不太懂市场，很多企业不太懂昆虫，基本停留在"养虫卖虫""就虫论虫"的层面，部分人士将昆虫拓展到大农业、大环保、大健康、大食物观等领域，拓展了昆虫产业的范围，提升了高度，但还是没有充分摸透昆虫产业的规律和释放昆虫产业的能量。政府尚未完全掌握推动昆虫产业的有效路径，老百姓和企业经营者也不是很清楚到底怎么做昆虫产业才能挣钱，大学毕业生想介入这些产业却不知道怎

么创业。本人于 2021 年正式提出"昆虫创意产业"概念，为传统的昆虫产业加入了创意思维元素，在昆虫产业的产品、业态、营销、养殖等领域都有了一定的拓展，但由于许多主观和客观原因，"昆虫创意产业"的思路推广和自身完善，以及昆虫产业的规律探索及发展路径还需要继续努力。

第三个问题的原因很多且很复杂，但与高校的人才培养理念和学生自身的素质训练密切相关。大学生就业难，除就业岗位少与毕业生多之间的矛盾之外，更深层次的原因是很多高校的专业设置、师资水平、教学内容等与社会发展和企业需求严重脱节，大学毕业生不具备企业发展所需的综合素质，也就是"其实有岗位，但你胜任不了"；还有一个原因是，目前很多高校教师与行业发展脱节，所教授的大学生都是在传统的就业领域竞争就业，导致"就业卷"和"红海竞争"。其实，若能创造引领一些新的行业，进而专门培养适应这些新兴行业的大学生，则会极大缓解就业难的问题，也就是"没有岗位，自己创造岗位"。比如，在"昆虫创意产业"思路指导下诞生的昆虫旅游、昆虫疗愈、昆虫仿生、昆虫科普、昆虫蛋白、昆虫美食、昆虫康养，以及用昆虫产业助力乡村振兴等都可以为社会带来许多新的就业岗位。大学生"创业浅"缘自在校期间接受的真正意义上的创新创业训练其实很浅层，很多高校的创新创业教育并未为大学生就业和成长贡献应有的价值。昆虫创意产业可以为在校生或毕业生的创新、创业和就业贡献特殊的力量，理应引起高校和社会的重视。

在人工智能对传统人力和教育提出严峻挑战的时代背景下，如何发展新质生产力以促进传统产业转型，大力提升大学生的就业创业能力，甚至高校教师的行业引导能力，成为值得急迫思考的问题。发展新质生产力和提高大学生就业创业能力的核心要素是什么呢？我认为，应该是高"创商"，所谓"创商"，就是创新、创业、创意、创造的能力，以及创新性、主动性解决问题的能力。所以，本书的题目尽管有些拗口，但还是含有 3 个"创"字，以彰显作者对"创商"的高度重视和反复强调，也是本书的着力点和落脚点。高校及教师应主动对接产业需求，力争成为新兴产业的引领者，而不仅局限于学术研究范畴，或对产业及其创业者（包括大学生）"站在岸上教别人游泳"式的"指导"。

前言

很多资源昆虫书籍侧重基础研究和理论知识，阐述哪些昆虫有什么产业价值、如何养殖、有什么产品，但鲜有论及如何产业化开发，如何让大学生用昆虫资源创新创业。本书是在 2021 年出版的《昆虫创意产业》一书的升级版和实践版，不仅加入了近几年昆虫创意产业的最新探索和实践，更重要的是偏重了创新创业的实践性内容，并邀请多位昆虫产业从业者加盟编写，紧扣当下产业发展，写作体例和措辞都力图突破传统教材的束缚，加入丰富的产业案例和拓展资料，最大程度地体现"产教融合"和"学科交叉"，增加本书的实用性，提高对昆虫创意产业与大学生就业创业的价值和意义，甚至做成昆虫产业的"产业宝典"，进而让高校能服务甚至引领行业，让课堂不再自娱自乐和固步自封，让老师不再"在岸上教学生游泳"，让学生不再在围墙内纸上谈兵。

本书分为三篇十四章：第一篇为理论篇，包括对昆虫的全面正确认知、资源昆虫的产业价值、昆虫创意产业的提出、昆虫产业与不同学科的交叉融合；第二篇为探索篇，阐述了昆虫创意产业在乡村振兴、产业升级、大食物观、环境保护、文化旅游、休闲康养、研学科普等领域的应用；第三篇为实践篇，阐述了昆虫创意产业的教学实践、创新实践和创业实践。书中所有采用的图片，除了少数标记了拍摄人名及标注来源的，其余的图片均为本人团队拍摄，因此未再单独标注。本书为黑白印刷，为了更好地展示一些彩图中包含的信息，在每章节"拓展资料"中附加了二维码，读者扫码后可以看到该章节所包含的清晰彩图。书中标注了引用来源的彩图，版权所有者对本次引用有版权费用要求的，可与本人联系，双方协商版权费用相关问题。

由于"产教融合"和"学科交叉"的显著特色，本书不仅适用于昆虫学科的学生或从业人士，而且对文化、教育、康养、旅游、仿生、科普、研学、食品、农业、工业等诸多领域都有启发；不仅阐述了基础理论和技术要点，更结合了产业、行业、企业的实际情况，更接地气，有利于促进创新和创业。本书不仅可以指导大学生创新创业，还适合做社会培训教材，是创新和创业的实战性指导材料，还可作为政府官员决策和社会创业者的参考资料。

本书邀请了多个具有实战经验的高校和企业的作者（有几个作者还是高校教师兼职创业者），从不同角度论述了昆虫创意产业的创新创业：王圣印全

面论述了资源昆虫的类型；杨洲撰写了昆虫创意产业与文化艺术及教学实践、创新实践、创业实践；顾俊杰撰写了昆虫的常识和价值等内容；童松阐述了昆虫创意产业与不同学科的交叉，以及昆虫资源在休闲康养中的应用；童超阐述了昆虫创意产业对农业的产业升级路径；李龙起草了昆虫创意产业与大食物观和环境保护；曹凤勤撰写了昆虫休闲康养的主要内容并提出了很多创新观点；潘鹏亮撰写了昆虫的摄影、绘画、科普讲座等内容；王玉玉、黄欣蒸、张毅从不同角度论述了昆虫研学科普的相关内容；陈云和丁来则简述了自身创业的经历并总结了创业的实践经验；杨小峰撰写了昆虫仿生建筑并提供部分图片；曹成全撰写了其余内容，并负责全书的统稿润色。

谨以此书献给并致敬所有为中国乃至世界的昆虫产业披荆斩棘、开疆拓土的先辈们，献给并致敬所有出版昆虫产业书籍的专家和亲自下海的昆虫产业企业家，献给并致敬所有为昆虫产业奋斗、呐喊、助威的人士。由于撰写时间仓促和实践积累不够，再加上水平有限和题材创新，本书有诸多瑕疵，还望读者包涵且赐教，权当抛砖引玉，希望对中国的昆虫产业发展和高等教育改革有所帮助。读者对本书的意见反映、创业问题讨论或欲联合创业，可以与本人联系，电子邮箱：chqcao1314@163.com。

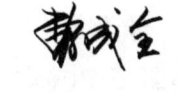

2025 年 3 月 1 日

目 录

第一篇 理论篇

第一章 被误解的昆虫：全面正确认识昆虫 3
  第一节 何谓昆虫 4
    一、昆虫的学术定义 4
    二、中国昆虫文化概念的界定 6
  第二节 多面昆虫 8
    一、其实我不丑 8
    二、虫之萌 11
    三、建筑大师 15
    四、隐藏高手 19
    五、昆虫仿生 20
    六、"有文化"的昆虫 22
    七、"高智商"的昆虫 45
  第三节 昆虫利弊 46
    一、"我们是害虫？" 46
    二、昆虫的价值 46

第二章 昆虫资源宝库：多元价值的资源昆虫 52
  第一节 昆虫的产业价值和资源特性 52
    一、昆虫的产业价值 52
    二、昆虫的资源特性 53
  第二节 昆虫资源的分类 55
  第三节 主要资源昆虫类型简介 56
    一、食用药用昆虫 56
    二、观赏娱乐昆虫 60
    三、环保饲用昆虫 62

　　四、绿色防控昆虫 ……………………………………………… 65
　　五、工业原料昆虫 ……………………………………………… 69
第三章　昆虫产业进化：昆虫创意产业的提出 ……………………… 76
　　一、昆虫产业发展现状 ………………………………………… 76
　　二、昆虫创意产业的提出 ……………………………………… 81
第四章　碰撞才出火花：不同学科的交叉融合 ……………………… 84
　　一、学科交叉概论 ……………………………………………… 84
　　二、昆虫学科的传统分类 ……………………………………… 86
　　三、昆虫学科与其他学科的交叉融合 ………………………… 87

第二篇　探索篇

第五章　昆虫创意产业与乡村振兴 …………………………………… 97
　第一节　昆虫创意产业促进乡村产业振兴 ………………………… 99
　　一、食用或药食两用昆虫 …………………………………… 100
　　二、赏玩昆虫 ………………………………………………… 100
　　三、环保昆虫 ………………………………………………… 101
　第二节　昆虫创意产业促进乡村全面振兴 ……………………… 102
第六章　昆虫创意产业与产业升级 ………………………………… 108
　　一、昆虫创意产业促进第一产业升级 ……………………… 108
　　二、昆虫创意产业促进第二产业升级 ……………………… 113
　　三、昆虫创意产业促进第三产业升级 ……………………… 113
第七章　昆虫创意产业与大食物观 ………………………………… 118
　第一节　食用昆虫与大食物观 …………………………………… 118
　　一、粮食安全与大食物观 …………………………………… 118
　　二、食用昆虫与大食物观的关系 …………………………… 119
　第二节　食用昆虫的开发与利用 ………………………………… 120
　　一、食用昆虫的产品形式 …………………………………… 120
　　二、食用昆虫的加工方式 …………………………………… 125
　第三节　昆虫创意食谱 …………………………………………… 129
第八章　昆虫创意产业与环境保护 ………………………………… 135
　第一节　环保昆虫处理有机废弃物 ……………………………… 135
　第二节　天敌昆虫和传粉昆虫促进绿色发展 …………………… 138
　　一、天敌昆虫与绿色农业 …………………………………… 138

　　二、传粉昆虫与绿色农业 ……………………………………… 140
　第三节　环境指示昆虫监测环境和促进生态价值转化 ………… 141
　　一、环境指示昆虫监测环境 ……………………………………… 141
　　二、环境指示昆虫促进生态价值转化 …………………………… 143

第九章　昆虫创意产业与文化旅游 …………………………………… 146
　　一、昆虫创意产业在文化产业中的应用 ………………………… 146
　　二、昆虫创意产业在旅游产业中的应用 ………………………… 157

第十章　昆虫创意产业与休闲康养 …………………………………… 165
　第一节　昆虫休闲康养概述 ……………………………………… 165
　　一、昆虫休闲康养简介 …………………………………………… 165
　　二、昆虫休闲康养的主要模式 …………………………………… 166
　第二节　昆虫生态疗愈 …………………………………………… 166
　　一、昆虫生态疗愈的概念 ………………………………………… 166
　　二、昆虫生态疗愈项目的实施 …………………………………… 167
　第三节　昆虫疗愈 ………………………………………………… 171
　　一、定义 …………………………………………………………… 171
　　二、蜂疗 …………………………………………………………… 171
　　三、蜂疗康养项目 ………………………………………………… 172
　第四节　昆虫声音的数字化疗愈 ………………………………… 173
　　一、核心步骤与技术实现 ………………………………………… 174
　　二、应用场景 ……………………………………………………… 176
　　三、技术挑战与解决方案 ………………………………………… 177
　　四、未来发展方向 ………………………………………………… 178
　第五节　昆虫休闲康养实践 ……………………………………… 179
　　一、昆虫创意休闲产业 …………………………………………… 179
　　二、昆虫创意康养产业 …………………………………………… 182

第十一章　昆虫创意产业与研学科普 ………………………………… 188
　　一、昆虫研学科普概论 …………………………………………… 188
　　二、昆虫研学科普的要素 ………………………………………… 190
　　三、昆虫主题科普馆的建设 ……………………………………… 194
　　四、研学科普中的昆虫摄影 ……………………………………… 199
　　五、研学科普中的昆虫绘画 ……………………………………… 200
　　六、昆虫科普讲座 ………………………………………………… 201
　　七、昆虫科普实践 ………………………………………………… 202

第三篇 实践篇

第十二章 昆虫创意产业的教学实践 ……………………………………… 213
    一、昆虫创意产业的研究生教育 …………………………………… 213
    二、昆虫创意产业的本科生教育 …………………………………… 214
    三、昆虫创意产业的中学生教育 …………………………………… 222
    四、昆虫创意产业的小学生教育 …………………………………… 224
    五、昆虫创意产业的幼儿园教育 …………………………………… 226

第十三章 昆虫创意产业的创新实践 ……………………………………… 230
    一、创新概论 ………………………………………………………… 230
    二、昆虫创意产业的实施路径 ……………………………………… 234
    三、昆虫创意产业的创新实践 ……………………………………… 237

第十四章 昆虫创意产业的创业实践 ……………………………………… 246
    一、创业概论 ………………………………………………………… 246
    二、昆虫创意产业的创业实践理论 ………………………………… 250
    三、昆虫创意产业的创业实践案例 ………………………………… 254

第一篇 理论篇

第一篇 理论篇

第一章 被误解的昆虫：
全面正确认识昆虫

　　由于从事昆虫研究的人群比例较小，昆虫科普和昆虫产业做得不够，再加上其他历史和文化等因素的影响，哪怕是就全世界范围来看，大众对昆虫的认知也很不够，产生了很多误解，以至于人类没有正确地看待和对待昆虫，没有与昆虫友好相处，更没有充分将昆虫"扬长避短、趋利避害"，从而最大程度地让昆虫造福人类。

　　很多人生来就怕昆虫，其实，正如朱赢椿所说，"这个世界最不怕虫子的是孩子，最怕虫子的是大人，大人看到毛毛虫会吓一跳，然后躲得远远的，或者一脚上去把它踩扁，孩子一般不这样，为什么呢？他们没有被污染，他们很本真，他们看待虫子的态度和大人不一样。"很多时候，孩子对昆虫的印象和态度可能无形中都是受到了大人的影响。

　　一提起昆虫，很多人觉得它很丑陋、很恶心、很无趣、低智商等，其实，这些错误的观点都是来自人们的认知，是因为"傲慢"而产生的"偏见"。昆虫的"丑陋"和"低智商"都是人自身对其的判断，何况，即使从人的眼光来看，很多昆虫都有萌宠有趣的一面，只是我们没有注意罢了；昆虫不仅不是无趣和低智商，反倒是相当聪明和有趣，其行为的丰富精彩远超人们的想象，甚至，人类在很多方面都需要向昆虫学习，这也是昆虫仿生学的由来；昆虫的数量和重量远超包括人类在内的所有脊椎动物，人类的历史在昆虫史面前更如白驹过隙，昆虫可以离开人类而生活得很好，但人类离开昆虫却可能活不下去，从某个意义上说，地球是"昆虫的地球"而不是"人类的地球"。

　　在人类文明的长河中，昆虫是不可或缺的。它们不仅在自然界中扮演着重要角色，而且在人类社会发展史中也具有深远的影响。然而，由于种种原因，昆虫常常被误解和忽视。昆虫几乎无处不在，从热带雨林到极地冰原，从荒漠到高山，从城市到郊野，昆虫的身影遍布地球的每一个角落。然而，尽管昆虫与人类的生活息息相关，人们对它们的了解却往往停留在表面。本章将从多个角度帮助读者全面正确地认识昆虫，从而为合理开发利用昆虫资源奠定认知基础，同时也为昆虫研学科普和文创产品开发提供素材。

第一节 何谓昆虫

一、昆虫的学术定义

什么是昆虫？是水浒传中的吊睛白额大虫，还是山海经中的天神骄虫？虽然都有虫字，但他们都不是昆虫。人们平时说的"虫子"常常范围广泛，其中就包括蜱螨、马陆、蜈蚣、蜘蛛、鼠妇等，似乎觉得那些小型无脊椎动物都叫"虫子"，甚至以为"昆虫"只是"虫子"的正式书面用语。其实，不是所有我们称为"虫子"的动物都是"昆虫"，例如上述这些被称为"虫子"的全都不是昆虫。

昆虫是指拥有分节的身体、三对足及两对翅及变态发育过程的一类节肢动物，广义的昆虫包括了昆虫纲 Insecta、原尾纲 Protura、弹尾纲 Collembola 和双尾纲 Diplura，而狭义的昆虫则只包括了昆虫纲 Insecta。目前，全球已命名的昆虫超过 100 万种，据推测，实际可能有 1 000 多万种，占整个动物界所有动物类群的一半以上。它们具有许多独有的特征（图 1-1），是动物界中物种多样性最为丰富的类群。昆虫的身体分为头、胸、腹三部分。头部通常具有形态多样的触角、口器及复眼、单眼，是取食与感觉的中心；胸部通常有三对足，背部通常有翅膀，使它们善于飞行，是运动与支撑的中心；腹部则包含了昆虫的大部分内脏器官，是生殖与代谢的中心。此外，昆虫具有几丁质的外骨骼，不仅为身体提供了保护，还有助于防止体内的水分流失。昆虫的一生会经历不同的发育历程，有的一生经历卵、幼虫、蛹、成虫 4 个阶段，被称为完全变态，有的则只经历卵、若虫、成虫 3 个阶段，被称为不完全变态；当然了，还有的昆虫具有其他的变态形式。

在以前，人们认为只要有 3 对足的动物就是昆虫，昆虫被简单地称为六足动物，但随着人们对昆虫系统发育研究的不断深入，原来属于昆虫纲的原尾目、弹尾目、双尾目分别被升级为原尾纲、弹尾纲、双尾纲，并与昆虫纲并列，统称"六足总纲"，所以，现在来说，"只要有 3 对足的动物就是昆虫"的说法是不正确的，至少是不严谨的。

"除双翅目幼虫为无足型外，其他所有昆虫除卵之外的虫态都是有且只有 6 条腿"是正确的，需要提醒的是：很多毛毛虫等幼虫似乎有很多的"腿"，但其实很多都是腹足或臀足，真正的"腿"还是只有 6 条；另外，还有一些成虫（比如某些蛱蝶）的前足很短、退化严重，一般都隐藏起来，基本不用来行走，看似好像只有"四足"，但其实也还是"六足"。

第一篇　理论篇

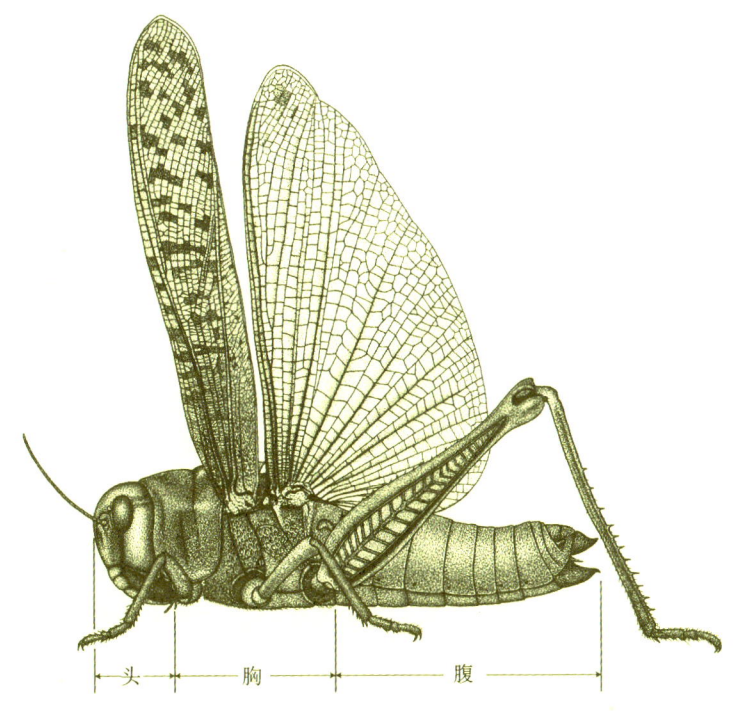

图1-1　东亚飞蝗（仿彩万志）

所谓昆虫"通常具有两对翅膀"，是指很多昆虫有两对明显的翅，也有一些昆虫只有一对翅（如双翅目昆虫的一对后翅退化成了"平衡棒"）或者完全无翅，但所有昆虫的胚胎里都有"两对翅膀"的基因，只是在发育过程中部分昆虫没有将其表达出来，变成了只有一对翅或无翅的种类。

很多人认为长很多腿且软乎乎的都是昆虫，其实不然。常与昆虫混淆的"虫子"基本属于节肢动物门这一最大的生物家族，现生的类群包括螯肢亚门、甲壳亚门、多足亚门和六足亚门四大家族。蜘蛛、蝎子、蜱螨等均属于螯肢亚门蛛形纲，是最常被误认为是昆虫的一类节肢动物。与昆虫的头、胸、腹三个体段不同，螯肢亚门身体可分为头胸部与腹部两个体段。甲壳亚门软甲纲的鼠妇（又被称为潮虫或西瓜虫）常常被误认为是昆虫的一员。多足亚门的蜈蚣、蚰蜒、马陆由于具有很多体节和足，与昆虫差别较大。常被误认为昆虫的动物还有隶属于环节动物的蚯蚓及软体动物的蜗牛、蛞蝓等小型无脊椎动物，它们与昆虫的亲缘关系并不如上述的其他节肢动物密切。

二、中国昆虫文化概念的界定

"昆虫"这个词,在我国先秦时期的文献中就已经出现了。《管子·小称》云:"尝试往之中国、诸夏、蛮夷之国,以及禽兽、昆虫,皆待此而为治乱。"《荀子·富国篇》云:"然后昆虫万物生其间,可以相食养者,不可胜数也。"先秦至近代,历朝历代的文献中,"昆虫"一词多有提及。然而,就其含义来说,古代的"昆虫"一词,与现代科学概念还是存在着差异的;在古代,"昆虫"是指数量众多的"虫",而这里的"虫"往往又被当作所有动物的总称。

1. "昆"字的演化历史

"昆"字最早见于西周金文,是一个会意字,上面是"日"字,下面为"比"字,意思是"两个人肩并肩亲密地站在太阳底下",后来,"昆"引申为"众",就是众多的意思。《说文解字·日部》:"(昆),同也。从日,从比。"段玉裁注:"昆者,众也。"这样,在"虫"前加一"昆"字,说明古人心目中的"昆虫"就是众多的虫。《汉书·成帝纪》云:"君道得,则草木昆虫咸得其所。"这里的"昆"字,颜师古注曰:"昆,众也。昆虫,言众虫也。"

2. "虫"字的演化历史

现代常用的"虫"字,其实是繁体"蟲"字的简化。"蟲"和"虫(huǐ)"在古代分别为两个不同的字。

"虫(huǐ)"是象形字。甲骨文(图1-2中1、2)字形像一条头向上昂、尾巴翘起来的蛇。"虫(huǐ)"的本义是毒蛇。后来写作"虺"。西周匎鼎上的"虫"字还在头部画出了蛇的眼睛(见图1-2中3)。战国文字与图1-2中1的甲骨文很相似,已经线条化(图1-2中4)。小篆(图1-2中

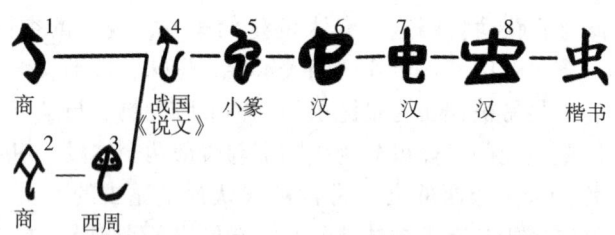

图1-2 "虫(huǐ)"字体演变

(图片引自 https://baike.baidu.com/item/%E8%99%AB/8959579)

第一篇 理论篇

5) 的线条更加曲折，隶书（图 1-2 中 6~8）则将小篆的线条拉成平直，其头部逐渐变成方形，身子和尾巴用竖、横、点三笔写成，形成"虫（huǐ）"字。

"蟲（chóng）"是会意字。字形由三个"虫（huǐ）"组成，因为大多数昆虫的幼虫都是弯弯曲曲蠕动的，与蛇相似。"蟲"最早见于战国（图 1-3 中 1），写法比较简单，相似的例子还见于包山楚简（图 1-3 中新附 1），但也是由三个"虫"组成的。后世"蟲"字的写法更多地保留了秦系文字的特征。虫（huǐ）、蚰（kūn）、蟲在表意方面其实无太大区别，古代以"蟲"为形旁的形声字，多写作"虫（huǐ）"。宋元以来俗字也以"虫（huǐ）"为"蟲"。汉字简化时以"虫（huǐ）"作为"蟲"的简化字。

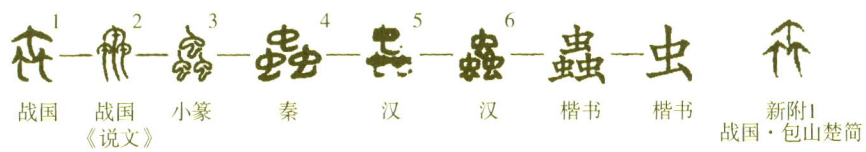

图 1-3 "蟲 chóng"字体演变

（图片引自 https://baike.baidu.com/item/%E8%99%AB/8959579）

古时"三"有"多"的含义，"蟲"字的本义就是各种虫子的总称。但是在古代，"虫子"的含义广泛，不限于昆虫、蛇类等。因此，有人认为"蟲"的本义应该是动物的总称。《说文》在释"虫"为"蝮"后又曰："物之微细，或行，或毛，或蠃，或介，或鳞，以虫为象。"意思是说汉字中关涉行走的、长毛或不长毛的、长甲或长鳞的各类鸟兽鱼虫的文字，都可以取"象"（即义）于"虫"。也就是说，在造字中"虫"作为表义的部首，已成为禽兽鱼虫的共名。古人把凤、龟、龙等都能称为虫。《水浒传》中武松打的那只大老虎，就被称为"大虫"。即使在今天，这种影响也很常见。比如，民间方言中还有把蛇称为"长虫"的情况，生活中有些人被称作"糊涂虫"，有些地方则把老鼠呼为"老虫"，有的书籍上把爬行动物叫作"爬虫类"等。

3. 昆虫的含义

古人有时用"昆虫"一词特指众多样貌特殊的小动物，其中就包括我们现代意义上的"昆虫"或与之类似的小动物。约成书于汉代的我国第一部辞典《尔雅》中有《释虫》篇，该篇与《释鱼》《释鸟》《释兽》等篇并列，这种分类和今天人们把动物大概分为鸟、兽、虫、鱼四大类的做法完全相同。唐代欧阳询撰的《艺文类聚》中有"虫豸部"，与鸟、兽、鳞、介部并列；宋代

《太平御览》中也有"虫豸部"等。《尔雅·释虫》篇、《艺文类聚》《太平御览》等文献中所列的"虫"或"虫豸",大多数指的是我们现代意义上的昆虫或类似的小动物。

到了明代,"昆虫"的含义与现代科学意义上的昆虫概念已经越来越接近了。李时珍在《本草纲目》卷三十九《虫部》前言中云:虫乃生物之微者,其类甚繁,故字从"三虫"会意。按《考工记》云:外骨、内骨、却行、仄行、连行、纡行,以脰鸣、注(咮同)鸣、旁鸣、翼鸣、腹鸣、胸鸣者,谓之小虫之属。其物虽微,不可与麟凤龟龙为伍;然有羽、毛、鳞、介、倮之形,胎、卵、风、湿、化生之异,蠢动含灵,各具性气。录其功,明其毒,故圣人辨之。况蜩、蛮范、蚁、蚳,可供馈食者,见于《礼记》;蜈、蚕、蟾、蝎,可供匕剂者,载在方书。周官有庶氏除毒蛊,翦氏除蠹物,蝈氏去蛙黾,赤犮氏除墙壁狸虫蠦蜰之属,壶涿氏除水虫狐蜮之属。则圣人之于微琐,罔不致慎。学人可不究夫物理而察其良毒乎?于是集小虫之有功、有害者为虫部,凡一百三十六种。分为三类:曰卵生,曰化生,曰湿生。在这里,李时珍虽没有提出"昆虫"这一概念,但其所指的虫部已经接近于现代意义上的昆虫了。

到了清代晚期,随着中国与西方文化科学交流的深入,昆虫学作为一门现代生物学科传入中国。受此影响,光绪庚寅年(1890),方旭著成《虫荟》五卷,书中专门列有《昆虫》卷。《昆虫》卷中,方氏将"羽、毛、昆、鳞、介"5类动物中的219种小动物归入其中。对于书中"昆虫"这一概念的来源,学者孙诒让在《虫荟序》中做了解释:据《夏小正》昆小虫。传曰:昆者,众也,犹魂魂也。魂魂者,动也,小虫动也。如传言,"昆"之义为众,引申之为动。凡小虫之动者曰"昆虫",则"昆虫"自有一类矣。《说文》"虫"字下云:"或行,或飞,或毛,或蠃,或介,或鳞,以虫为象。"蠃,同倮。或飞者,羽也。或行者,即昆虫以行与动同义也。博雅许君岂不知五虫之名古无异议,乃或行,或飞,或毛,或蠃,或介,或鳞必备?举其名不以五者而止,则五虫以外确有昆虫可知矣。《虫荟》中,方旭把"六足四翼"作为判断是否为昆虫的标准之一。如此,"昆虫"一词在这里已经基本具备了现代概念的意义。

第二节　多面昆虫

一、其实我不丑

许多人对虫子有着天然的恐惧,并认为虫子都是很丑陋的。其实,"换一只眼睛看昆虫",你就会发现,"其实我不丑"。

来自热带的象鼻虫三兄弟站成一排(图1-4),仿佛在用自身的色彩诉说家乡风情,虽然象鼻虫因破坏农作物而臭名昭著,但你却无法否认,它们还挺漂亮的。

图1-4 来自热带的象鼻虫三兄弟

(图片引自 https://huaban.com/pins/303889519)

蝽蝽们以其鲜艳夺目的色彩和独特的图案在自然界中独树一帜(图1-5)。它们扁平的身体和优雅的体态,不仅适应了在植物间穿梭的生活方式,也赋予了它们一种别样的美感。

图1-5 毕加索盾蝽

(图片引自 https://mp.weixin.qq.com/s/1engsloR0a8JGgpa5MqCgw)

蝴蝶（图1-6）以其绚丽多彩的翅膀和优雅的飞行姿态，成为自然界中的一道亮丽风景，被誉为"会飞的花朵"，并被制作成丰富多彩的蝶翅画。

图1-6 "会飞的花朵"——绚丽多彩的蝴蝶

（图片引自 ttps：//www.16sucai.com/2016/03/78355.html）

蛾类尽管因其夜间活动的特性和部分种类的食性而常遭误解，但它们却以独特的美感和多样性在自然界中占有一席之地（图1-7）。

图1-7 婀娜多姿的飞蛾

（图片引自 http：//www.360doc.com/content/16/0709/21/10886293_574332476.shtml 和 https：//mp.weixin.qq.com/s/mPf-A1VxD9w3LpocIf5W6w）

第一篇 理论篇

在古希腊，螳螂（图1-8）前臂弯起的样子被联想为"祈祷的少女"，因此被视为先知，也有"祷告虫"的称呼。

图1-8 千奇百怪的螳螂

（图片引自https：//mp.weixin.qq.com/s/W5lSp0lZyY-G21eZJZCtqQ
和http：//www.360doc.com/content/16/0604/00/22326980_565006463.shtml）

二、虫之萌

天生微笑脸，红尾碧蝽的卵，以及一些盾蝽科的卵，小时候萌萌哒，长大后就不萌了，俗称打屁虫。知名网红——红显蝽的"笑"，笑容中透着宠溺、疼爱（图1-9）。

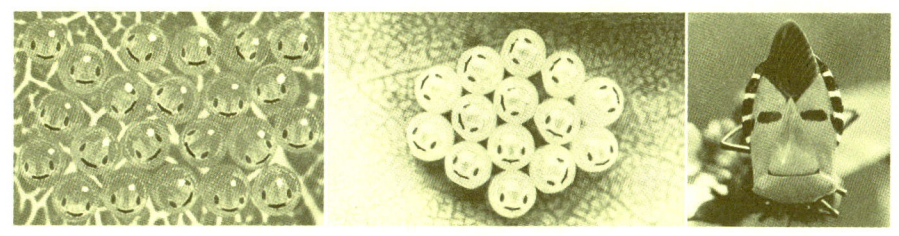

图1-9 红尾碧蝽的卵（左）、红足真蝽的卵（中）、红显蝽（右）

（图片引自https：//mp.weixin.qq.com/s/S3EbA9o8kpozxpKy8xSUNQ
和https：//mp.weixin.qq.com/s/4h1b9nWz1z7C6ipJ2Y6ysQ）

凯蒂猫毛毛虫是稻眉眼蝶的幼虫，和凯蒂猫长得很像（图1-10），外观非常可爱，虽然成虫为害水稻，但是日本人却非常喜欢养它。

图 1-10　长着 kitty 猫脸的毛毛虫

（图片引自 https：//mp.weixin.qq.com/s/0bloSD2sDTqyX0boL1GoCg）

有些蝴蝶和蛾类幼虫，外形可爱，酷似外星人（图 1-11）。

图 1-11　毛毛虫的世界

（图片引自 https：//mp.weixin.qq.com/s/Pc2as356dIy9nZR8JwDVrQ）

国宝熊猫在蚁国也有亲戚？熊猫蚂蚁属于一类长相颇似蚂蚁的独居性蜂类——熊猫刺蚁蜂（图 1-12），它们不是真正的蚂蚁，而是一种没有翅膀、毛茸茸的蜂类。这个几毫米长的家伙因为长相有几分熊猫样，而被俗称为"熊猫蚂蚁"。熊猫刺蚁蜂是外表甜度满分、内心炸药填满的小可爱。"为什么最迷人的最危险？"熊猫刺蚁蜂性格暴躁，攻击性超强。

第一篇 理论篇

图1-12 熊猫刺蚁蜂

(图片引自 https：//mp. weixin. qq. com/s/bzQ4NgAND05jPh11LuMmsw)

看似爆米花的小虫其实是蜡蝉（图1-13右）的若虫（图1-13左），虽然六条足看起来细细软软，却有很强的跳跃能力。有了这么一层"棉花罩"，整只虫"虚胖"了不少，看起来比实际身体大了很多倍。有的蜡蝉若虫还像穿着裙子的小姑娘（图1-13中）。

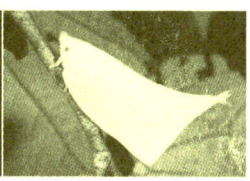

图1-13 酷似爆米花的蜡蝉（最右为成虫）

(图片引自 https：//mp. weixin. qq. com/s/5g_792XRTzCFRRbudm2Atw)

熊蜂（图1-14）体形是一般蜜蜂的两倍，圆滚滚，胖乎乎。一胖就犯困，在哪困就在哪睡，熊蜂采蜜时会睡着，睡醒继续干活，年年KPI超额完成。别的蜜蜂太冷就不会工作，而它只要8℃以上就不会懒惰，吃不到东西就会饿晕。

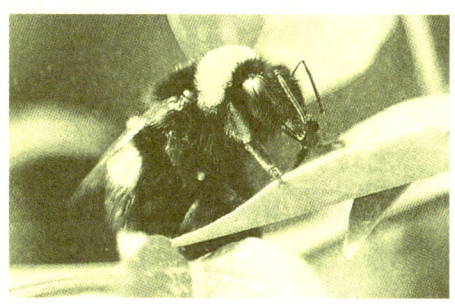

图1-14 熊蜂

(图片引自 https：//www. 357796. com/post/167. html)

红袖蜡蝉的复眼是相当有特点的，看起来有点"智慧"（图1-15）。

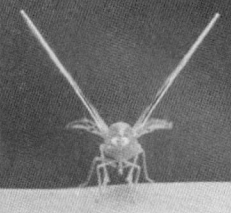

图1-15 红袖蜡蝉

（图片引自 https：//mp.weixin.qq.com/s/DBiQw1yhEejgpB0EpM8Wvw）

飞蝗会用自己的小爪子梳理头上两根"呆毛"，保养自己的触角，还会"装萌"，害羞躲起来（图1-16）。

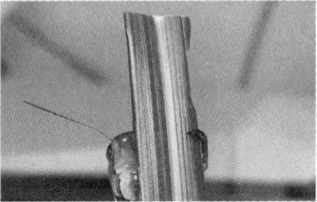

图1-16 飞蝗

（图片引自 https：//www.163.com/v/video/VHBDB40FS.html）

枝蝗呆萌的表情和滑稽的动作，惹人发笑（图1-17）。

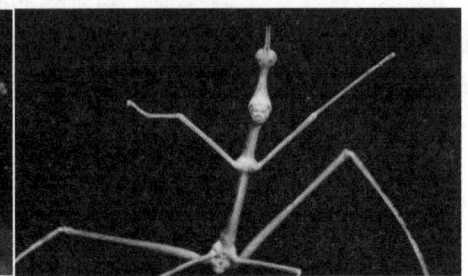

图1-17 秘鲁阔口枝蝗

（图片 https：//mp.weixin.qq.com/s/Tcnrnbw6y4-5cwDEY8uXUA）

还有些昆虫，在其照片上做些修饰就会变得有趣。比如，在胡桃豹夜蛾上加上"眼睛""胡须""牙齿"，看起来真的像一只老虎了（图1-18）。黄刺蛾的茧经过加工后，变成了宇宙中的一颗"行星"（图1-19）。

第一篇 理论篇

图1-18 胡桃豹夜蛾（杨小峰 图）

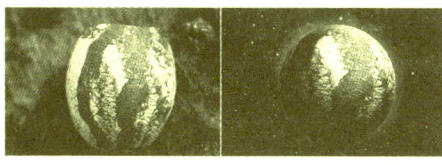

图1-19 黄刺蛾的茧（杨小峰 图）

三、建筑大师

很多昆虫都可以建造各种精美绝伦的"房子"以庇护或生存，可以为昆虫仿生建筑带来启发，也可以进行相关的文创产品开发，甚至开展创意性摄影。

知道蜗牛驮着自己的房子，你知道有的昆虫也驮着自己的房子吗？作为"建筑大师"的螺纹袋蛾幼虫，护囊长2.2~2.5厘米，囊外粘有许多长短粗细相近、平行纵列整齐的小枝干，作螺纹状排列4~5圈，构成了非常漂亮的小别墅（图1-20）。萤火虫、爬沙虫、蚕蛉也分别能建造不同的巢穴（图1-21至图1-23）

图1-20 昆虫界的"建筑大师"

（图片来自 https：//www.zhihu.com/question/405397129/answer/2915764143？utm_source=zhihu&utm_id=0 和 https：//www.163.com/dy/article/FPIDBNQN0511F1TQ.html）

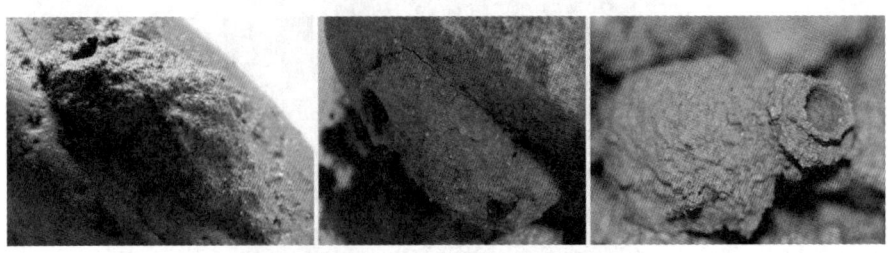

图1-21 萤火虫的各类筑巢

图1-22 爬沙虫的打洞筑巢

图1-23 蚤蝼的筑巢

还有些创意摄影,使得昆虫就像建筑。比如,洋辣子的幼虫,看起来像一个小型的体育建筑。用手电筒从下面打光,形成一种夜景的效果。补齐了配景,更像一张真正的建筑效果图(图1-24)。

第一篇 理论篇

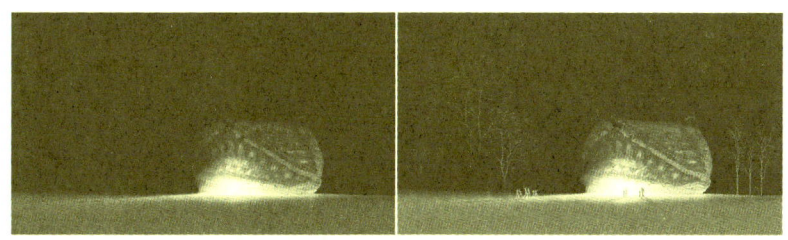

图 1-24　洋辣子的幼虫（杨小峰 图）

有些昆虫被称为"自然界的建筑师"，如啮虫（图 1-25）。

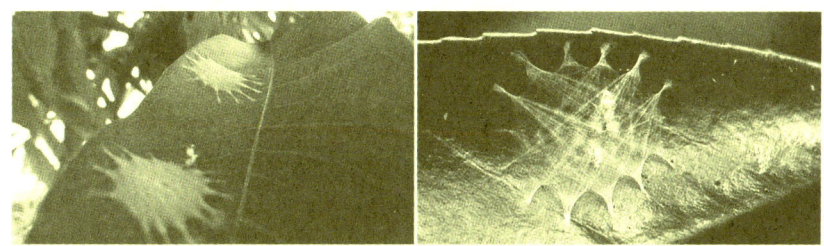

图 1-25　啮虫的丝巢（杨小峰 图）

石蚕幼虫可以在水中分泌黏丝将石头等粘在一起，做成各种类型的庇护所或茧来保护自己（图 1-26）。

图 1-26　石蚕幼虫及巢穴（图片引自 GMWATCH）

法国艺术家兼昆虫学家 Hubert Duprat 将金片、珍珠和蛋白石铺给了石蚕，正如他猜想的，石蚕将它们作为自己的材料吐丝黏合，而做成了工艺品（图 1-27）。这是创意性利用昆虫行为的经典案例。

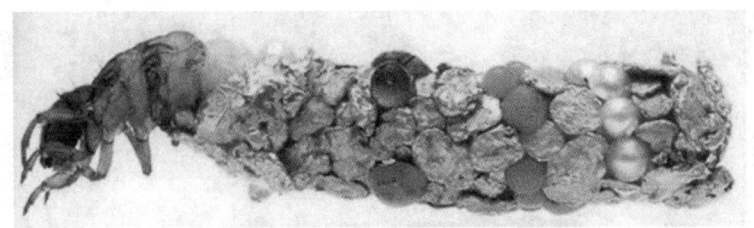

图 1-27　石蚕工艺品（图片来自 Hubert Duprat）

我们将衣蛾幼虫从丝巢中取出，提供给它文具店的闪粉，幼虫吐丝连结闪粉颗粒重新制作丝巢，这是低配版的石蛾艺术品（图 1-28）。

图 1-28　衣蛾艺术品（杨小峰 图）

昆虫中最厉害的建筑大师非白蚁莫属。白蚁以其令人惊叹的建筑能力而闻名，它们能够建造结构复杂的大型巢穴（图 1-29）。白蚁的建筑不仅为它们提

图 1-29　白蚁巢：自然界的微型建筑奇迹

（图片引自 https：//www.1357vip.com/shijiezhizui/swzz/34769.html）

供了栖息地,还帮助它们维持社会结构和生存秩序。它们会将土壤与唾液混合,形成一种类似"水泥"的材料,用于建造巢穴的墙壁和结构。白蚁还会使用植物纤维,如叶子和茎,来增强巢穴的结构强度。这些纤维能够增加巢穴的强度和稳定性。这些巢穴通常由一系列复杂的隧道和腔室组成。通常包含多个功能区域,并维持一个相对稳定的温度、湿度环境。例如,巢穴中有专门的区域用于储存食物、孵化卵和养育幼虫。

四、隐藏高手

拟态是昆虫一种令人惊叹的生存策略。在漫长的进化历程中,昆虫为了躲避天敌的捕食或更有效地捕食猎物,演化出了形态各异、功能多样的拟态行为,成为自然界中当之无愧的"隐藏高手"。

在昆虫界,有许多令人称奇的拟态案例(图1-30)。例如,竹节虫是模拟树枝的高手,其细长的身体构造与树枝极为相似,能够在树林中轻松隐藏自

图1-30 昆虫拟态:自然界的神奇伪装术(唐志远,2020)

己。而有些竹节虫被称为叶䗛,因为它们几乎和树叶长得一模一样。这样的叶状拟态在昆虫界并不少见,如枯叶蝶和枯叶蛾以其翅膀的形状、纹路和颜色模仿枯叶,几乎可以以假乱真,让捕食者难以察觉。拟叶螽通体翠绿,外形酷似叶子,翅膀的颜色与形态,甚至连翅膀的纹路都与叶片相差无几,翅膀上黄色斑点,也和枯萎的叶片斑纹相似。兰花螳螂不仅能模拟兰花的外观,还能随着兰花的生长而改变自己的颜色和形态,堪称拟态界的天花板。有些螽斯、蟥象,可以模拟地衣、苔藓等,将自己完美地隐匿于背景中。

五、昆虫仿生

昆虫一直是人类最重要的仿生对象之一,科学家对它们的感觉器官、形态结构、运动功能和其他特异能力的仿生研究抱有极大的兴趣。

(一) 昆虫的感官仿生

复眼是昆虫最重要的一类视觉器官,一般由若干个大小一致的小眼组成,通常在昆虫的头部占据突出的位置。昆虫的复眼对运动的物体很敏感,以蜜蜂为例,其对突然出现的物体反应时间为 0.01 秒,而人却需要 0.05 秒。而且这种复眼系统对于测量距离和估算运动速度具有良好的判断能力。由于昆虫的视觉系统在运动过程中可以发挥出卓越的性能,因此,也就成为现代飞行设备的重要仿生对象。科研人员模仿昆虫复眼的结构,研制出了人造同位复眼照相机,可以捕捉180°范围内的清晰图像,不会发生离轴像差,实现视场和景深最大化。除此之外,还有模拟蜻蜓复眼结构研发的相控阵雷达,从蚂蚁、蜜蜂等昆虫的复眼结构中得到启示研制的偏振光导航仪等。

昆虫的触角是嗅觉器官,在很多昆虫中还能起到味觉和听觉的作用。在昆虫的触角上有很多毛状感受器,它们可以感受到环境的刺激并将这些刺激转化成神经信号传导到脑。以蜜蜂为例,其触角上的嗅觉感受器就多达 3 000~30 000 个,而一些蛾子则更多,它们甚至能对周围几个气体分子做出反应。再如雄蚊通过雌蚊飞行声音的频率寻找配偶,即使相隔数十米,周围噪声如雷,它依然可以准确找到目标。这种灵敏度和抗干扰力让人叹为观止。目前,仿生学在这方面也取得一些进展,如仿苍蝇嗅觉器制成的灵敏度很高的气体分析仪,已被用于分析宇宙飞船座舱中的气体成分。此外,各种类似原理的嗅敏仪也在矿井瓦斯监测和火警报警中得以应用。

（二）昆虫形态和结构仿生

昆虫的运动方式有很多，有科学家发现竹节虫行走时的动力主要来自2条后足，2条中足负责刹车，2条前足负责探索环境。他们根据竹节虫独特的走路姿态设计了一款机器人，可以在复杂的环境中行走。水黾则是另一类让人着迷的昆虫，因为它可以在水面上如履平地般的行走，它们的身体腹面和足的跗节上长有非常细而密的白色拒水毛，此外细长的足、行动机制也是它们能够在水面上自如滑行的关键因素。2004年，中国学者在《自然》杂志发表文章指出，水黾腿部表面附有数千根按同一方向排列的刚毛，这些刚毛表面存在特殊结构，可产生极大的表面张力，这是它能踩在水面上行走的原因。有科学家模仿水黾在水体表面的跳跃方式，开发出了一款可以在水面自由活动的超轻型机器人。

很多昆虫的后翅是折叠起来的，飞行时才展开。如蠼螋翅膀的结构就非常巧妙复杂，需要飞行时，翅膀会以单一关节运动展开，当受到轻轻触碰，翅膀就会完全折叠起来紧紧地贴到身上，且中央翅关节结构使其无须借助肌肉力量即可在折叠和展开状态下实现自锁并保持稳定。这些特性引发了科学家的极大兴趣。他们认为蠼螋翅膀的折叠机制可以应用在很多领域，可用来设计制造折叠帐篷、地图、电子设备，甚至是太空探索，用于制造卫星或空间探测器上的可收缩太阳帆。

蜂巢的构造用料科学经济，质量轻，空间大且坚固，隔热、隔音性能好，根据蜂巢设计的蜂窝复合板具有隔音、隔热、阻燃、防潮、无污染等优点，航天器设计师们在研制航天器时，先用金属制造成蜂窝，然后用两块金属板把它夹起来就成了蜂窝结构，强度高，重量轻，隔音又隔热，这些航天器又统称为蜂窝式航天器。一家美国公司发明了一款无须充气的蜂巢轮胎，它将原来的充气部分用蜂巢结构来代替，可以起到与传统轮胎类似的减震作用。

（三）昆虫特异能力仿生

很多昆虫还有自己的独门绝技，值得人类学习。比如像萤火虫这样的发光昆虫能够将体内的能量转化为光能，转化效率接近100%，这是目前常见的灯具无法企及的，普通的灯泡能量转化率只有6%。模仿萤火虫发光的冷光源则大大提高了发光效率。

像蚂蚁这样的社会性生物，每天都忙忙碌碌，将巢穴内的垃圾丢弃到巢外，将外面的食物搬运到巢内，整个巢穴就如同一个物流网络。这个网络没有人发号施令协调交通，但却有条不紊，很少发生拥堵。科学家在研究了蚂蚁运

动以后，构建出了"蚁群算法"数学模型，用来指挥交通和物流，大大提高了运输效率。

屁步甲是一类甲虫，可以向敌人喷射灼热的有毒液体。研究发现，屁步甲将两种危险的化学物质储存在不同的"罐子"里，当需要的时候才混合到一起，两种物质一旦混合，在酶的作用下就会迅速发生化学反应。科学家借此研制出了非常先进的二元化学武器：将化学物质存放在相互隔开的容器中，一旦炮弹发射，隔膜破裂，二种化学物质在弹体飞行的几秒钟内混合反应，最终起到杀伤敌人的效果。

（四）仿生建筑学

从宏观设计的角度，仿生建筑学通常包括三个层面：形式仿生、结构仿生和功能仿生，三者之间互有重合，其中，功能仿生里还有一个材料仿生的微观分支。

目前国内建成的仿生建筑大多属于形式仿生范畴，只表达一个形似，设计门槛低，建筑师在形象元素转换过程中，常常背离了原来的结构合理性，使得最终成果难有佳品。

结构仿生基于生物在演化过程中形成的以最少的材料构造最大强度的身体支撑。以昆虫纲为代表的节肢动物的外骨骼，直接对应于建筑结构选型中的薄壳建筑，外骨骼表面的各种凹凸几乎都是为了增加强度以及内部肌肉附着，而昆虫的六足悬挂系统也可以为梁柱设计提供借鉴。

功能仿生是指从生物体的结构、行为或生理功能出发对建筑进行的设计和优化。比如利用蚁群算法优化建筑内部人流路线和紧急疏散通道设计，提升空间使用效率与安全性。此外，具有建造行为的昆虫，在不同生境、利用不同材料为人类展示了大量优秀仿生案例。比如早期人类观察蜾蠃采水和泥构筑幼虫生活的瓦罐发明了泥条盘筑法制作原始陶器，根据白蚁冢的空气自然循环系统发明了呼吸幕墙，而模仿六边形蜂巢结构的轻质高强材料已经在大量领域得到应用。

一座优秀的仿生建筑，它不能仅是形式仿生。如果从基于结构仿生和功能仿生出发，建筑最终必然会表现出整体或局部自然美观形式的仿生形象。这要求建筑师对昆虫学有更加深刻的理解。

六、"有文化"的昆虫

昆虫与语言、文学、民俗、哲学、绘画、雕塑、音乐、舞蹈、医药等文化形态结合，对人类精神文化的发展和提升也起到了重要作用。这些丰富多彩的

昆虫文化,为发展昆虫特色主题景观和旅游、组织科普教育等提供了很好的内涵支撑,也为昆虫创意文化产业的深入挖掘提供了第一手资料。

(一) 昆虫与神话

深受万物有灵观念的影响,中国历史上产生了许多有关昆虫的神话传说。与蝴蝶有关的神话传说,最经典的莫过于梁山伯与祝英台双双化蝶的故事了,借用浪漫忠贞的蝴蝶,寄托了人们对于自由恋爱的向往。因此,在很多蝴蝶主题景区都用蝴蝶来代言美好爱情,也成为很多情侣向往的景点,甚至还延伸到蝴蝶婚庆产业。除此之外,关于萤火虫为什么会发光、蝉为什么会鸣叫等都有相应的神话传说。中国古代很早就存在着对生物的崇拜意识,在昆虫身上也有反映,最著名的则是对蚕神的崇拜。蚕神,也被称作嫘祖或傫祖,是中国史前社会传说中的人物之一,为西陵氏之女,轩辕黄帝的元妃。嫘祖发明了养蚕,史称嫘祖始蚕。自古以来,古代统治者一直对祭祀蚕神活动很重视。历朝历代皇宫内都设有先蚕坛,供皇后亲蚕时祭祀用。每当养蚕之前,须杀一头牛祭祀蚕神嫘祖,祭祀仪式十分隆重。中国民间的蚕神崇拜是蚕乡风俗中最重要的活动。除祭祀嫘祖外,各地所祭拜的蚕神还有"蚕母""蚕花娘娘""蚕三姑""蚕花五圣""青衣神"等。此外,金蝉子也是中国古代神话和民间传说中的一个重要角色,尤其在《西游记》中,他是唐僧的前世身份。金蝉子原本是如来佛祖的二弟子,因为在如来佛祖讲经时打瞌睡,触怒了佛祖,被贬下凡间,经历了十世轮回之苦。在佛教中,蝉象征着重生和轮回,因为蝉在生命周期中有蜕皮重生的过程。因此,金蝉子化身为蝉,寓意着他在轮回中的重生和佛性的觉醒。

(二) 昆虫与文学

昆虫自古就是古代文学描述的重要题材,诗词歌赋中咏颂昆虫的题材数量极多,形成了独特的审美情趣和风格。中国古代最早的诗歌总集《诗经》中就曾多次描述昆虫,"五月斯螽动股,六月莎鸡振羽。七月在野,八月在宇,九月蟋蟀入我床下"就曾提及三种鸣虫——螽斯、纺织娘和蟋蟀。螽斯还出现在许多传统古建筑中,如紫禁城内的百子门、螽斯门,状如螽斯饲养笼的角楼等,这源于人们赋予螽斯的"多子多孙,生生不息"独特寓意,对螽斯多子多孙的羡慕之情,希望借以螽斯元素的皇室建筑,祈福江山社稷有源源不断的后人继承,能够源远流长,以至于古人结婚的时候经常贴楹联"螽斯衍庆"。

魏晋南北朝时期出现咏物诗后,昆虫作为独立的咏颂题材受到文人们的喜爱。其中被咏颂最多的昆虫当属萤火虫、蝉和蝴蝶三大类。关于萤火虫的诗

词,有杜牧的《秋夕》"银烛秋光冷画屏,轻罗小扇扑流萤";李商隐的《隋宫》"于今腐草无萤火,终古垂杨有暮鸦",映照了"腐草为萤"的误解;借用萤火虫昼伏夜出的习性,白居易在《长恨歌》中以"夕殿萤飞思悄然,孤灯挑尽未成眠",描述了唐明皇夜不成寐思念杨玉环的情景;梁简文帝萧纲《咏萤》中的"本将秋草并,今与夕风轻。腾空类星陨,拂树若生花。屏疑神火照,帘似夜珠明。逢君拾光彩,不吝此生轻"则描绘了萤火虫的明亮灿烂,歌颂了萤火虫的无私奉献精神。关于蝉的诗词有很多,其中,被誉为"咏蝉三绝"的分别是虞世南的《蝉》"居高声自远,非是藉秋风"、骆宾王的《咏蝉》"露重飞难进,风多响易沉"、李商隐的《蝉》"本以高难饱,徒劳恨费声"。蝴蝶最早见于文学作品,恐怕是先秦散文名著《庄子》中的"庄周梦蝶",有关蝴蝶的古诗词有5 000余首,宋代谢逸一人的咏蝶诗就超过三百首,被后人称为"谢蝴蝶"。

还有很多咏虫诗不仅给我们留下了自然美在艺术上的再现,而且生动形象地描述了昆虫的形态特征、生物学特性甚至植物保护方面的知识。《后汉书·袁绍传》中的"运螳螂之斧,御隆车之隧"说的是螳螂的一对前足极为发达,形如刀斧,运则神速;描述得更为形象生动的要数苏轼的"两角徒自长,空飞不负厢,为牛竟何益?利吻穴枯桑"这首佳句了,它把螳螂成虫具有一对长触角和幼虫钻蛀树干严重为害桑树的天牛刻画得栩栩如生。王建《新晴》中的"簷前熟著衣裳坐,风冷浑无扑火蛾"和齐已《默坐》中的"灯引飞蛾拂焰迷,露淋栖鹤压枝低",尤其是"鬼蛾来翩翩,慕此堂上烛,附炎竟何功,自取焚如酷"都揭示了蛾类夜晚扑火的习性行为。害虫为害农作物造成严重损失的现象在古诗中亦有描述,如唐代戴叔伦《屯田词》的"新禾未熟飞蝗至,青苗食尽余枯茎。捕蝗归来守空屋,囊无寸帛瓶无粟",白居易《捕蝗》的"荐食如蚕飞似雨,雨飞蚕食千里间,不见青苗空赤土",苏轼的"今年春暖欲生蠓,地上戢戢多于土。预忧一旦开两翅,口吻如风那肯吐",这些诗句都描述了当时蝗虫给农业生产造成的严重损失。在保益防害方面,古人早有深入观察,比如,王建的《田家留客》"不嫌田家破门户,蚕房新泥无风土",可见在唐代养蚕时就在注意防除蝇鼠敌害的同时,还采取蚕房换土防止蚕病传染了;两千多年前的《诗经·小雅·大田》中就有"去其螟,及其螣贼。田祖有神,秉畀炎火"的记载,而苏轼在"秉畀炎火传自古,荷锄散掘谁敢后"的诗句中则记述了当时用火烧和挖埋相结合的治蝗方法。

除有关昆虫的诗词歌赋以外,昆虫还为语言文学提供了诸多丰富的素材。首先,大量成语基于昆虫的独特形象、习性、声音而产生,大大增加了中国文

第一篇　理论篇

学作品的生动感。成语如"蚕头燕尾""无头苍蝇""蝇头小利""薄如蝉翼""蜂腰猿背""蜉蝣之羽"等，不仅生动简洁地概括了昆虫体态的奇异性，还以此来生动形象地比喻其他事物；基于昆虫的生活习性，古人还创造出了许多生动的成语，如朝生暮死、作茧自缚、蜻蜓点水、飞蛾扑火、招蜂引蝶、蛛丝马迹、蜂拥而至等。其次，与昆虫有关的歇后语大量涌现，使得中国文学作品更加生动、诙谐。据统计，汉语中与昆虫有关的歇后语有500多个。它们借昆虫来进行赞扬或表达憎恶，进行赞扬的如"春天的蜜蜂——闲不住""蚂蚁关在鸟笼里——门道很多"等，表达憎恶的如"苍蝇的世界观——哪臭往哪钻""蜜蜂的哲学——口蜜腹剑""高射炮打蚊子——小题大做""螳螂当车——不自量力""秋后的蚂蚱——蹦跶不了几天"等，也有的歇后语则生动形象地描绘了昆虫世界的趣味性，如"热锅上的蚂蚁——急得团团转""蜻蜓点水——东一下西一下""苍蝇采蜜——装疯（蜂）"等。

蝉在中国文化中象征着高洁、蜕变和新生，《史记·屈原传》中提到："蝉蜕于浊秽，以浮游尘埃之外，不获世之滋垢。"《后汉书·服志》中也有"蝉居高饮洁"的说法，取其高洁之义。因此，古人会将宝玉雕刻为蝉的形象作为佩饰；或者作为逝者口中的含玉，称为"琀"。在逝者口中置玉是古代的一种入葬习俗，用蝉作琀有祝愿逝者蜕变再生之意。

猫与蝴蝶，这两种看似毫不相干的动物，在中国文化中被巧妙地结合到了一起。猫蝶图是中国传统国画中的一种常见题材，可以追溯到明代。猫蝶图中的"猫"和"蝶"谐音"耄耋"，寓意长寿。古代人生八十称耄，九十称耋，因此猫蝶图常被用来祝寿，还象征着吉祥、富贵和幸福。艺术家们通过巧妙的构图，将翩然而舞的彩蝶和灵动活泼的小猫融入一幅画卷，赋予了画作生命的脉动。北京故宫收藏了一幅明代孙克弘的《耄耋图》，画中描绘了一只猫仰视雄蝶的瞬间情形，构图简洁，无任何背景衬托，蝶与猫构成一上一下、一动一静的对比，别有情趣。近现代画家如徐悲鸿、齐白石、张大千等也创作过猫蝶图。例如，徐悲鸿与谢稚柳合作的《梧桐猫蝶图》画轴。

昆虫还可以成为各种艺术品的点睛之笔。早在公元650年，带有金属光泽的甲虫鞘翅便被广泛用于装点神龛、绘画作品、手持扇子、小雕像、珠宝、纺织品等，用蒸汽熏过的甲虫翅膀可以很容易被针刺透，然后便可缝在纺织品上。比利时艺术家让·法布尔致力于用甲虫天然外壳的靓丽色彩装点艺术品，2002年，他曾用140万个宝石甲虫外壳装点布鲁塞尔皇宫的天花板。克里斯多弗·马利的宝石昆虫排列，则是把宝石昆虫有序地按照预定的图案进行编排，使用昆虫标本来代替色块。昆虫所具有的特殊质感，为艺术作品带来了不一样的视觉感受。

· 25 ·

而当昆虫的形象成为叙事化艺术作品中的主角时，艺术作品将更添一份趣味。例如，格纳斯·穆尔的"苍蝇喜剧生活"，利用苍蝇的标本，在纸张上进行规则地摆放，结合铅笔的情景与道具描绘，制作出一个有情景画面感的昆虫故事，可以是苍蝇在晾晒衣服、跳舞、溜冰、拔河、晒太阳等，画面简洁易懂，动感十足，诙谐搞笑，演活了一幕幕苍蝇喜剧。

（三）昆虫与民俗

在中国历史上，昆虫不仅与高雅文学、艺术作品结合紧密，还融进了各类民俗活动里，丰富了百姓的娱乐生活。其中，以斗蟋蟀和养鸣虫最广为流传，迄今仍具有旺盛的生命力。

斗蟋蟀这项民俗活动，在中国有千余年的历史了。顾文荐在《负暄杂录》中写道"斗蛩亦始于天宝间，长安富人镂象牙为笼而蓄之，以万金之资，付之一喙，其来远矣。"蛩在古代意指蟋蟀，这篇文章是对斗蟋蟀的最早记载。唐代《开元天宝遗事》记载："宫中秋兴，妃妾辈皆以小金笼贮蟋蟀于枕畔，听其声。于是民亦相效之。"说的是到了秋天，宫中妃嫔们就会捉蟋蟀并用特制的小金笼圈养起来，放在枕边，听蟋蟀的鸣奏曲。可见，唐代喂养蟋蟀之风已经流传开来。而驯斗蟋蟀到了南宋才逐渐形成风气。《西湖老人繁胜录》中记载，杭州人好养蟋蟀，衍成风气，"每日早晨，多于官巷南北作市，常有三五十火斗者。"《梦粱录》中也提到，京城中有一些"闲人"，在街市上"专为棚头，斗黄头，养百虫蚁、促织儿。"所谓的"棚头"就是提供斗蟋蟀的场地，主持赛事，招徕看客，然后从赌资中抽取一定的酬金。这一类人虽然为正人君子所不齿，却也是蟋蟀之乐中不可或缺的人物。

历史上因为斗蟋蟀而闻名的，不得不提到一位著名人物——南宋宰相贾似道，因为沉迷斗蟋蟀，他被写入《宋史·奸臣传》，不务正业，玩物丧志，曾带着蟋蟀上朝；国难当头，作为宰相，还能悠哉写下《促织经》——世界上第一部研究蟋蟀的专著。因此，他也被称作"蟋蟀宰相"。

养鸣虫在我国有着悠久的历史传统。宋代陶谷《清异录》也描绘了唐代的长安城里有人养鸣蝉取乐的场景："唐时京城游手，夏月采蝉货之，唱曰'只卖青林乐'妇人小儿争买，以笼悬窗户间，亦有验其声长短为胜负者，谓之仙虫社。"饲养鸣虫这一项具有千年历史的民俗活动，现今依然是百姓生活中的一大乐事，尤其是20世纪末，在北方的多个省份，赏玩蝈蝈非常流行。

（四）昆虫与姓氏

据统计中国姓氏见于文献者有5 600多个，其中，以虫字部为姓者有46

个，包括单姓35个和复姓11个。这些姓氏与昆虫的关系有以下5类：

（1）以昆虫的总称为姓，如《通志·氏族略》中有"虫氏，汉功臣曲成侯虫达……"中记载了著名西汉将领虫达的英雄事迹。

（2）以常见昆虫为姓，如蝉、蚕、蛾、蜩、蚁、蚩等。虫姓在中国历史上不乏杰出之士，如后魏有平东将军蛾青。

（3）以昆虫的某一虫态为姓共有2个，即虫氏（蚁的卵）和虫绢（蚁的幼虫）。

（4）以昆虫的产物为姓，如茧、蜜二姓。

（5）皇帝赐姓。封建时代，皇帝赐姓多用于褒奖笼络，而与虫有关时赐姓往往与迫害镇压有关。如蛸姓，原为萧，南北朝时齐武帝因巴东王萧响反叛，令萧氏改姓，赐以蛸姓；故《通志·氏族略》中有"以凶德为蛸氏。"

在我国的文化昆虫学档案中与虫有关的国外姓氏有12个，按照字母顺序依次为 Ant、Bee、Beetle、Boatman、Fly、Hopper、Looper、Scales 和 Worm，这些姓的英语或德语单词作为昆虫时分别为蚂蚁、蜜蜂、甲虫、仰泳蝽、苍蝇、跳虫、尺蠖、介壳虫和蠕虫（包括部分鳞翅目幼虫）。在这些姓氏中，英国姓氏有 Bee、Beetle、Boatman、Fly、Looper、Scales；德国姓氏有 Fliege、Mothes，后者是按英语意思列入；Hopper、Schnake 既为英国姓又为德国姓；Ant 为芬兰姓；Worm 为德国和丹麦姓，亦按英语意思列入。另外，英国姓中的 Fleay，是不是由 flea（跳蚤）衍生而来，尚需进一步研究。

（五）昆虫与社会学

根据古代神话传说的记载，早期先民过着茹毛饮血的艰苦生活，他们那时的食物中，包含了各种昆虫，尤其是自然灾害或是其他特殊原因造成主要食物（草木果实及鸟卵兽肉）匮乏的时候，那些个体较大的昆虫肯定会成为先民的食物。自然界的昆虫数量极大，又易捕捉，而当人类发现火以后，烧烤的昆虫散发出其他兽肉所没有的独特香味，更对人类造成了巨大的吸引力，使昆虫自然而然地成为人类另一食物来源。《周礼》记载周代专有昆虫食品蚁子酱，而且有很高的身价，只有上层人物才可以吃到，或祭祀时才可以使用；《礼记》上记载，蝉、蜂在当时君主们的筵宴上属于山珍海味一类高级食品。

（六）昆虫与音乐和舞蹈

鸣叫昆虫的发声原理（摩擦、击打等）可以对乐器的研发及音乐的创作有启发作用，各类鸣虫的鸣声也可以给谱曲带来灵感，同时，还有很多昆虫的元素被写入剧本和音乐中，比如，笛曲《花香蜂舞》原传于山东菏泽地区，唢呐曲《蜜蜂过江》流行于云南大理,最著名的莫过于二胡名曲《梁祝》中"化蝶"的旋律是全曲的点睛之作。以蝴蝶和萤火虫等昆虫为题材的音乐作品更是数不胜数。

在蜜蜂的社会生活中,工蜂担负着筑巢、采粉、酿蜜、育儿的繁重任务。大批工蜂出巢采蜜前先派出"侦察蜂"去寻找蜜源,侦察蜂找到距蜂箱100米以内的蜜源时,即回巢报信,除留有追踪资讯外,还在蜂巢上交替性地向左或向右转着小圆圈,以"圆舞"的方式爬行,如果蜜源在距蜂箱百米以外,侦察蜂便改变舞姿,呈"8"字形,所以也叫"8字舞"或"摆尾舞"。蝶类也常以"舞蹈语言"来表达同种异性之间的情谊:雌、雄蝶羽化后,便选择风和日丽、阳光明媚的天气,在林间旷野和百花丛中追逐嬉戏,它们跳着"求爱舞蹈",互诉衷肠。

(七)昆虫与书法和绘画

昆虫入画在中国有着悠久的历史,商周时代的青铜器物上就发现有装饰性的蝉纹,同时期的玉器还有很多以蝉为形,作为佩戴饰物或殉葬品。魏晋开始,我国绘画艺术中形成了虫草派,专门表现千姿百态的昆虫形象;近代著名画家齐白石笔下的昆虫更是多种多样,栩栩如生,如蝴蝶、蜜蜂、蜻蜓、螳螂、纺织娘、蚕、飞蛾等(图1-31)。

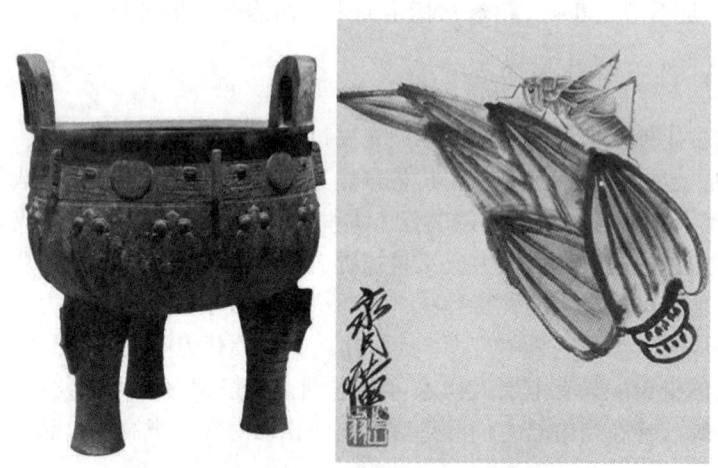

图1-31 青铜蝉纹鼎(左)和草虫画(右)

(图片引自 http://qiye.zpxuan.com:89/show/71106101012311/spw80319194310282.html
和 http://www.360doc.com/content/17/0515/09/32576618_654049725.shtml)

（八）昆虫与生肖（图1-32至图1-55）

1. 子鼠

窗冠耳叶蝉 *Ledra auditura* 的外形酷似小老鼠，它头部的头冠中央及两侧区呈"山"字形隆起，好似长了两只小耳朵，有点鼠里鼠气。

图1-32　窗冠耳叶蝉

（图片引自 http://www.360doc.com/content/20/1222/16/31613535_952865447.shtml）

2. 丑牛

生活在北美洲的美洲斑头角蝉 *Stictocephala bisonia*，因其身形酷似美洲野牛，还有个形象的名字——野牛角蝉。

图1-33　美洲斑头角蝉

（图片引自 http://www.360doc.com/content/20/1222/16/31613535_952865447.shtml）

埃长角象甲属 *Exechesops* 的白埃长角象甲 *Exechesops leucopis*，英文名 the

cow-faced anthribid，意为牛头象甲。顶着"牛头"的它，从侧面看，又扁又平的脑袋，像极了传说中的"鞋拔子"脸。

图1-34 白埃长角象甲

（图片引自 http://www.360doc.com/content/22/0920/17/78477533_1048676562.shtml）

3. 寅虎

国家Ⅱ级重点保护野生动物中华虎凤蝶 *Luehdorfia chinensis*，因其独特性和珍贵性，被我国昆虫专家誉为"国宝"。

图1-35 中华虎凤蝶

（https://mp.weixin.qq.com/s/E7N-uAMXqDaxVpb0JoJsAQ）

还有很多以虎命名的昆虫。如天牛科虎天牛族 Clytini 的成员——箭丽虎

天牛 *Plagionotus arcuatus*。

图 1-36　箭丽虎天牛

（图片引自 https：//mp.weixin.qq.com/s/aXgjlhkCf2XD7Y2JhgzQIQ）

4. 卯兔

像兔子的毛毛虫，如大鹰尺蛾 *Biston robustum* 幼虫，它头上有一对"犄角"，像极了兔子的耳朵。

图 1-37　大鹰尺蛾

（图片引自 www.insects.jp）

还有暮眼蝶 *Melanitis leda* 幼虫同样有着长长的"兔耳朵"。

图 1-38 暮眼蝶

（图片引自 https：//mp.weixin.qq.com/s/aXgjlhkCf2XD7Y2JhgzQIQ）

5. 辰龙

毛毛虫中酷似小神龙的有很多，如尾蛱蝶属 *Polyura* 的黑凤尾蛱蝶 *Ployura schreiber* 幼虫。

图 1-39 黑凤尾蛱蝶

（图片引自 butterflycircle.blogspot.com）

龙窄叶螳 *Stenophylla cornigera*，英文名为 dragon mantis，意为龙螳，据说是因外形酷似中国神话中的龙而得名。

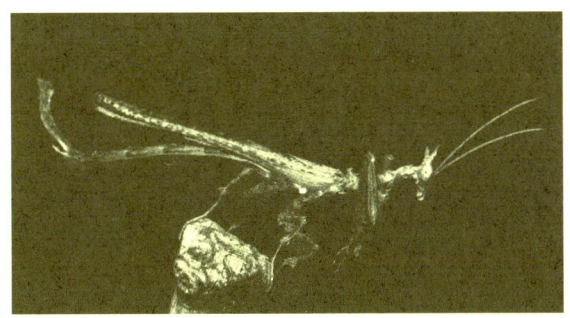

图 1-40　龙窄叶螳

(图片引自 PROJETO MANTIS/www.nationalgeographic.com)

被称为龙头虫的瘤头象鼻蜡蝉 *Phrictus quinquepartitus*，英文名为"dragon-headed bug"。

图 1-41　瘤头象鼻蜡蝉

[图片引自 J. Cryan（La Selva Biological Station，Costa Rica）]

广翅目齿蛉属幼虫爬沙虫的前胸背板上多数都有较为明显的金黄色斑纹，似两个对峙的龙头。

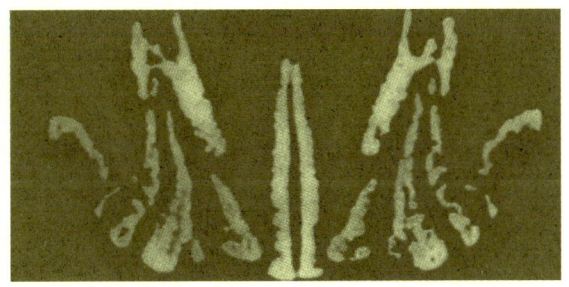

图 1-42　爬沙虫的前胸背板"龙头"形斑纹

6. 巳蛇

很多毛毛虫都喜欢拟态小蛇，鹤顶粉蝶 *Hebomoia glaucippe* 幼虫让自己看起来像一条随时准备攻击的藤蛇。如果受到侵扰，它们会吐出绿色液体。

图 1-43　鹤顶粉蝶

（图片引自 https://en.wikipedia.org）

这当中最惟妙惟肖的要数白纹拟蛇天蛾 *Hemeroplanes triptolemus* 幼虫，当它遇到危险的时候会迅速将自己的"脑袋"膨胀出蛇头的模样，并悬空上半身，模拟蛇的姿态，吓唬你！

图 1-44　白纹拟蛇天蛾

（图片引自 https://mp.weixin.qq.com/s/aXgjlhkCf2XD7Y2JhgzQIQ）

还有很多昆虫的翅上有蛇形眼斑，冬青巨大蚕蛾 *Archaeoattacus edwardsii* 也常被称为冬青王蛾，双翅硕大，前翅翅尖还有极像"蛇头"的花斑，是拟态蛇类的高手。

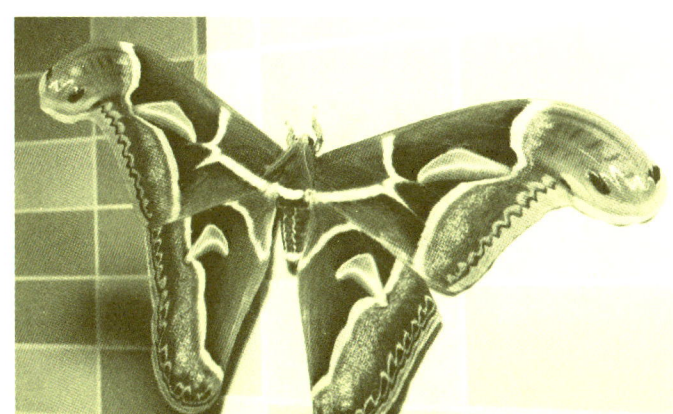

图 1-45　冬青巨大蚕蛾

（图片引自 flickr@ itchydogimages）

7. 午马

螳科马头螳属 *Erianthus* 的成员便长着"马面"。

图 1-46　马头螳

（图片引自 https：//mp. weixin. qq. com/s/aXgjlhkCf2XD7Y2JhgzQIQ）

缨翅目的昆虫，由于许多种类都喜欢在菊科植物，如大蓟、小蓟中活动，故被称为"蓟马"。

昆虫创意产业创新创业实践

图1-47 蓟马（王建赟 图）

8. 未羊

草蛉的幼虫，有点特殊癖好，它喜欢收集碎片来掩饰自己，这毛茸茸的模样，很像一只温柔可爱的小绵羊。

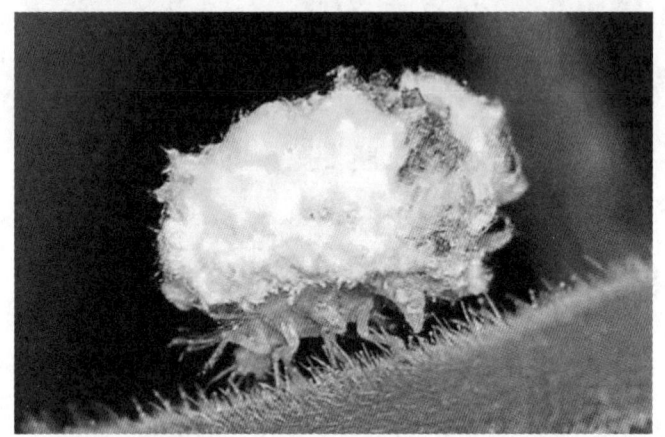

图1-48 草蛉幼虫

（图片引自 https://mp.weixin.qq.com/s/aXgjlhkCf2XD7Y2JhgzQIQ）

莫氏角实蝇 *Phytalmia mouldsi* 也被称为山羊蝇（goat fly），毫无疑问，因其复眼上长着山羊般的"角"，还一副奶凶奶凶的模样。

图 1-49　莫氏角实蝇

（图片引自 naturepl.com）

9. 申猴

蜢科的昆虫通常被称为 Monkey grasshopper，即猴子蚱蜢，因为它们长着如猴子一般可爱的面容。

图 1-50　猴子蚱蜢

（图片引自 https：//andreaskay.org/）

10. 酋鸡

龙眼鸡 *Pyrops candelaria*，因为长着奇特的"象鼻"，也被称为长鼻蜡蝉、长吻蜡蝉。其喜好甜食，是荔枝和龙眼林里的常客。

图 1-51　龙眼鸡

（图片引自 https：//mp.weixin.qq.com/s/aXgjlhkCf2XD7Y2JhgzQIQ）

斑衣蜡蝉 *Lycorma delicatula* 由于为害樗树，我国古籍称之为"樗鸡"。除此之外，它们还有很多好玩的俗名，如"花姑娘""椿蹦儿""花蹦蹦"等。

图 1-52　斑衣蜡蝉

（图片引自 alleghenyfront.org）

第一篇 理论篇

11. 戌狗

蝼蛄，俗称土狗子，是田间地头常见的土栖昆虫，它们有铲子状的开掘足，像鼹鼠那般善于刨土，它拥有虾一样的脑袋和鼹鼠般的爪子。

图 1-53 东方蝼蛄（刘硕，2024）

桃色花粉蝶 *Zerene eurydice* 分布于美国加州地区，由于其雄蝶的翅背面花纹像一只贵宾犬的脸，也被称为 California dogface butterfly，即加州狗脸蝴蝶。

图 1-54 桃色花粉蝶（左：雄蝶 右：雌蝶）

（图片引自 www.ebay.co.uk）

12. 亥猪

有些西南地区的方言，喜欢将肥嘟嘟、光滑滑的毛毛虫称为"猪儿虫"。然而在毛毛虫的团队中，也不乏长得像小猪的家伙。比如图1-55所示这位，像不像穿着马甲的粉色小香猪。

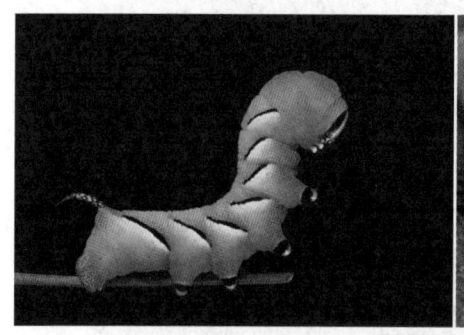

图1-55　猪儿虫

（图片引自 https：//mp.weixin.qq.com/s/FAfUthtKVh5Fmpkvzyzavg
和 https：//mp.weixin.qq.com/s/aXgjlhkCf2XD7Y2JhgzQIQ）

（九）昆虫与地名

由于历史和文化的原因，中国很多地名或山脉的名字都与昆虫有关，这些地名多数与该地的昆虫产业或昆虫文化有关。

以四川省为例，"蜀"这个名称，最早见于商代的甲骨文，古蜀王蚕丛教民栽桑养蚕，使四川成为中国最早养蚕的地方，因此"蜀"有了蚕的意思，这也成了四川简称"蜀"的由来之一。四川峨眉山的"峨"字本为"蛾"，意为大峨山和二峨山，从远处望去，似"蛾眉"一样秀美，清代顾祖禹的《读史方舆纪要》写道："亦曰蛾眉山，以其两山相对，如蛾眉然。"四川的青神县，也是因为以崇祀蚕丛氏"青衣而教民农桑，民皆神之"得名。

四川省丰富的蚕桑文化还体现在被誉为"丝城"或"丝绸之乡"的南充市周边的诸多地名，包括西充县青龙乡的蚕华山村、凤和乡的蚕丝山村、龙鸣乡丝公山村和阆中市妙高乡蚕丝庙村，以及苍溪县的蚕丝乡、蓬安县龙蚕乡等。四川省潘松县的蚕陵山，因此山中有蚕丛王的陵墓而得名；苍溪县文林乡有蚕石垭，垭口北面山梁上有一平台，宽丈余，横卧4条蚕形大青石，首尾分明，惟妙惟肖，蚕石垭因此而得名；蚕丝山位于苍溪县龙山场附近，因岭形似蚕而得名；茧丝山在阆中市城东10千米处，丝公山在南部县群龙乡；茧市街在南充市内，得名于1923年，时为南充市蚕茧主要交易场所。

四川省乐山市沙湾区还有一个村叫蜜蜂村，全国有多个地方叫"蜜蜂村"。蜂桶寨自然保护区在四川省宝兴县，主要保护对象为大熊猫。

（十）昆虫与宗教和哲学

我国古代对虫害以阴阳五行的思想进行解释。自汉代起，儒家学者往往用脱离实际的唯心思想来推测虫灾发生的原因：或为兴兵征战，或为贪利之应，反映出天人感应的唯心思想。汉代又有"虫为风生"的说法，王充指出造字者将"凡"字与"虫"字合成"風（风）"字，即为"虫为风生"的本意。化生论也反映在汉代儒家学者的思想中，如扬雄认为土蜂获螟蛉，带入巢内，不断叫唤"类我、类我"，结果使螟蛉转化为土蜂。我国以前惯称非亲生子为"螟蛉子"，便是以此为依据的。梁代（公元502—557年）陶宏景指出螟蛉是土蜂猎取的食物，以此反对扬雄的说法。另外还有"腐草为萤"等说法。

在宗教方面，我国对主宰昆虫之神的崇拜根底较脆弱，并且历代常有变换。如执掌养蚕的神在《后汉书》注为苑窳妇人和寓氏公主，凡二神。《隋书》记载北周制：皇后祭奠先蚕西陵氏神，而北宋刘恕和《通鉴前编》则记载："西陵氏之女嫘祖为帝元妃，始教民养蚕……后世祀为先蚕。"我国向来视昆虫为"小虫"，处于低级地位，远不能与龙、凤、麟相比。在湖南长沙马王堆发现的汉墓出土的丝织书画，反映了天上、人间和阴世三界的重要动物，有鸟、兽、蛙等，但无昆虫。

（十一）非遗中的昆虫

截至2024年12月，中国列入联合国教科文组织非物质文化遗产名录（名册）项目共计44项，其中与昆虫有关的有2项，具体介绍如下。

1. 中国蚕桑丝织技艺（2009年）

蚕桑丝织是中国的伟大发明，是中华民族的文化标识之一。这一遗产包括栽桑、养蚕、缫丝、染色和丝织等整个过程的生产技艺，其间所用到的各种巧妙精到的工具和织机，以及由此生产出来的绚丽多彩的绫绢、纱罗、织锦和缂丝等丝绸产品，同时也包括这一过程中衍生出来的相关民俗活动。5 000多年来，它对中国社会发展作出了重大贡献，并通过丝绸之路对人类文明产生了深远影响。这一传统生产手工技艺与民俗活动至今仍流传于浙江北部和江苏南部的太湖流域（包括杭州、嘉兴、湖州和苏州等地）以及四川成都等地，是中国文化遗产中极为重要的组成部分。

2. 南京云锦织造技艺（2009年）

南京云锦织造技艺存续着中国皇家织造的传统，是中国织锦技艺最高水平的代表。它将"通经断纬"等核心技术运用在构造复杂的大型织机上，由上下两人手工操作，用蚕丝线、黄金线和孔雀羽线等材料织造出华贵织物，如龙袍。南京云锦织造技艺有着完整的体系，是人类非凡创造力的见证。如今，因灿若云霞而得名的南京云锦，依然作为中国传统织造技艺的经典，用于高端织物的织造，为民众所喜爱。

与昆虫相关的非物质文化遗产汇总：

	家蚕
(1) 使用昆虫材料或昆虫产物的传统技艺（使用昆虫、昆虫产物为材料的技艺类）	
蚕丝织造技艺	世界级［中国蚕桑丝织技艺（2009年）、南京云锦织造技艺（2009年）］2个、国家级6个、地方级若干 【传统技艺】蚕丝织造技艺（杭罗织造技艺）（浙江省杭州市，国家级）2008年 【传统技艺】蚕丝织造技艺（余杭清水丝绵制作技艺）（浙江省杭州市，国家级）2008年 【传统技艺】蚕丝织造技艺（双林绫绢织造技艺）（浙江省湖州市，国家级）2008年 【传统技艺】蚕丝织造技艺（辑里湖丝手工制作技艺）（浙江省湖州市，国家级）2011年 【传统技艺】蚕丝织造技艺（杭州织锦技艺）（浙江省杭州市，国家级）2011年 【传统技艺】蚕丝织造技艺（潞绸织造技艺）（山西省晋城市，国家级）2014年 【传统技艺】蚕丝织造技艺（义乌市）2019年 【传统技艺】桑蚕丝制作技艺（义乌市）2019年
蚕茧纸绘画	【传统美术】蚕茧纸轩丝绘画（四川省级，乐山市）2022年
(2) 以昆虫为核心主题的传说与文学（与昆虫相关的传说、习俗类）	
蚕神传说、庙会	【民俗】蚕桑习俗（含山轧蚕花）（浙江省桐乡市，国家级）2008年 【民俗】民间信俗（嫘祖信俗）（湖北省宜昌市远安县，国家级）2011年 【民间文学】先蚕氏嫘祖的传说（河南省级，郑州市新郑）2009年 【民间文学】嫘祖养蚕传说（山西省级，运城市夏县）2009年 【民俗】蚕姑庙会（四川省级，绵阳市盐亭县）2022年
扫蚕花地	【民俗】蚕桑习俗（扫蚕花地）（浙江省湖州市德清县，国家级）2008年
(3) 融入昆虫元素的传统工艺与艺术（融入昆虫元素的工艺与艺术）	
蚕灯舞	【民俗】蚕灯舞（湖南省级，怀化市溆浦县）2008年，图1-56
耍蚕龙	【传统舞蹈】耍蚕龙（四川省级，绵阳市）2022年
蚕歌	【传统音乐】桐乡蚕歌（浙江省级，浙江省嘉兴市桐乡市）2009年
	蜜蜂
使用昆虫材料或昆虫产物的传统技艺（使用昆虫、昆虫产物为材料的技艺类）	
养蜂	树林养蜂文化Tree beekeeping culture（白俄罗斯共和国、波兰共和国，世界级），2020联合国教科文组织人类非物质文化遗产代表作名录 【民俗】傈僳族野蜂养殖习俗（四川省级，凉山彝族自治州）2023年 【传统手工技艺】长白山野山蜂养殖技艺（吉林省级，长白山林区）2011年 【传统技艺】赞皇蕊源土蜂蜜酿制技艺（石家庄市）无考 【传统技艺】白马天然蜂蜜传统酿制技艺（重庆市级）2016年 【传统技艺】养蜂技艺（义乌市）2019年

（续表）

蜜蜂		
蜂疗	【中医诊疗法】陈氏蜂疗法（湖南省郴州市，国家级）2011年 【传统医药】中医蜂针疗法（江苏省级，连云港市）2024年	
酒、糕点	【传统技艺】白马藏人蜂蜜酒制作工艺（四川省绵阳市）无考 【传统技艺】武都蜂糖酒（甘肃省级，陇南市）2017年 【传统技艺】丰县蜜制蜂糕（江苏省级，徐州市）2024年	
蝴蝶		
(1) 使用昆虫材料或昆虫产物的传统技艺（使用昆虫、昆虫产物为材料的技艺类）		
蝶翅画	【传统美术】蝶翅画（安徽省级，宿州市）2022年 【传统美术】纳溪蝴蝶画（四川省级，泸州市）2022年 【传统美术】芷江蝴蝶画（怀化市级）2016年	
(2) 以昆虫为核心主题的传说与文学（昆虫相关的传说、习俗类）		
梁祝传说	【民间文学】梁祝传说（河南省驻马店市汝南县，国家级）2006年 【民间文学】梁祝传说（山东省济宁市，国家级）2006年 【民间文学】梁祝传说（浙江省上虞市，国家级）2006年 【民间文学】梁祝传说（浙江省宁波市，国家级）2006年 【民间文学】梁祝传说（浙江省杭州市，国家级）2006年 【民间文学】梁祝传说（江苏省无锡市宜兴市，国家级）2006年 【民俗】宜兴观蝶节（无锡市宜兴市）无考	
(3) 融入昆虫元素的传统工艺与艺术（融入昆虫元素的工艺与艺术）		
蝴蝶舞	国家级1项、地方级若干 【传统舞蹈】十八蝴蝶（浙江省永康市，国家级）2008年，由18名少女身披竹篾丝绸制作的蝴蝶造型扮演彩蝶，与花仙结伴翩翩起舞 【传统舞蹈】傣族《蝴蝶舞》（云南省临沧市）无考 【传统舞蹈】高唐民舞（扑蝶舞）（聊城市）无考 【传统舞蹈】蛾蛾灯（成都市）蛾蛾（蝴蝶）无考 用竹篾挑起纸糊彩画的蛾蛾在孙女的头顶上方上下飞舞、左右盘旋。而坐在鸡公车上的孙女则舞动手中的彩巾和折扇来扑蛾蛾 【传统舞蹈】扑蝶舞（周口市）无考 【传统舞蹈】傻子扑蝶（淄博市）无考 【传统舞蹈】猫蝶富贵（济南市）无考 【传统舞蹈】丰宁蝴蝶舞（承德市）无考 【传统舞蹈】锡伯族蝴蝶舞（沈阳市）无考 【民俗传统舞蹈】蝴蝶戏媒（娄底市）无考 【传统舞蹈】扑蝴蝶（临沂市）无考 【传统舞蹈】放蝶舞（河南省级，信阳市商城县）2015年 【传统舞蹈】扑蝶舞（朔州）无考 【传统舞蹈】采茶扑蝶舞（安徽省）无考 【民间舞蹈】丰宁蝴蝶舞（河北省级）无考 【民间舞蹈】海淀扑蝴蝶（北京市级）无考 【民间舞蹈】密云蝴蝶会（北京市级）无考	

(续表)

	蝴蝶	
蝴蝶歌	国家级 1 项、地方级若干 【传统音乐】多声部民歌（瑶族蝴蝶歌）（广西壮族自治区富川瑶族自治县，国家级）2008 年 【传统音乐】钟山瑶族蝴蝶歌（贺州市）无考 【传统音乐】蝴蝶歌（永州市）无考 【传统音乐】秦山老虎嗒蝴蝶（嘉兴市）无考	
蝶画	【传统美术】滕派蝶画（开封市）无考 【传统技艺】滕派蝶画技艺（省级）（厦门市）无考	
蝴蝶杯	【传统技艺】侯马蝴蝶杯制作工艺（山西省级，临汾市侯马市），2009 年	
	蝗虫	
以昆虫为核心主题的传说与文学（昆虫相关的传说、习俗类）		
蝗神（刘猛将军庙、八蜡庙、虫王庙）	【民俗】胥口猛将会（苏州市）无考 【民俗】东山猛将会（苏州市）无考 【民俗】虫王节（昆明市）无考 【民俗】普乐趴蜡庙高跷（市级）无考 【传统舞蹈】普乐趴蜡庙高跷（天津市）无考 【传统舞蹈】趴蜡庙小车会（天津市级，北辰区北仓镇）无考	
	螳螂	
融入昆虫元素的传统工艺与艺术（融入昆虫元素的工艺与艺术）		
螳螂拳	国家级 4 项、地方级若干 【传统体育、游艺与杂技】螳螂拳（山东省莱阳市，国家级）2008 年 【传统体育、游艺与杂技】螳螂拳（山东省青岛市崂山区，国家级）2011 年 【传统体育、游艺与杂技】螳螂拳（山东省栖霞市，国家级）2011 年 【传统体育、游艺与杂技】鸳鸯螳螂拳（山东省青岛市，国家级）2014 青岛鸳鸯螳螂拳俱乐部	
	白蜡虫	
使用昆虫材料或昆虫产物的传统技艺（使用昆虫、昆虫产物为材料的技艺类）		
白蜡生产加工技艺	【传统手工技艺】峨眉白蜡生产加工技艺（四川省级）2009 年 【传统技艺】芷江白蜡（怀化市）2018 年	
	蝉	
使用昆虫材料或昆虫产物的传统技艺（使用昆虫、昆虫产物为材料的技艺类）		
毛猴制作技艺	【传统技艺】毛猴制作技艺（北京市）2009 年 【传统技艺】天津工艺毛猴（天津市）无考 【传统美术】毛猴（新乡市）无考 【传统美术】济南毛猴（济南市）无考 【民间美术】毛猴工艺（南阳市）无考 【传统美术】徐州毛猴制作技艺（徐州市）无考	

第一篇 理论篇

(续表)

	其他昆虫	
豆丹	【传统技艺】灌云豆丹制作技艺（连云港市）无考	
虫茶	【传统医药】章朱学派虫类药治疗肿瘤法（南通市）无考 【传统医药】虫屎茶叶（连云港市）无考 【传统技艺】三江虫茶制作技艺（柳州市）无考	
鸣虫	【传统技艺】宁阳鸣虫葫芦（泰安市）无考	
忠州朽木虫雕	【传统美术】忠州朽木虫雕（重庆市级）2011年	
虫蚀艺术	【传统美术】虫蚀艺术（河北衡水市级）无考	

图 1-56 蚕灯舞

（图片引自 https：//mp.weixin.qq.com/s/cxtwuI8KB_1porWkMGonPw）

七、"高智商"的昆虫

从演化的角度来看，昆虫是最古老的陆生动物之一，是一类很低等的生物。同时也是最早飞上天空的动物，具有很多原始的特征。从生物学角度来看，它们的神经系统较为简单、寿命较短。但实际上，不能简单地认为昆虫就是一类很低等的生物。昆虫是地球上最成功的生物之一，它们有着最为丰富的物种多样性，同时遍布地球各种生境类型，具有极强的适应能力。有的是社会性昆虫，具有复杂的行为模式，一些蚂蚁和蜜蜂展现出了惊人的社会行为和协作能力，他们有明确的分工合作，展现出高度组织化的行为；有的种类有神奇的拟态现象、迁飞习性、对极端环境的适应等生物学特性，这些都可以帮助人类探索更多的生命科学问题。从时间维度来看，人类在昆虫面前，像是一个刚出生的婴儿面对一个白胡子老爷爷，其实，人类在很多领域都不如昆虫"聪明"，应该虚心向昆虫学习。

第三节　昆虫利弊

一、"我们是害虫?"

蝗虫吃庄稼，天牛啃树干，这些昆虫都是农林牧业的害虫。的确，有很多昆虫会对人类社会和农业生产造成一定危害，是臭名昭著的害虫，但它们同时也是自然生态系统中的重要组成，是食物链不可缺少的一环，是鸟类、小型哺乳动物、两栖爬行动物、其他节肢动物的重要食物来源。此外，有很多昆虫是重要的益虫，它们可以捕食或者寄生一些农业害虫，起到控制害虫种群发生的作用，并不是所有的昆虫都是害虫，害虫只占昆虫总数大概10%的比例。

其实，所谓的"害虫"，更多的是从人类社会经济角度出发定义的，并不是绝对的。对我不利的，就是害虫；反之，就是益虫。很多时候，"害虫"和"益虫"都是相对的，比如，蝗虫，是著名的害虫，但近些年来，蝗虫成了很多地方的美食，养殖蝗虫成了一种时髦的致富项目，在这种情况下，蝗虫就成了"益虫"。所以，很多事物和认知都是相对，就类似世间本没有"好人""坏人"之说一个道理。人类和昆虫的关系，不是谁控制谁，谁消灭谁，谁利用谁，而是应该趋利避害，和谐共处；昆虫可以离开人类，但人类离不开昆虫。

二、昆虫的价值

昆虫是生物多样性的重要组成部分，在生态系统中扮演着多种角色，如传粉者、分解者和捕食者，还能监测环境，具有重要的生态价值。保护昆虫的生物多样性对于维护生态平衡至关重要。

作为地球上物种数量最多的生物类群，昆虫是大自然给人类的巨大恩赐和绿色资源，是地球生物多样性的重要组成部分，与农业息息相关，与人类休戚与共，具有重要的资源价值和产业价值。食用昆虫有助于解决蛋白质危机和粮食安全，药用昆虫能治疗很多疑难杂症从而促进人类健康，环保昆虫有助于处理诸多有机垃圾，天敌昆虫和传粉昆虫能提高农产品产量和质量，工业原料昆虫为很多特殊的行业提供珍贵的原材料，文化科普昆虫能促进文化和教育产业，如此等等。昆虫作为一种新型资源，昆虫创意产业作为一种新兴产业，已经受到越来越多的国家、政府、专家、企业、民众的认可、重视和践行，正呈现出方兴未艾的态势。

☞ 参考文献

关注"人呆手护"公众号

彩万志，2022. 拉英汉昆虫学词典［M］. 郑州：河南科学技术出版社.

彩万志，等，2011. 普通昆虫学（第 2 版）［M］. 北京：中国农业大学出版社.

曹成全，等，2021. 昆虫创意产业［M］. 北京：中国农业大学出版社.

法布尔（Fabre, J. H.）（法），2007. 昆虫的故事［M］. 北京：北京大学出版社.

龚朝辉，2014. 昆虫与人类［M］. 北京：中国农业科学技术出版社.

李芳，2016. 昆虫意象的哲学观照［M］. 北京：科学出版社.

李芳，2019. 昆虫邮记［M］. 北京：高等教育出版社.

刘铭，2018. 山东昆虫民俗文化研究［M］. 北京：中国农业出版社.

刘铭，翟荣惠，2017. 我国古代的萤火虫民俗文化［J］. 山东农业大学学报（社会科学版），2：6-10.

刘硕，2024. 动物中的"挖洞专家"［J］. 阅读，(ZD)：23-25.

沐之，2015. 昆虫百科全书（精装版）［M］. 北京：北京联合出版公司.

唐志远，2020. 拟态让小昆虫变强大［J］. 森林与人类（9）：44-69.

丸山宗利（日），2016. 昆虫真不可思议［M］. 香港：晨星出版.

王荫长，2004. 昆虫生理学［M］. 北京：中国农业出版社.

王荫长，张巍巍，2024. 昆虫邮花［M］. 重庆：重庆大学出版社.

张传溪，2024. 图解昆虫学［M］. 北京：科学出版社.

张巍巍，2007. 常见昆虫野外识别手册［M］. 重庆：重庆大学出版社.

张巍巍，李元胜，2011. 中国昆虫生态大图鉴［M］. 重庆：重庆大学出版社.

拓展资料

资料	网址
课程	
资源昆虫学 主讲：严善春（东北林业大学）	资源共享课 http://www.icourses.cn/sCourse/course_6575.html https://www.xueyinonline.com/detail/219532777
邮票上的昆虫世界 主讲：李芳（福建农林大学）	Mooc http://www.icourse163.org/course/FAFU-1002082001

（续表）

资料	网址
课程	
昆虫、意象、哲学 主讲：李芳（福建农林大学）	Moochttp：//www.icourse163.org/course/FAFU-1002030025
Edible Insects 主讲：Matan Shelomi（台湾大学）	https：//ocw.aca.ntu.edu.tw/ntu-ocw/ocw/cou/111S206
昆虫文化 主讲：段亚妮（安徽农业大学）	https：//www.xuetangx.com/course/ahau09011004362/21559986
昆虫与人类生活 主讲：洪晓月（南京农业大学）	网易公开课 https：//open.163.com/newview/movie/free?pid=KHFM3527H&mid=HHFM35284
蚕丝智慧与农桑文化 主讲：李木旺等（江苏科技大学）	https：//www.icourse163.org/course/JUST-1206794814
神奇的蜂产品 主讲：刘玉兵等（黑龙江农业经济职业学院）	https：//coursehome.zhihuishu.com/courseHome/1000008368#teachTeam
智慧蜂群与智能蜂业 主讲：金航峰（浙江农林大学）	https：//coursehome.zhihuishu.com/courseHome/1000060067#teachTeam
特种经济动物生产学 主讲：王星（辽东学院）	https：//www.xuetangx.com/learn/elnu09031004114/elnu09031004114/7770058/video/12865969?channel=i.area.manual_search
奇妙的昆虫世界（普通昆虫学） 主讲：吴梅香（福建农林大学）	Moochttps：//www.icourse163.org/course/FAFU-1002224013
普通昆虫学 主讲：彩万志、刘志琦 （中国农业大学）	Moochttps：//www.icourse163.org/course/CAU-1205799839 资源共享课 http：//www.icourses.cn/sCourse/course_4110.html
普通昆虫学（一） 普通昆虫学（二） 主讲：周兴苗等（华中农业大学）	Mooc https：//www.icourse163.org/course/HZAU-1001618006 https：//www.icourse163.org/course/HZAU-1001741022
普通昆虫学之昆虫脉动 主讲：樊东等（东北农业大学）	Mooc https：//www.icourse163.org/course/NEAU-1205910805
普通昆虫学（山东联盟） 主讲：刘勇、许永玉等（山东农业大学）	https：//coursehome.zhihuishu.com/courseHome/2058948#teachTeam
普通昆虫学 主讲：郝赤、马瑞燕等（山西农业大学）	https：//coursehome.zhihuishu.com/courseHome/2067792#teachTeam
纪录片	
白蜡传奇（2012）	CCTV https：//tv.cctv.com/2017/05/31/VIDEngIerfJcUq8SAu5lm7hW170626.shtml
自然传奇《杀手昆虫大战》（2015）	CCTV https：//tv.cctv.com/2015/01/28/VIDA1422435634043879.shtml

第一篇　理论篇

（续表）

资料	网址
纪录片	
微观世界（2017）	CCTV 第一集 强弱之间，第二集 守卫平衡，第三集 福兮祸兮，第四集 生生不息，第五集 一线生机 https：//tv.cctv.com/2017/03/28/VIDAqR6hX8wg2m9u3wYJAdXL170328.shtml
昆虫的盛宴（2020）	CCTV https：//tv.cctv.com/2020/02/17/VIDA2TrecHQHYWzym4Gj5IO9200217.shtml
Alien Empire. A Journey to the World of Insects（1996 英国 BBC）	（1）Hardware （2）Replicators （3）Battlezone （4）Voyagers （5）Metropolis （6）War of the Worlds Bilibili 网站 昆虫帝国（中文配音版） Bilibili 网站
Microcosmos （1996，法国）	Bilibili 网站
Minuscule TV series 昆虫总动员 （2006，法国）	结合了真实的自然环境和 3D 动画昆虫，没有解说和文字，只有音效，是欧洲最成功的动画品牌，先后登录过 100 多个国家的电视台。 Bilibili 网站
Insectia 第一季 1999 第二季 2001（加拿大）	第一季 （1）Invertebrate Inventors 无脊椎动物的发明家（2）Silent Partners 沉默的伙伴 （3）New World Order 世界新秩序 （4）Myths and Legends 神话与传说（5）Living Art 生活艺术 （6）Wicked Butterflies 邪恶的蝴蝶 （7）The Mating Game 交配游戏 （8）Insect Gods 虫神 （9）Insects A La Carte 昆虫点菜 （10）Champions of Evolution 进化的冠军 （11）Six-legged Warriors 六足战士 （12）Child's Play 儿童游戏（13）Mad About Bugs 为虫子而疯狂 第二季 （1）Insects at the End of the World 世界尽头的昆虫（2）Entomology Is Catching 昆虫学正在流行 （3）Scorpions 蝎子 （4）Life in the Desert 沙漠里的生活（5）Symphony of the Hexapods 六足交响曲 （6）Weaver's Island 织布者岛 （7）Life in a Single Tree 一棵树上的生命 （8）Insects for Sale 出售昆虫 （9）The Grand Alliance 大联盟 （10）Aquatic Insects 水生昆虫（11）Masquerade 假面舞会 （12）Outlaws 不法之徒（13）Time Travellers 时间旅行者 Bilibili 网站

（续表）

资料	网址
纪录片	
Life in the Undergrowth （2005 英国 BBC）	Invasion of the Land 大举登陆（2）Taking to the Air 翩翩飞舞（3）The Silk Spinners 吐丝织网（4）Intimate Relations 相互依存（5）Supersocieties 社会性昆虫 Bilibili 网站 昆虫世界（CCTV 中文配音版 2012） https：//tv. cctv. com/2012/12/10/VIDA1355147224324259. shtml
The Incredible Journey of the Butterflies 蝴蝶的神奇之旅（2009，美国）	Bilibili 网站
flight of the butterflies 蝴蝶飞舞（2012，加拿大）	Bilibili 网站
Can eating insects save the world? 吃昆虫能拯救世界吗? （2013，英国 BBC）	Bilibili 网站
Edible Insects 食用昆虫 （2021，美国）	Bilibili 网站
TED	
Why not eat insects?	https：//www. ted. com/talks/marcel_dicke_why_not_eat_insects
A world without insects?	https：//www. ted. com/talks/barrett_klein_a_world_without_insects? subtitle = en
Mind-blowing, magnified portraits of insects	https：//www. ted. com/talks/levon_biss_mind_blowing_magnified_portraits_of_insects? subtitle = en
演讲视频	
挑战不可能虫子吃塑料	杨军 https：//open. 163. com/newview/movie/free? pid = MD7EKI1NF&mid = MDPHL63R6
昆虫是自然界留给人类的最后一块蛋糕	喻子牛 https：//open. 163. com/newview/movie/free? pid = MD7EKI1NF&mid = MELF798R5
如果蜜蜂灭亡，人类将会怎样?	朱朝东 https：//open. 163. com/newview/movie/free? pid = MD7EKI1NF&mid = MF20U54CA
吃虫：从入门到精通	廖怀建 https：//www. yixi. tv/h5/speech/960/
与虫为邻	朱赢椿 https：//www. yixi. tv/#/speech/detail? id = 1097
追随昆虫	杨小峰 https：//www. yixi. tv/#/speech/detail? id = 937

☞ **彩图二维码**

☞ **创商训练**

1. 学习本章后,你对昆虫的认知与之前比有哪些提升和矫正?
2. 学习本章后,你认为昆虫是一类什么样的生物资源?

第二章 昆虫资源宝库：
多元价值的资源昆虫

昆虫没有益虫、害虫之分，同一种昆虫是益虫还是害虫并没有绝对的界限，有的昆虫在发育的不同阶段，它的益害也不同，绝大多数的昆虫对人类都是有益甚至是不可或缺的。昆虫资源是上天留给人类的一块大蛋糕，是尚未充分开发的巨大的绿色可再生生物资源，只是被人们严重误解和忽略了。资源昆虫是指昆虫虫体本身或其分泌物、排泄物、内含物等产物可为人类利用，具有较大经济价值，种群数量具有资源特征的一类昆虫。一开始，专家们提出了"资源昆虫"的概念，再后来又有专家认为"所有的昆虫都是资源"而提出了"昆虫资源"的概念，拓宽和加深了人们对昆虫资源性的认知。

资源昆虫能广泛应用于食品、药物、旅游、环保、农业、工业、观赏、教育等产业，在康养医药、食物安全、文化旅游、生态保护、生物防治、研学科普、文化创意、工业原料、饲用能源、仿生制造等领域都具有独特的作用和被人忽略的价值，能完善农业体系，赋能传统农业，助力乡村振兴，催生新兴产业，解决社会痛点问题，是难得的绿色生物资源，具有巨大的开发价值和广阔的市场前景，值得引起政府和企业的重视。

第一节 昆虫的产业价值和资源特性

一、昆虫的产业价值

（一）虫体本身的价值

多数的昆虫资源特性来自虫体本身，比如，很多昆虫具有极高的营养价值和/或药用价值而成为食用或药用昆虫或药食两用昆虫；有些昆虫能取食腐殖质和各类有机垃圾，且能作为饲料原材料，而成为环保昆虫和/或饲用昆虫；有些昆虫颜色艳丽、形态独特等特质而成为观赏娱乐昆虫；有的昆虫对水质等环境变化非常敏感，可作为环境监测昆虫。

这些虫体本身被利用，又可以分为以下几种情况：不同虫态被利用，多数昆虫被利用的是成虫或幼虫/若虫，但有时候也可以或应该重视其他虫态（如卵和蛹）的应用；有的是直接利用昆虫的原体，有的是利用简单加工后的产品，或者利用其提取物等深加工产品，甚至还可以利用虫体本身的结构、生物学特性、行为等所带来的启发信息进行仿生学利用。

（二）附属产物价值

被利用的昆虫附属产物大概包括分泌物、内含物、排泄物等几种情况。一些昆虫在生长发育过程中分泌丝、蜡、胶等物质，可用于加工和生产工业产品。如家蚕吐丝结茧时的蚕丝是生产丝绸的重要原料；紫胶虫分泌的紫胶绝缘性、黏着性、防腐性等均较为突出，常被用来广泛生产涂料、绝缘材料、橡胶填充剂等。昆虫的排泄物被资源化利用最经典的当属虫茶——它并不是茶，而是由化香夜蛾、米黑虫等昆虫取食化香树、苦茶等植物叶后所排出的粪粒，约米粒大小，黑褐色，开水冲泡后为青褐色，几乎可以全部溶解于水，像咖啡一样，食用方法与我们饮茶相近，故而将其称作"茶"。

（三）行为产业价值

可以产业化利用的昆虫行为大概包括鸣叫、打斗、跳跃、游泳、拟态、仿生等。有些昆虫的鸣叫和打斗等特殊行为使其可以发展鸣叫或赏玩昆虫产业，有些昆虫捕食害虫可以发展天敌昆虫产业，有些昆虫能授粉而发展传粉昆虫产业，还有很多昆虫的特殊行为和精巧结构等给人类在诸多领域带来启迪和灵感而诞生了昆虫仿生产业。

（四）文化产业价值

可以产业化利用的昆虫特色文化大概包括虫体本身行为文化（如萤火虫的诸多文化）、神话传说（比如蝴蝶的诸多文化）、民俗文化、节日文化、饮食文化等，甚至，由于"蝉"谐音"禅"，且蝉的成虫基本只取食露水并具有"居高声自远，非是藉秋风"等"高洁的品质"，使得蝉不仅是食用药用昆虫，还是一种文化昆虫。

二、昆虫的资源特性

从与产业融合和对产业促进的角度来说，昆虫（创意）产业可以融合和促进第一产业、第二产业、第三产业（图 2-1）：一是用环保昆虫创新性地处理很多餐厨垃圾和农业废弃物促进循环农业，用天敌昆虫和传粉昆虫发展绿色

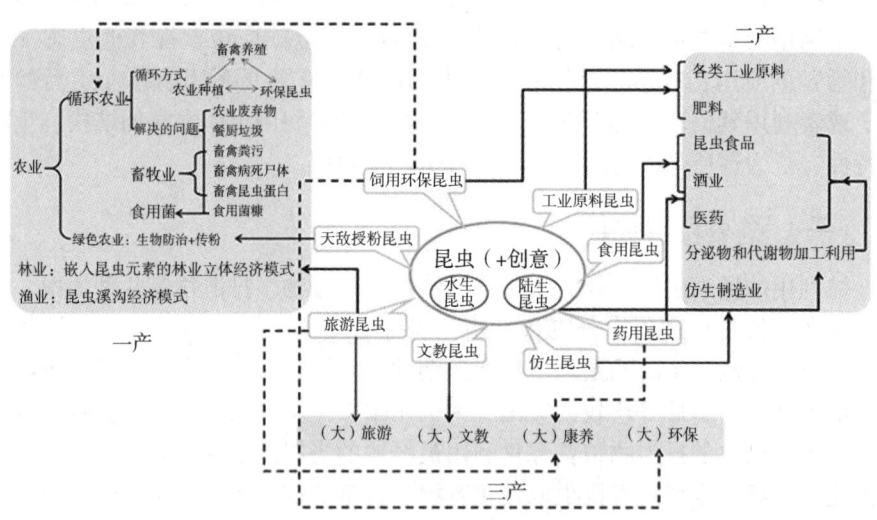

图 2-1　昆虫与一、二、三产业的融合路径

农业，发展创意性的萤光六产农业，发展嵌入昆虫元素的林业立体经济模式，发展水生昆虫养殖促进传统渔业，用昆虫溪沟经济促进河道资源综合开发利用；二是发展昆虫食品以解决粮食安全和蛋白质安全问题，各类工业原料昆虫直接促进多个工业行业，用昆虫粪便（虫砂）生产特殊的有机肥料，发展昆虫康养白酒，深度挖掘昆虫医药并全面加工利用昆虫的分泌物和代谢物，探索发展昆虫仿生制造业；三是发展特色昆虫旅游以促进传统旅游转型，尤其是促进夜间旅游、亲子旅游、研学旅游、生态旅游、休闲旅游和乡村旅游；发展昆虫主题文化教育产业，促进艺术、体育、文创、影视、婚庆、文化活动等产业发展；发展昆虫主题康养，除了传统的药用、食用昆虫的康养保健，还能发展昆虫宠物和昆虫疗愈；发展昆虫主题环保产业，用环保昆虫监测环境及治理，促进农业废弃物利用，探索生态价值转换的特色路径。

从昆虫对人类健康影响的角度来说，昆虫资源可以分为促进人类身体健康的和精神健康的两大类：前者包括食用昆虫、饲用昆虫、药用昆虫、工业昆虫等，为人类提供"食""疗""器"；后者包括环保昆虫、天敌昆虫、观赏昆虫、研学昆虫等，为人类提供"净""赏""学"（图 2-2）。

思路决定出路，在新时代，要树立新的资源观，不是只有煤、炭、石油等才是资源，昆虫是被人类忽略的巨大的特色生物资源。梳理新的养殖观，提到养殖，不仅是养鸡、养猪，提到水产，不仅是养虾、养蟹，昆虫养殖是特殊的新型养殖项目，其中，陆生昆虫养殖可以被称为"微家畜养殖"，水生昆虫养

第一篇　理论篇

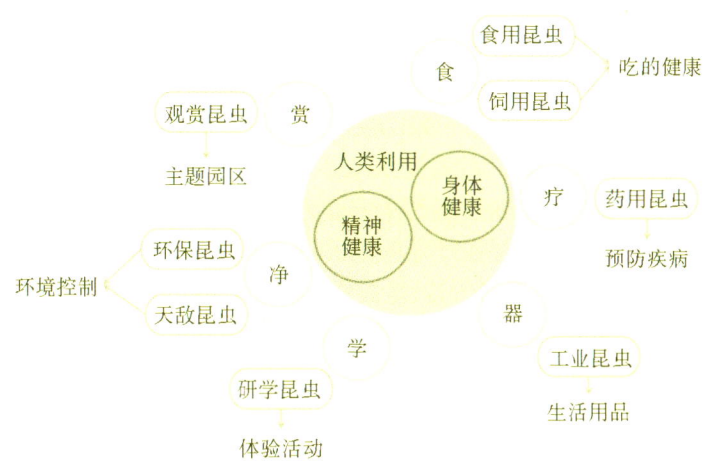

图 2-2　昆虫产业分类

殖可以被称为"特色水产养殖";树立新的产业观,要研发新思路、新业态、新模式,要选择做具有技术垄断性且未来前景广阔的创新产业。

　　昆虫作为一种新型资源,昆虫创意产业作为一种新兴产业,已经受到越来越多的国家、政府、专家、企业、民众的认可、重视和践行,正呈现出方兴未艾的态势。真正的科研和产业高手是从事物发展态势中看出潜在的前景,能透过迷雾看到别人看不到的东西并提前为之绸缪,方能把握朝阳、开创蓝海、赢得未来。

第二节　昆虫资源的分类

　　对于昆虫资源的类型划分,不同时期、不同学者根据不同的思路和依据有不同的划分意见和分类体系。比如,有人把昆虫资源分为药用昆虫、食用昆虫、饲料用昆虫、有害及废弃物转化利用昆虫、观赏娱乐昆虫、工业原料昆虫、绢丝昆虫、传粉昆虫、天敌昆虫、文化昆虫、法医昆虫、环境监测昆虫、生物技术研究用昆虫,以及延伸出来的昆虫病原微生物资源、昆虫仿生资源、昆虫基因资源等,还有人提出"昆虫蛋白质产业""昆虫源脂肪产业""昆虫特种物质产业""昆虫分泌物、代谢物产业"甚至"昆虫病原微生物产业"的观点。即使同一类昆虫也有不同的产业类型称谓,比如,"药用昆虫"也可以称为"药用保健昆虫"或"康养昆虫";"观赏娱乐昆虫"也可以称为"赏玩昆虫"或"旅游昆虫"或"休闲旅游昆虫";"环保昆虫"也叫"环境昆虫""饲用环保昆虫""饲用昆虫"或"饲用能源昆虫"等;"科学试验昆虫"又

可称为"生物技术研究用昆虫"。有些学者也会将产业价值或功能类似的昆虫合并一起称谓,比如,很多食用昆虫也有药用功能(也可以算是药用昆虫),因此"食用昆虫"和"药用昆虫"可以合称"食用药用昆虫"或"大健康昆虫"。随着研究的深入和新兴产业出现,也会有一些新的昆虫产业类型不断出现,比如"昆虫疗愈"或"疗愈昆虫","昆虫宠物"或"宠物昆虫",甚至还可以把适宜研学、科普和教育的昆虫称为"研学科普昆虫",主要是强调和提醒人们重视"研学科普昆虫产业",而非指只有某些昆虫具有研学科普功能(而其他的昆虫没有)。本书所述的"绿色防控昆虫"主要包括"天敌昆虫"和"传粉昆虫",因为这两类昆虫的最大特色和最终目标都是促进农业的绿色发展和生态防控虫害、促进农作物增产和农产品优质;采用了"传粉昆虫"这个名词而未采用"授粉昆虫",是因为"传粉"的"传"字更能精准地描述和体现这类昆虫的特性,也与传统的各类"授粉"加以区别。

任何的昆虫资源类型划分都不够精准和全面,很难囊括昆虫产业的所有属性。事实上,几乎所有的资源昆虫都具有若干属性而非单一属性,并或多或少地存在交叉。比如爬沙虫,既有食用价值,又有药用保健和观赏娱乐价值,还有仿生、环境监测甚至饲用(可以作为斗鸡/鸟的饲料)价值等;萤火虫既属于休闲、旅游、娱乐昆虫,又属于研学、科普昆虫,还属于宠物昆虫、天敌昆虫(取食蜗牛等)、药用昆虫(成虫可以入药),还可以用来监测环境和仿生研究等;家蚕除了是经典的工业原料昆虫,蚕蛹还是著名的昆虫食品,雄蚕蛾药酒、蚕虫草、全蚕粉甚至蚕沙等都可以作为保健品。因此,在理解某种或某类昆虫资源的时候,千万不要太死板或自我设限,而是要突破划分类型的束缚,充分挖掘昆虫的多元化产业价值。

本书着眼于昆虫的主要属性或在某个研发阶段的主要产业价值,主张将昆虫资源划分为食用药用昆虫(包括食用昆虫和药用昆虫)、观赏娱乐昆虫(包括文化昆虫、昆虫疗愈、昆虫宠物、昆虫研学科普等内容)、环保饲用昆虫(包括处理废弃物昆虫、饲料用昆虫、环境监测昆虫)、绿色防控昆虫(包括天敌昆虫和传粉昆虫)、工业原料昆虫等主要类型及仿生昆虫、文化昆虫、法医昆虫、试验昆虫等次要类型。

第三节　主要资源昆虫类型简介

一、食用药用昆虫

很多食用昆虫也有药用价值,很多药用昆虫也可以食用,正所谓"药食同源",很多时候很难区分是食用昆虫,还是药用昆虫,因此,本书将两者统称为"食用药用昆虫"。

(一) 食用昆虫 (图2-3)

昆虫是一种营养丰富且均衡的食物,其蛋白质含量高于一般植物性食品和传统的肉制品如猪肉、牛肉和鸡肉。昆虫蛋白质易被人体消化吸收,且脂肪含量低,不易引起高血压和心脑血管疾病。此外,昆虫富含多种营养成分和矿物元素,具有免疫调节、抗疲劳、抗氧化等保健价值。因此,昆虫具有高蛋白、低脂肪、营养结构合理等特点,是现代人类理想的食品之一,再加上其繁殖世代短、繁殖指数高、适于工厂化生产、资源丰富等特点,而成为一种理想的亟待开发的食物资源。早在1980年的第五届拉丁美洲营养学家和饮食学家代表大会上,就有学者提出为了补充人类食品不足,应该把昆虫作为食品来源的一部分。

食用昆虫在全球粮食安全和大食物观的战略布局中占据着重要地位,其丰富的蛋白质含量是解决蛋白质资源短缺问题的关键优势。昆虫蛋白质不仅含量高,而且氨基酸组成合理,符合人体的营养需求。其中,必需氨基酸的含量与世界卫生组织/联合国粮食及农业组织 (WHO/FAO) 推荐的氨基酸模式评分高度契合,易于被人体消化吸收。意味着食用昆虫能够为人体提供全面、优质的蛋白质,有助于维持人体正常的生理功能和生长发育。在一些发展中国家,蛋白质缺乏是一个普遍存在的问题,食用昆虫作为可持续的蛋白质来源,有望成为解决这一问题的有效途径。例如,在非洲的一些贫困地区,当地居民通过食用昆虫补充蛋白质,在一定程度上缓解了蛋白质营养不良的状况。

与传统畜牧业相比,昆虫养殖在资源利用效率方面具有显著优势。养殖昆虫所需的土地、水和饲料资源远远少于养殖牛、猪等家畜。昆虫养殖过程中几乎不产生温室气体,而传统畜牧业却是温室气体的主要排放源之一。因此,发展食用昆虫产业,能够在满足人们对蛋白质需求的同时,降低对环境的压力,实现可持续发展。

昆虫的繁殖速度极快,生长周期短,使得它们能够在短时间内提供大量的食物资源。昆虫的食物转化率高,能够高效地将饲料转化为可食用的蛋白质。研究发现,昆虫的食物转化率比传统家畜高出2~4倍。在相同的饲料投入下,昆虫能够产出更多的蛋白质。例如,黄粉虫可以利用多种有机废弃物作为饲料,如麦麸、蔬菜残渣等,将这些废弃物转化为富含蛋白质的虫体,既实现了资源的循环利用,又减少了饲料成本。

食用昆虫的养殖还具有较强的适应性,能够在各种环境条件下进行。无论

是在干旱地区、湿润的热带地区，还是在城市的狭小空间内，都可以开展昆虫养殖。在沙漠地区，可以养殖适应干旱环境的昆虫品种；在城市中，可以利用垂直农场或室内养殖系统养殖昆虫。这种广泛的适应性使得食用昆虫能够在不同的地理区域和环境条件下为人们提供食物，增加了食物供应的稳定性。在一些遭受自然灾害或地理条件限制的地区，传统农业生产受到严重影响，昆虫养殖可以作为一种应急食物生产方式，为当地居民提供必要的食物保障。

图 2-3　常见的食用昆虫（Sasiprapa K，2023）

自人类出现以来，世界许多国家和地区就形成了食用昆虫的习俗，各地都发展出了独特的食用种类、加工方法。人类在非洲、亚洲和拉丁美洲有着悠久的昆虫食用历史，这些地区有丰富多彩的昆虫食用习俗和文化。虽然随着现代农业的发展，食用昆虫的现象有所减少，但仍在欠发达地区发挥重要作用。近年来，韩国和欧洲批准扩大昆虫作为食品原料的使用范围，包括美国、德国和日本的许多国家都在积极开发昆虫食品并进行规模化养殖。昆虫已经越来越

多地被搬上了人们的日常餐桌，如蜂蛹、蚕蛹、蝉、蝗虫、爬沙虫、笋子虫、龙虱等都是在市场上、餐馆中常见的美味佳肴。除了直接食用，昆虫也可以多种形式被加工利用，如通过不同的加工方法获取其蛋白质、甲壳素等营养物质，也可以制作成虫酱、虫粉等调味品，还可以制作成虫酒、虫茶等产品。

(二) 药用昆虫 (图 2-4)

昆虫是一类药食兼用的动物，被称为"爬行的药剂师"。我国疆域辽阔，蕴藏着极其丰富的野生药用昆虫资源。《中国药用动物志》对药用昆虫的定义是指虫体本身、局部或其产物（衍生物、分泌物和病理产物等），可以用于治疗或辅助治疗疾病。全世界至少有 1 000 种昆虫被用于疾病的治疗。我国是研究药用昆虫历史最悠久的国家，早在西周时期的《周礼》中就记载了药用昆虫："五药，草、木、虫、石、谷也"。《中国药用昆虫集成》中收录了 239 种昆虫，常见的药用昆虫包括僵蚕、蜜蜂、斑蝥、五倍子虫、地鳖虫、桑螵蛸、蝉蜕、美洲大蠊、蟋蟀和蚂蚁等，参考 2018 年版《国家基本药用目录》、丁香园用药助手以及药智数据库，查询获知，目前我国已开发出药用昆虫制剂 39 种，涉及昆虫纲的 6 个目 10 个科。

大部分药用昆虫以其本身或局部入药，少数以衍生物、分泌物和病理产物等入药。地鳖虫、九香虫、洋虫、蚂蚁、蟑螂和螳螂等以成虫入药；大头金蝇、黄足蚁蛉和金凤蝶等以幼虫入药；黑蚂蚁以虫卵入药；桑螵蛸来源于螳螂科昆虫，包括中华大刀螳、小刀螳或巨斧螳螂的干燥卵鞘；蝉科昆虫黑蚱蝉羽化时脱落的蝉蜕、家蚕幼虫蜕皮形成的蚕衣和化蛹过程中形成的蚕茧、卵壳，以及蜜蜂的蜂巢等，均为昆虫生长发育过程中形成的可入药产物。蜜蜂及其衍生品有多种药用形式，包括蜂房、蜂蜜、蜂王浆、蜂毒、蜂胶、蜂蜡和蜂蛹等。家蚕感染白僵菌死亡后所形成的白僵蚕，以及麦角菌科真菌寄生在蝙蝠蛾科昆虫幼虫上形成的僵虫和菌子实体干燥体（冬虫夏草）均被药用。蚕沙和化香夜蛾幼虫的虫粪"虫茶"等也被用作药用材料。五倍子蚜虫和没食子蜂等形成的虫瘿同样具有药用价值。与非药用昆虫相比，药用昆虫的肠道微生物群落更加丰富，且两者微生物群落结构存在显著差异，这些微生物能够产生对人类健康有益的活性成分，具有药用价值。例如，从美洲大蠊和家蝇中提取的金氏拟杆菌和婴儿芽孢杆菌具有抗炎作用。在美洲大蠊肠道中提取的放线菌菌液具有抗菌活性。

多年来，世界上许多医药公司将注意力集中在对植物药物的研究开发上而忽视了对昆虫药物的开发研究。药用昆虫是中国医药领域的重要组成部分，中医在药用昆虫的应用方面积累了丰富的经验。药用昆虫的疗效显著，活性成分

含量高且活性强,在新药源发掘和疑难杂症治疗等方面具有巨大潜力,但现阶段对药用昆虫活性成分的研究尚不够深入,其作用机制仍未得到清晰阐释,而现代组学技术极大地推动了药用昆虫的药理机制研究。虽然中国的药用昆虫资源丰富,但真正应用于临床治疗的仍占少数,许多昆虫的药用价值尚待发掘,因此,仍需通过组学技术加大对药用昆虫的深入挖掘和研究。

近年来,因药用昆虫发挥治疗作用的特异性、活性成分的复杂性以及资源的丰富性使得药用昆虫成为研究热点。药用昆虫种类繁多,具有多种入药形式,其活性成分丰富,呈现多样的药理价值和作用。测序技术的发展进一步推动了药用昆虫领域的研究,使药用昆虫的功效得以更深入阐释,同时也创造了发掘新药用功效的可能。

药用昆虫在开发食品及保健品领域也有显著优势,其富含蛋白质、苷类和脂肪酸等营养成分。目前,开发利用较为深入的有虫草、斑蝥、蚂蚁和蜜蜂等,但也应注意药用昆虫作为食品的致敏性。

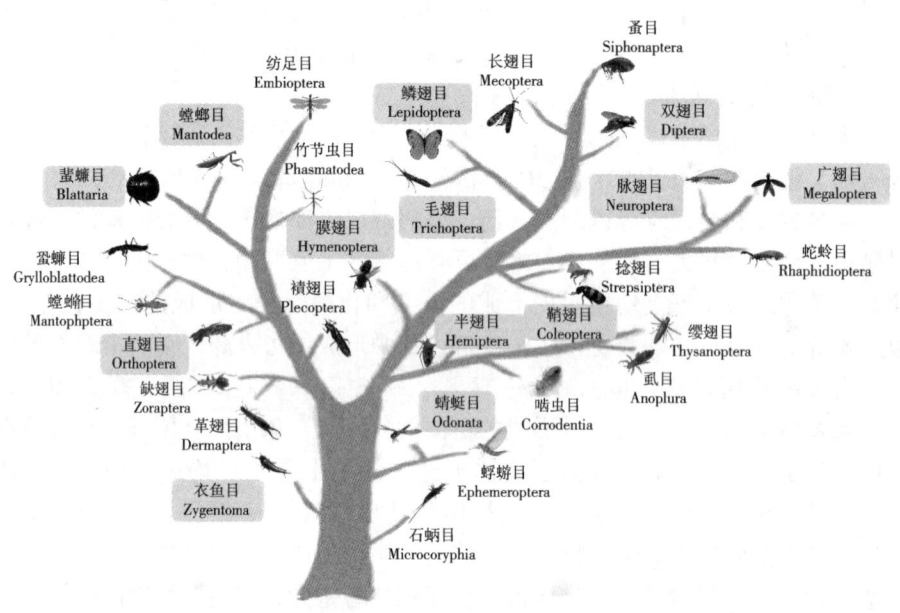

图 2-4 已有记录的药用昆虫(昆虫进化树中灰色框所对应的目)(肖花美等,2024)

二、观赏娱乐昆虫

观赏娱乐昆虫作为昆虫类群的特殊部分,其含义并不是一个确切的、完整

的概念。严善春认为：观赏娱乐昆虫包括色彩鲜艳、形态奇特或发光或好斗或善鸣的昆虫。郑立军认为：观赏昆虫要具备观赏价值，可美化生活，且为有益身心健康的昆虫。杨伟等认为：观赏昆虫要具有观赏或娱乐价值，能够给人美感或增添生活情趣，且应该是有益身心健康的昆虫，可统称为观赏昆虫。总的来说，观赏娱乐昆虫多指色彩鲜艳、形态奇特或发光或好斗或善鸣的具有观赏或娱乐价值的昆虫，可美化生活，给人美感或增添生活情趣，有益娱乐生活和身心健康，不仅可以用于观赏、娱乐和旅游、休闲，还可以用于文化、教育、科普、研学、心理疗愈、新型宠物等领域。

有些昆虫色如宝石，深受收藏家喜爱，比如鞘翅目的吉丁甲、丽金龟，它们有着绚丽夺目的、金属光泽般的体色。有人会将它们的虫体或者翅膀制作成首饰或者装饰品，比如在印度和斯里兰卡，人们会精心饲养吉丁甲，在重要场合和节日时女士会把它们佩戴在身上作为装饰。将昆虫作为宠物饲养是最常见的观赏方式，有一类昆虫自唐朝时期开始就已经被人饲养赏玩。《开元天宝遗事》记载当时的宫女们每到秋天，便捉来蟋蟀养在小金笼里，晚上放在枕边，听着蟋蟀悦耳的鸣叫声，打发无聊的漫漫长夜。自此之后慢慢地在民间形成了斗蟋、赏虫鸣的风俗，一直延续至今。

（一）观赏娱乐昆虫主要类群（图2-5）

（1）鸣叫类昆虫。指能发出悦耳动听鸣叫声的昆虫，常见的有蝉、蟋蟀、螽斯等，能给人带来乡间野趣的逸情感觉，对调节身心大有益处。

（2）色彩类昆虫。指身体表面具有艳丽色彩和斑纹的昆虫，常见的有蝴蝶、蜻蜓、豆娘、蜡蝉、吉丁虫等，使人赏心悦目。

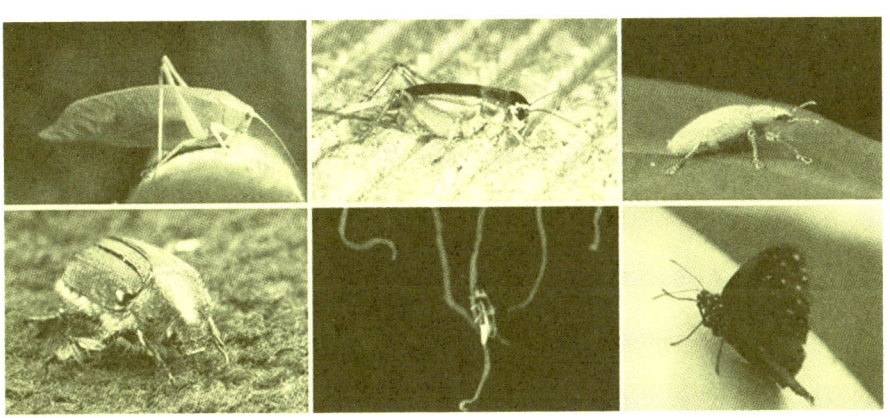

图2-5 美丽的观赏昆虫（徐茂洲 图）

(3) 形体类昆虫。指体形奇特怪异或优雅美观的昆虫,常见的有独角仙、锹甲、角蝉、螳螂、竹节虫、叶螂、枯叶蝶,让人觉得视觉震撼。

(4) 运动类昆虫。指具有格斗习性和活动耐力的昆虫,常见的有蝗虫、蟋蟀、金龟子、叩头虫、负子蝽、仰泳蝽等,可以开发成多种心理疗愈、亲子互动的趣味娱乐活动。

(5) 发光类昆虫。指在夜间能发出光亮的昆虫,主要是萤火虫,不仅能带来视觉刺激,还能带来心灵震撼,更是科普研学的好材料。

(二) 观赏娱乐昆虫的开发利用途径

(1) 制作观赏昆虫标本或工艺品。尤其是适合那些色彩艳丽、外形特异的昆虫,但一定要注意不能就只是简单的标本、琥珀及传统的工艺品,要用创新精神和创意产业思维,不断研发更具科技含量的工艺品,同时,还要注意行业交叉,不断推动观赏昆虫在服饰、绣品、娱乐等产业的交叉融合,诞生更多复合型创意性产品。

(2) 把娱乐昆虫作为宠物进行饲养。尤其是外形佳、善鸣叫、爱运动、寿命长、易饲养的昆虫类群,都可以开发成昆虫宠物,若在养殖、器具、玩法等方面加入创意性的元素,不仅是养玩昆虫,还有情感寄托、怡情益智、疗愈休养等作用,则会更受市场欢迎,尤其是适合做昆虫疗愈,以及作为研学科普的延伸产品。

(3) 建造观赏昆虫主题旅游景观。观赏昆虫具有天然的旅游特性和优势,可以很自然地移植和嫁接到旅游景点,从而打造一种特色的昆虫主题景观;一些城市设有的昆虫博物馆和标本馆,甚至包括一些传统动物园、游乐园等也可适当丰富改造,打造成昆虫主题的旅游场所;蝴蝶、萤火虫、蜻蜓、甲虫等主题特色昆虫旅游景观都很值得开发,还可以打造昆虫版迪士尼。

(4) 做成文化科普业态。包括研学科普、文化创意等,除了举办各类特色昆虫文化节日和文化活动,还可以将昆虫文化故事与剧本杀、密室的游戏模式相结合,乘车赏玩昆虫,打造昆虫主题酒吧、酒店等。

三、环保饲用昆虫(图2-6)

环保昆虫是一类腐食性昆虫,自然界中约有二三十万种,在自然界中与微生物一道承担着分解者的功能,被称为"大自然的清道夫"。环保昆虫通过生物转化的方式处理农业废弃物,将有机废弃物转化为高附加值的虫体蛋白和虫砂。虫体蛋白可以用作饲料或食品,虫砂可以作为有机肥或土壤基质。富含蛋

第一篇　理论篇

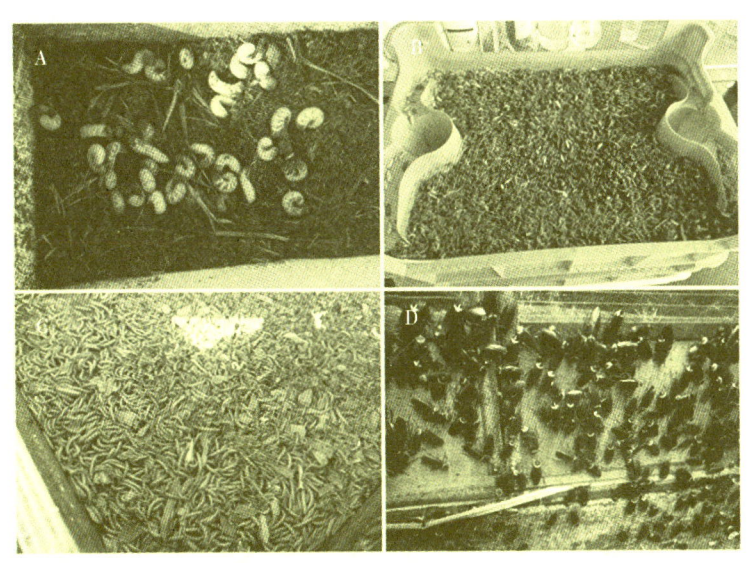

图 2-6　常见的环保昆虫
(A) 白星花金龟; (B) 黑水虻; (C) 黄粉虫; (D) 美洲大蠊

白和油脂的黄粉虫、黑水虻和大麦虫等昆虫不仅是优质的昆虫蛋白饲料原料，亦是制备生物柴油等能源的优良原料。还有一些昆虫能监测水体、土壤、空气等的质量。因此，真正的环保昆虫，不仅能处理废弃物，还能作为饲料，作为生物柴油等能源原料，还能监测环境。

环保昆虫按照食性可分为三大类：腐食性、粪食性和尸食性。腐食性的昆虫包括鞘翅目等的部分种类，生活在阴暗潮湿的枯枝落叶层，或生活在农牧区腐烂的作物秸秆或畜禽粪便中，以动植物等腐败物质为食，为地表或农牧区物质转化和循环作出了巨大贡献。粪食性的昆虫主要为鞘翅目粪金龟科蜣螂属和花金龟科部分食粪种类，以及双翅目的部分种类等，具有清除动物粪便的习性，可避免滋生蚊蝇和传播疾病，而且其排泄物富含有机质和微量元素，能促进植物生长，是农牧区生态循环生产的重要一环。尸食性的昆虫包括蝇蛆、葬甲、皮蠹等种类，它们负责清除自然界中动物的尸体，如鞘翅目的葬甲，对自然界中的动物尸体具有极其敏感的嗅觉，当新的动物尸体出现后，它们会立即聚集在一起，使用具有挖掘功能的前足将尸体掩埋在土壤中，以供食用，从而保护了生态环境。环境昆虫在自然界物质循环环节发挥着巨大作用，近年来其生态功能被开发用于城市及农牧业有机废弃物的规模化处理，现已取得不错的成效。目前研究和人工养殖及产业化利用较为成熟的包括黄粉虫、黑水虻、家蝇、白星花金龟、蟑螂、蝗虫等。

根据环保昆虫取食特性的不同，昆虫研究者或从业者一般会因地制宜、因时制宜的将一种或多种环境昆虫进行组合，用以转化处理不同的有机废弃物，以充分发挥各自或组合优势。黄粉虫主要用于处理一般湿垃圾、餐厨废弃物、瓜果残体、病落果、高糖和高淀粉物质、过期食品等；白星花金龟主要用于处理作物秸秆、蔬菜秧蔓、杂草、污染腐烂青贮废料、畜禽粪便、垫料、纤维类物质；黑水虻主要用于处理畜禽粪便、半湿垃圾、沼渣、高脂肪高蛋白类物质；麻蝇、家蝇等都可以处理病死动物尸体；东亚飞蝗主要取食杂草等各类禾本科植物叶片。此外蟑螂（美洲大蠊等）也用于厨余垃圾、高淀粉和脂肪类物质的处理。环保昆虫在处理农业废弃物的过程中，几乎不产生废渣、废水等二次污染，有助于形成农牧业生态绿色循环发展。例如，利用黄粉虫处理蔬菜尾菜、生活垃圾分类出来的湿垃圾，能够有效减少垃圾对环境的污染。与此同时，黄粉虫处理垃圾过程中产生的虫砂（昆虫粪便）可以作为有机肥改良土壤，甚至改良盐碱地，能显著提高水果及蔬菜等农作物的品质。

在中国，饲用昆虫已经广泛应用于猪、家禽（肉鸡、蛋鸡、肉鸭等）、宠物（鸟类、松鼠、蜥蜴、猫等）、水产（甲鱼、金枪鱼、金龙鱼、虾蟹等）及特种养殖（蝎子、林蛙等），上述动物取食饲用昆虫蛋白后，能提高免疫力，提高成活率、增重率、产蛋率、应激能力、生产性能，降低饲料系数，在丰富肠道菌群方面效果显著。随着昆虫蛋白在饲料领域研究与应用的不断深入，许多养殖企业已经将昆虫用作水产饲料、畜禽饲料等，并得到了很好的效果。如在鸡饲料中添加家蝇幼虫可以有效地促进鸡的生长；在肉鸡饲料中添加水虻幼虫相关产品（虫粉、虫油等）可以提高肉鸡的饲料转化率和免疫指标；在肉鸡日粮中加入黄粉虫虫粉可以提高起始阶段的体重和饲料转化率，降低白蛋白与球蛋白的比例和大肠杆菌含量。在水产行业，由于很多水生动物具有捕食昆虫的习性，昆虫饲料对其的吸引性更强。有学者用臭腹腺蝗替代饲料喂食革胡子鲶，发现鲶鱼的体重、饲料转化率、生长速率和蛋白质效率等都有所提升；有研究者分别用亮斑扁角水虻的脱脂虫粉和虫油喂养黄颡鱼和建鲤幼鱼，发现亮斑扁角水虻幼虫相关产品可以有效降低鱼的脂肪沉积率，提高蛋白酶活性，并且不会影响鱼的生长发育。

2024年11月17日，首届中国昆虫蛋白产业大会在北京举办，是中国昆虫蛋白产业的里程碑。会议指出，我国作为全球领先的水产与畜禽养殖大国，每年饲料蛋白供应缺口高达3 700万吨，迫切需要我们探索替代性蛋白饲料资源，昆虫蛋白作为一种可持续的蛋白质供应新途径，正逐渐显露出缓解这一紧迫问题的巨大潜力。同时昆虫蛋白产业作为一种新兴产业，不仅能优化农业资源配置，提高农业生产效率，还能为农民开辟新的增收渠道。然而当前昆虫蛋

白产业还处于起步阶段，产能规模相对较小，亟须加强产学研用深度融合，在产业链和供应链体系建设、关键核心技术研发、国内外市场推广等方面加大投入，建设产业特色鲜明、创新要素集聚、网络协作高效、产业体系完善的昆虫蛋白产业集群，推动资源昆虫产业实现高质量发展。

根据环境监测对象的不同，环境指示昆虫（也可以称为"环保昆虫"）可分为水体环境监测昆虫、土壤环境监测昆虫和空气环境监测昆虫。水体环境监测昆虫主要有鞘翅目、双翅目、半翅目、鳞翅目、蜻蜓目、广翅目、脉翅目、蜉蝣目、襀翅目、毛翅目等 10 多个目的水生昆虫，其中，实际应用最广泛的是蜉蝣目、襀翅目和毛翅目三大类群。土壤环境监测昆虫有直翅目、蜚蠊目、等翅目、革翅目、鞘翅目、缨翅目、鳞翅目、半翅目等，常用的土壤环境监测昆虫有步甲、隐翅甲、蚂蚁等。在种群水平上，大气污染则会改变昆虫的空间分布、性比、年龄结构和种群密度等；如杨树麦蛾和叶蜂常常发生于大气污染的中心区域；而落叶松八齿小蠹和益螨在中等污染区域种群密度比在非污染区域高；甲虫在非污染区为常见种类，而在污染区域缺失或很少见。工业大气污染助长了许多针叶林害虫，如松瘿蛾、小蠹虫、吉丁虫等；大气污染物二氧化硫和氮氧化物可增加松针的营养价值，是害虫种群大爆发的重要原因。

四、绿色防控昆虫

本书中介绍的绿色防控昆虫主要包括天敌昆虫和传粉昆虫两大类，这并不是一个专业的昆虫资源类型称谓，而是根据二者在农业绿色生产、生态防控和增产增效上功能的一致性而融合在一起的称谓。二者组合施用不仅能够减少化学农药施用和保护生物多样性，而且能够很好地实现作物绿色防控，尤其是在设施果蔬和生态果园上的联合施用，已经表现出非常好的优越性，并能够代言绿色、健康、有机产品。

（一）天敌昆虫（图 2-7）

天敌昆虫是指在一定区域内能够用于控制害虫（包括其他有害动物）发生与发展的昆虫，分为寄生性和捕食性两大类，寄生性天敌昆虫在单个个体发育的过程中仅仅是"吃掉"一个寄主，而捕食性天敌昆虫的单个个体则需要吃掉几个甚至上千个害虫才能发育成熟，而且两者在食性、习性和形态上也有较多的区别。

1. 寄生性天敌昆虫

过去几年，我国寄生性天敌昆虫资源得到了进一步发掘。王竹红等于 2019

图 2-7 几种天敌昆虫

(图片引自 https://mp.weixin.qq.com/s/j2inpnGMy16wIgI7vT2MPg
和 https://mp.weixin.qq.com/s/PcbUgxHMZzACEkLgGUPNGw)

年在海南、福建的九里香和柑橘上发现 2 种柑橘木虱寄生蜂，分别为亮腹姬小蜂和阿里食虱跳小蜂。任少鹏等于 2022 年对宁波余姚果园里的寄生蜂种类进行了系统调查研究，发现日本开臂反颚茧蜂和食果蝇毛锤角细蜂为斑翅果蝇寄生蜂优势种。唐璞等 2019 年对我国草地贪夜蛾寄生蜂进行了总结，记载有分布的种类有 16 种，其中茧蜂科 7 种，姬蜂科 4 种，姬小蜂科 2 种，赤眼蜂科 2 种，广腹细蜂科 1 种。在广州及香港野外发现夜蛾黑卵蜂和螟黄赤眼蜂 2 种卵寄生蜂可寄生草地贪夜蛾。在广西田间发现 2 种草地贪夜蛾幼虫寄生蜂：棉铃虫齿唇姬蜂和斜纹夜蛾侧沟茧蜂。首次记述了斑驳夜蛾颊茧蜂寄生重阳木锦斑蛾。新发现三江源草原毛虫金小蜂在三江源自然保护区核心区寄生青海草毒蛾。新发现天山食蚧蚜小蜂是新疆西天山野果林重要害虫杏树鬃球蚧的天敌。

2. 捕食性天敌昆虫

捕食性天敌昆虫是指专门以其他昆虫或动物为食物的昆虫。这类昆虫直接蚕食其他昆虫虫体的一部分或全部，或者刺入害虫体内吸食其体液，导致害虫死亡。捕食性天敌昆虫通常比其寄主猎物大，发育过程中需要捕食许多寄主，且在幼虫和成虫阶段通常都是肉食性，独立生活，以同样的寄主为食。

常见的捕食性天敌昆虫种类包括：螳螂，主要捕食蚜虫、叶蝉、粉虱、蛾类幼虫、金龟和叶甲等；虎甲，成虫与幼虫均为肉食性，捕食范围广泛，包括直翅目的蝗虫、蚂蚱、蟋蟀等；瓢虫，大多数种类为捕食性，捕食蚜虫、介壳虫、粉虱、叶螨等；草蛉，可以捕食多种农业害虫，如蚜虫、粉虱、螨类等；食蚜蝇，以幼虫捕食蚜虫为主，是蚜虫、介壳虫、粉虱等的有效天敌；萤火虫，幼虫可以捕食蜗牛等软体有害动物；捕食螨，具有发育历期短、食物范围广、捕食量大的特点，常用于防治害螨。

目前，国内成熟的繁育释放天敌昆虫产品主要有：捕食性瓢虫（龟纹瓢虫、异色瓢虫、七星瓢虫、多异瓢虫）、寄生蜂（稻螟赤眼蜂、豌豆潜蝇姬小蜂、平腹小蜂、丽蚜小蜂、烟蚜茧蜂、侧沟茧蜂、少脉蚜茧蜂）、盲蝽（大眼长蝽、烟盲蝽）、草蛉（大草蛉、丽草蛉、中华通草蛉）、捕食螨（智利小植绥螨和胡瓜钝绥螨）、小花蝽、蠋蝽等20多种活体天敌昆虫产品。目前我国天敌昆虫生产企业主要分布于吉林、北京、天津、河北、山东、浙江、福建、广东、广西、贵州等省份。常用的天敌昆虫主要分3大类：防治鳞翅目昆虫的卵寄生蜂（如松毛虫赤眼蜂和螟黄赤眼蜂），以及蛹寄生蜂（如白蛾周氏啮小蜂）；防治鞘翅目蛀干害虫天牛、吉丁虫的管氏肿腿蜂、花绒寄甲；防治果树、蔬菜上蚜虫、红蜘蛛的瓢虫和捕食螨。

（二）传粉昆虫（图2-8）

据估计，全球约3/4的农作物依赖动物传粉。全球已知的传粉动物约34.9万种，其中占比最高的是昆虫。昆虫中有一些以花粉或者花蜜为食，还有一些在花上繁殖或栖息，这些行为同时传播了花粉，这类昆虫也被称为传粉昆虫。传粉昆虫的世界是丰富多彩的，在自然界中扮演着极其重要的角色，作为生态系统中不可或缺的一环，其独特的授粉行为在保障植物繁殖和维持生态平衡方面发挥着至关重要的作用。我国被子植物种数约占全球被子植物总种数的10%，同时传粉昆虫多样性也极其丰富，多分布于昆虫纲中膜翅目、双翅目、鳞翅目、鞘翅目和半翅目等。传粉昆虫的主要类群介绍如下。

图2-8 蝴蝶（左）和食蚜蝇（右）为花朵授粉（徐茂洲 图）

1. 膜翅目

大部分的膜翅目昆虫都是传粉昆虫，它们的翅膀为膜质，很多类群具有蜂针。膜翅目包括熟知的蜜蜂、熊蜂、切叶蜂等，还有隧蜂、地蜂、土蜂、胡蜂、青蜂、条蜂、木蜂、盾斑蜂、无垫蜂、泥蜂、芦蜂、彩带蜂和艳斑蜂。其

中,最常见的种类是东方蜜蜂和西方蜜蜂。

蜜蜂能够识别多种颜色,尤其对黄色和蓝色特别敏感,对花朵的形状和气味也有喜好。除此之外,膜翅目昆虫为适应传粉习性,形成了一些特别的结构,如蜜蜂、熊蜂的携粉筐,切叶蜂腹部腹面的毛粉刷。膜翅目中有一些蜂有振动访花的习性,如熊蜂、木蜂。有一些蜂具有访花专一性,如榕小蜂专门访问桑科榕属植物,宽痣蜂属喜欢访珍珠菜属植物。膜翅目中有一些蜂为寄生蜂,它们的幼虫寄生,而成虫访花,如青蜂、螺蠃、土蜂、姬蜂科、褶翅蜂科、小蜂总科等。它们的喙往往很短,喜欢花蜜暴露或隐藏不深的花。蚂蚁也属于膜翅目,很多种类的蚂蚁也有访花习性,尤其喜欢花蜜。还有一类访花昆虫,它们不通过正常传粉途径访花获得花蜜,而是通过打孔、撕裂花冠等非常规的方式盗取植物的花蜜,我们称之为"盗蜜者",如熊蜂、木蜂。

在传粉昆虫中,还有一类不如膜翅目那样广为人知的类群——双翅目。这类传粉昆虫最显著的特征是它们只拥有一对翅膀,另外一对翅膀退化成平衡棒。在双翅目昆虫中,部分蝇类如食蚜蝇科、花蝇科、丽蝇科、蝇科、实蝇科、寄蝇科、麻蝇科、水虻科、舞虻科、蜂虻科、蚊科、鼓翅蝇科等在传粉过程中扮演着重要角色,其中,食蚜蝇科是较为著名的传粉者,它们身上还具有各种鲜艳的颜色,也有与蜜蜂或黄蜂相似的外观,这种模拟现象有助于保护自己免受捕食者的侵害,但它们并不叮人。如果你仔细观察,蝇类和蜂类的区别还是很明显的。丽蝇科和蝇科的很多类群更接近俗称的"苍蝇",人们常说的苍蝇并不特指某个分类学类群,所以很多"苍蝇"并不只食腐,它们也会访花,而且更喜欢访问那些释放腐尸气味的花朵。在传粉昆虫中,比起"勤劳的蜜蜂",人们对蝇类的认知度相对较低,但这些昆虫在生态系统的传粉服务中起着不可或缺的作用,特别在海拔较高、缺乏高效传粉昆虫的地区。

2. 鳞翅目

鳞翅目包括蛾类和蝶类,它们以其绚丽的翅膀和优雅的飞行姿态,成为自然界中最引人注目的昆虫,也是生态系统中不可或缺的传粉者。

有着优雅舞姿的蝶类,常常是白天花园的访客,包括粉蝶科、凤蝶科、蛱蝶科、灰蝶科、弄蝶科等。它们的口器特化为长长的吸管状,称为喙管,用于吸取花蜜。在取食花蜜的同时,蝴蝶的身上会沾满花粉,不经意间将花粉从一朵花带到另一朵,完成了植物之间的传粉过程。它们偏爱那些色彩鲜艳、香气淡雅的花朵,如百日草、萱草、酢浆草、鬼针草等。值得一提的是,并非所有蝶类都访花。蛱蝶科中相当一部分蝶类并不访花或极少访花,如螯蛱蝶亚科、环蝶族等,比起访花,这些蝶更钟爱吸食树汁。

大多数蛾类则更倾向于在夜间活动,能被夜间开放、香气浓郁的花朵所吸引。它们的触角通常为羽毛状，对于寻找夜间开放花朵散发的香味具有极高的敏感度。尽管多数蛾类不如蝶类色彩斑斓，但它们在月光下，为许多夜间开花植物等完成授粉，维持这些植物种群的繁衍。除了夜间传粉的蛾类昆虫，很多蛾类在白天也传粉，如特别常见的粉蝶灯蛾和甜菜白带野螟。此外，有一类经常被误认为是蜂鸟的蛾类，被称为蜂鸟鹰蛾，其实它归属于长喙天蛾属。虽然蛾类大多数在夜间活动，但是蜂鸟鹰蛾主要在白天活动。

3. 其他传粉昆虫

有些鞘翅目昆虫确实非常喜欢访花，它们的名字里面往往会带有"花"字，如花金龟、花蚤科、花萤科等。还有一些科虽然名字里不带花字，但是也有些种类访花，如瓢虫科、三锥象科、皮蠹科等。另外叶甲科守瓜属、芫菁科的一些昆虫经常吃花，也有一定的传粉功能。

半翅目昆虫即大家俗称的"臭屁虫"，其中，如长蝽科和盲蝽科等类群特别喜欢将花当作取食和繁殖的场地。缨翅目（蓟马）经常在花里面，体型特别小，传粉功能相对较弱。

五、工业原料昆虫

有些昆虫能为工业提供生产原料。例如，紫胶虫分泌的紫胶被广泛应用于军工、电器、橡胶、油墨、皮革、塑料、冶金、机械等工业领域；白蜡虫分泌的白蜡用于金属制品的防腐抛光、精密仪表机械的防潮、防锈及润滑、工业着光剂等；五倍子蚜虫在寄主植物上形成的虫瘿五倍子中富含单宁，可用于工业、医药和食品生产；胭脂虫体内的红色素可用作食品色素；以及有着数千年历史的蚕丝制衣。另外，从昆虫体内提取的特殊酶素也广泛用于工业，例如，从萤火虫提取荧光酶素用于检测医疗器械污染，从白蚁中提取纤维素水解酶可用于轻工和食品工业中；昆虫体壁富含几丁质，提取后可用于制造药物或加工为医用缝合线。

工业原料昆虫是指那些大批量进行工厂化产品加工的原料昆虫，或是其产物可以做大批产品加工的原料昆虫。工业原料昆虫在我国有悠久的开发使用历史，常见工业原料昆虫主要包括家蚕、柞蚕、五倍子蚜、紫胶虫、白蜡虫、蜜蜂、没食子蜂、胭脂虫等。

（一）工业原料昆虫主要种类

1. 半翅目

有瘿绵蚜科铁倍花蚜属的铁倍花蚜，铁倍蚜属的枣铁倍蚜、蛋铁倍蚜，小铁枣蚜属的红小铁枣倍蚜，圆角倍蚜属的红倍花蚜，倍蚜属的角倍蚜、倍蛋蚜，蜡蚧科蜡蚧属的白蜡蚧；蛟蚧科伪紫胶蚧属的紫胶蚧。

2. 鳞翅目

有蚕蛾科家蚕蛾属的家蚕蛾，大蚕蛾科柞蚕属的柞蚕，樟蚕属的樟蚕，樗蚕蛾属的樗蚕、蓖麻蚕。

3. 膜翅目

有蜜蜂科蜜蜂属的中华蜜蜂、意大利蜜蜂。

（二）工业原料昆虫利用价值

1. 五倍子（图2-9）

铁倍花蚜、枣铁倍蚜、蛋铁倍蚜、红小铁枣倍蚜、红倍花蚜、角倍蚜、倍蛋蚜寄生在盐肤木属植物的复叶上，吸吮汁液，并刺激叶组织细胞增生成囊状虫瘿，即为五倍子。五倍子富含可溶性生物单宁，提炼后的单宁酸（丹宁酸、鞣酸）及再加工产品倍酸（没食子酸）和焦倍酸（焦性没食子酸）在医药、纺织印染、矿冶、化工、机械、国防、轻工业、塑料、食品、农业等行业上用途广泛。

图2-9 瘿蚜和五倍子（陈晓鸣，2022）
（A）角倍蚜；（B）初生的角瘿；（C）成熟的角瘿；
（D）五倍子腹部；（E）成熟的角瘿；（F）农民收获五倍子的场景

在纺织、印染和涂料工业上，单宁酸与吐酒石配制的"丹宁酸锑"是中性、盐基性染料的固色剂，用于棉、合成纤维，具有色泽鲜艳、不褪色的特点；倍酸与苯甲酸缩合和亚硝基二甲苯胺缩合可分别制得阴丹士林和天青蓝染料。倍酸还可制得媒染性染料食子酸棕和茜素棕染料。亚麻纤维经单宁酸处理，既可增加纤维拉力又可防止纤维腐烂，工业上用以制造电缆、钢丝绳的麻

蕊。单宁酸盐类是抗腐蚀油漆的涂料,用于轮船、桥梁等,具强烈抗腐蚀性能。焦倍酸与氧恩染料(荧光玫瑰红)混合可制得一种像萤火虫一样的化学发光物,系光度颇强的涂料。

在国防工业上,单宁酸、焦倍酸可作火箭燃料的催化剂、稳定剂。

在摄影业中,焦倍酸可作彩色影片的显影剂和红外线照相术的热敏剂。

在食品工业上,焦倍酸可作制造啤酒的原料,焦倍酸制成的没食子丙酯是油脂、肉类、乳品加工长期保存的油脂抗氧剂和鲜果、蔬菜的保鲜剂;单宁酸也是食用单宁和制作酒类澄清剂的主要原料。

在制革工业上,用单宁酸鞣透所得之皮革质量好、色泽浅,可染成鲜艳的颜色革并缩短鞣制时间;焦倍酸与二烃代苯砜缩合制得黄棕色染料用于染制皮毛、皮革,色泽均匀、皮质鞣和。

在机械工业上,单宁酸可用作铁及铁合金的防腐剂和高压锅、水循环热交换的防腐、防污剂。

在矿冶工业上,单宁酸还可用作锗、铀、钍、钚、钕、银等稀有贵金属提炼的沉淀剂和石油工业钻井的泥浆分散剂及超深井水泥凝结的缓凝剂;焦倍酸在碱性溶液中能很快除去汽油中的硫醇。

单宁酸还是制造墨水的优良固色剂。倍酸是节日礼花(烟火)制造中不可缺少的助燃稳定剂。

在塑料工业上,焦倍酸可直接代替苯酚作环氧树脂,并在高分子化学中用作阻聚剂和防老剂,以及用作丁苯合成橡胶的防老剂。焦倍酸可用作活性轻质碳酸钙的活化剂,是丁苯合成橡胶不可缺少的填充剂,用其制成的橡胶制品可增加3~4倍的强度。

在化学分析中,试剂鞣酸是分析微量元素如铀、钍、钚等的化学试剂;焦倍酸是煤气、烟道气、炼焦煤气、水煤气的除氧剂,是氮肥、炼焦、冶炼、石油工业中不可缺少的除氧分析试剂,也是金、银、汞盐等的强还原剂。

2. 白蜡(图2-10)

白蜡蚧雄虫分泌出来的白蜡,用途很广。在重工业、钢铁、机械、飞机制造、精密仪器生产中,白蜡是铸造模型最好的材料,成型精密度高,不变形,不起光,光洁,质轻,可长期保存;同时,还可用于防潮、防腐,也是润滑剂的好原料。在电子工业上,用于绝缘、防潮。在造纸工业上,用作产品的填充剂、着光剂,是制造铜版纸、蜡光纸、鞋油、复写纸、上光蜡等的原料。在纺织、印染工业上,使丝绸和棉织品美观,质量好。白蜡无毒无异味,近年来已被广泛用于食品工业,我国出口的巧克力、朱古力豆,在国际市场上畅销不衰,白蜡是其糖衣的主要原料。目前,白蜡在国内外市场紧销,供不应求。

图 2-10 白蜡虫和虫蜡（陈晓鸣，2022）
（A）白蜡虫雄虫；（B）分泌蜡质；（C）被蜡覆盖的虫体；
（D）可收获的昆虫蜡

3. 紫胶（图 2-11）

紫胶蚧寄生在寄主树上，经生长发育，从虫体体壁胶腺中分泌出一种天然树脂即紫胶，它具有绝缘、防潮、防锈、防腐、防紫外线、黏合力强、易干、耐酸、耐油、热可塑性强、固色性好、化学性稳定、无毒、无刺激性等优良性能。紫胶被广泛用于国防军工、电气、油漆、塑料、橡胶、印刷、皮革、食品、医药等工业，在国民经济建设中占有重要地位，许多国家都把它列为战略物资。

图 2-11 紫胶蚧和漆树（陈晓鸣，2022）
（A）紫胶蚧幼虫在树枝上；（B）紫胶蚧雌成虫分泌的漆液（中期）；
（C）成熟的紫胶；（D）农民收获紫胶的场景

4. 丝茧（图2-12）

家蚕、柞蚕、蓖麻蚕、樗蚕、樟蚕都是绢丝昆虫，能吐结丝茧。家蚕之丝，有珍珠之光，即使在化学纤维日新月异的今天，丝织品仍被誉为"纤维女皇"，它所具有的一些衣料特性，是其他纤维所望尘莫及的；柞蚕丝富有光泽、吸湿性好、拉力强、耐酸、耐碱、耐高温、耐湿，绝缘性好，是人类利用最早的一种天然纤维，在纺织纤维中占有独特的地位，是纺织、化工、电力、国防等的主要原料，除用于服装、装饰以外，还有机电工业用的绝缘丝和绝缘绸、面粉工业用的筛绢、电子工业用的打字机色绸、航空工业用的降落伞绸、军事工业用的火药包绸、卫生工业用的人造血管和缝合线等，柞蚕蛹还是轻化工、医药业的原料；蓖麻蚕丝耐酸、耐碱、特别耐磨，吸湿性好，富有弹性，是优良的纺织原料，蚕蛹也可提炼工业原料；樗蚕丝具有樗叶（臭椿的叶子）特殊气味，其织物不易受虫蛀，与柞蚕丝混织成的绸布很结实；樟蚕丝在水中透明无影，可制作鱼线，且坚韧不烂，也可替代蚕肠线作为外科缝合伤口之用，用樟蚕丝纺出的织品美观大方，经久耐用，还可制作乐器弦线、牙刷、板刷等。

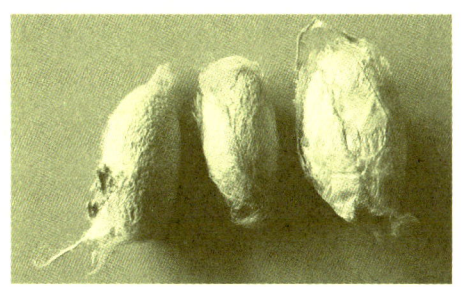

图2-12 蚕茧（贾晓虎 图）

5. 蜂蜡（图2-13）

中蜂和意蜂分泌出来的蜂蜡，具有防潮、绝缘、可塑、可燃等特性，被广泛应用于轻重工业、电信、化工、国防和医药产业。

图2-13 意蜂巢脾（刘耀明 图）

参考文献

曹成全, 2014. 中国爬沙虫资源的开发利用现状及物种问题 [J]. 湖北农业科学, 53 (21): 5061-5064.

曹成全, 等, 2021. 昆虫创意产业 [M]. 北京: 中国农业大学出版社.

曹成全, 等, 2022. 昆虫创意产业助力乡村振兴 [M]. 成都: 西南交通大学出版社.

曹成全, 荣华, 2020. 城市水生昆虫的多样性及其综合利用 [J]. 安徽农业科学, 48 (24): 111-114.

曹成全, 杨建, 陈瑜, 等, 2019. 四川省攀西地区爬沙虫民间使用情况调查报告 [J]. 乐山师范学院学报, 34 (12): 29-35.

陈申芝, 李龙, 曹成全, 2023. 萤火虫的产业利用价值及产业发展现状 [J]. 生物灾害科学, 46 (3): 399-405.

陈彤, 王克, 1997. 黄粉虫等昆虫的营养价值与食用性研究 [J]. 西北农业大学学报, 25 (4): 85-89.

陈小平, 2007. 白蜡虫的研究进展 [J]. 四川林业科技, 28 (1): 50-52, 55.

陈智勇, 陈晓鸣, 2010. 不同紫胶种植模式的生态效益评估 [J]. 林业经济 (11): 70-73.

高俏, 刘馨桧, 李逵, 等, 2016. 亮斑扁角水虻高附加值产品开发的研究进展 [J]. 安徽农业科学, 44 (34): 102-104.

苟梦星, 李俊杰, 郭晓琴, 等, 2020. 蟋蟀蛋白面包的研制 [J]. 食品与发酵科技, 56 (5): 30-35.

郭鸿钦, 罗丽萍, 杨宇航, 等, 2020. 利用昆虫取食降解塑料研究进展 [J]. 应用与环境生物学报, 26 (6): 1546-1553.

李孟楼, 2005. 资源昆虫学 [M]. 北京: 中国林业出版社.

王音, 周序国, 1996. 观赏昆虫大全 [M]. 北京: 中国农业出版社.

严善春, 2018. 资源昆虫学 [M]. 北京: 科学出版社.

ANUSHA S S, CHUJUN L, FORDJOUR O A, et al., 2023. Unravelling the potential of insects for medicinal purposes A comprehensive review [J]. Heliyon, 9 (5): e15938.

XIAOMING C, HANG C, MIN Z, et al., 2022. Insect industrialization and prospect in commerce: A case of China [J]. Entomological Research, 52 (4): 178-194.

第一篇 理论篇

☞ **彩图二维码**

☞ **创商训练**

1. 如何认识昆虫的益和害？
2. 你认为昆虫资源应如何分类？依据是什么？

第三章 昆虫产业进化：昆虫创意产业的提出

一、昆虫产业发展现状

作为一种非常冷门的产业，目前，世界上只有少数国家开始研发和实践昆虫产业，中国是全世界昆虫产业发展较早、较好的国家，大概经历了探索阶段（1961—1979年）、初步发展阶段（1980—1993年）、快速发展阶段（1994—2007年）、持续发展阶段（2008年至今）。中国对家蚕、蜜蜂的利用有几千年的历史，在资源利用、产业开发和文化发展方面都具有深厚沉淀。近二三十年来，中国的昆虫资源化和产业化在各界人士的强力推动和不懈努力下，取得了可喜的成绩，科研、教学和产业等都取得了较大进展，在食品安全、文化旅游、科普研学、环境保护、乡村振兴等领域都具有极大的开发价值和广阔的市场前景。目前，全国各地已涌现出一大批昆虫养殖专业户，带动了相关产业发展，形成了较为完备的产业链和产业网。

经过60多年的研究与发展，我国昆虫资源产业化进程逐步加快，传统昆虫产业发展较为稳定，处于主导地位。近年来，食用药用昆虫产业、环保饲用昆虫产业、天敌传粉昆虫产业、赏玩旅游昆虫产业等新兴产业不断增加。随着高新科技不断融入，昆虫资源的利用层面及利用方式越来越广，从传统产业的本体利用及人工养殖逐渐扩展到昆虫生理、昆虫机能、昆虫行为等多方面应用，加快了农业、医学、旅游业、工业等多个领域昆虫资源产业化发展步伐。总体来说，昆虫产业发展的地域和种类分布不均，很多特色昆虫资源尚未被挖掘，尤其是水生昆虫资源挖掘不够，文教类昆虫和仿生昆虫的挖掘显著不够，昆虫在大旅游、大文教、大康养中的应用明显不够，昆虫与林业、渔业等的结合不够，昆虫分泌物和代谢物的研发应用不够，昆虫食品和养生酒开发远远不够。

过去，人们把能够直接或间接利用，能产生直接经济效益的有益昆虫称为资源昆虫，特别是关于家蚕、蜜蜂、五倍子、紫胶虫、白蜡虫等昆虫的研究与利用，并初步形成了昆虫学研究的一个分支。随着研究深入，人们发现传统资

源昆虫的定义只关注了昆虫所带来的现实价值，没有将昆虫资源的潜在价值涵盖进去；只关注有益昆虫，忽略了其他类群。其实益害是相对的，很多植食性昆虫常被人们开发利用，它们相对植物而言是害虫，但对人类来说却是宝贵的资源。雷朝亮等（1995）以生物多样性为基础，正式提出了昆虫资源的概念，认为昆虫资源学是研究昆虫本体利用、行为利用、产物利用和基因利用的理论与实践的一门学科，在资源昆虫的基础上将昆虫的现实价值和潜在价值全部纳入其中。昆虫资源强调昆虫本身所具有的全部价值，无论其对人类是否有益，它都是宝贵的生物资源。与资源昆虫相比，昆虫资源对昆虫与资源的关系的表述更加明确，具有更广泛、完善和科学的内容与形式。

我国政府管理部门已经关注昆虫资源产业发展，于1997年由中国科学技术协会向全国人民代表大会、中国政治协商会议全国委员会和国务院有关部门提交了《关于加速发展资源昆虫利用和产业化的建议》，毫无疑问，昆虫资源的开发利用及其产业化已是相关学科研究的热点之一。2013年我国农业部制定的《饲料原料目录》正式实施，该目录将昆虫加工产品蚕蛹、黄粉虫等列入，确认了部分昆虫蛋白的合法性。2016年在农业部科技教育司和种植业管理司的支持下，国家天敌昆虫科技创新联盟在山东省济南市成立，重点关注天敌昆虫的保护和利用及其产业化。2018年山东省卫计委开展调研蝗虫的食品化规范管理问题。2019年中国资源昆虫暨五倍子产业发展论坛在武汉市召开，由国家林业和草原局授牌正式成立"五倍子产业国家创新联盟""资源昆虫产业国家创新联盟"及"五倍子高效培育与精深加工工程技术研究中心"。

目前昆虫产业存在的主要问题如下：

（1）监管部门不清，政策制定缺位。由于昆虫的多样性和养殖的新颖性，除了传统的家蚕和蜜蜂养殖归畜牧部门分管之外，其他的昆虫尤其是水生昆虫等到底归哪个部门管辖，至今都模糊不清，很多政策也处于空白，极大阻碍了昆虫产业的发展。

（2）产业标准不一，有待国际接轨。国家层面尚未完善资源昆虫生产、质量标准体系，缺少统一的行业标准。我国资源昆虫标准与国外标准存在一定差异，导致我国部分贸易受限。

（3）普查力度不够，产业数据缺失。尽管我国以养蚕为代表的古老昆虫养殖可以追溯到古代，但目前关于我国所有资源昆虫调查的数据却较少。我国资源昆虫产业在国民经济中的占比不高，起步较晚，普查重视度并不高。统计管理部门未将资源昆虫相关项目单列，相关口径的数据未纳入统计。

（4）学科建设滞后，产业人才"掉队"。开设《资源昆虫学》相关课程的高等院校很少，且多为纯理论教学，几无实践，造成资源昆虫的专业实践人

才培养跟不上，产业化程度较低，严重制约了该产业的发展。

（5）知识产权起步，亟待引起重视。当前，资源昆虫物种和繁育相关研究刚刚起步，相关产品和技术保护有待加强。如不能有效保护，极有可能遭到国内外参与者的恶性竞争、专利和资源封锁，不利于资源保护和产业健康发展。

尽管历届前辈筚路蓝缕地开拓出了中国昆虫产业，使得目前中国已经在多地产业化开发出多个昆虫种类，并产生了一些较为成功的案例，但昆虫产业作为一个朝阳产业，仍然没有引起包括中国在内的很多国家政府、民众及资本市场的足够重视和应有对待，这与昆虫科普滞后而导致社会各界对昆虫产业化的偏见有很大关系，而从事昆虫产业化学术研究和推广实践的学者专家寥若晨星，又与整个科研学术的大环境背景息息相关。

目前，尽管中国的昆虫产业发展势头较好，也日益红火，但仍然是喜忧参半，发展水平和经营状况参差不齐，即使经营得较好的企业，也没有充分发挥出应有的产业潜力。其中的原因很多，但很重要的一个原因是：绝大多数从事昆虫产业化研究的专家不是企业家，没有亲自下海实操，即使所谓的下海创业，也多是某项专利技术的简单转化或某类昆虫的单一产业，与从昆虫养殖到加工再到销售的全产业链昆虫产业创业和综合性的昆虫产业创业还不是一码事，他们多数不具备企业家的思维和精神，往往多专注于学术研究和专利技术转化，而不注重产业开发和营销运营；而与此同时，绝大多数从事昆虫产业的企业家又都不是昆虫专业科班出身，导致他们即使企业运营能力很强，也由于专业的限制和昆虫产业的特殊性而无法深耕昆虫产业。

最终导致的结果是：尽管有少数企业已经在某些产业领域成功探索出了产业路径，取得了可观的经济效益，但整体而言，中国乃至世界的昆虫产业发展水平参差不齐，缺乏宏观的科学发展规划和国家级的产业研究平台，缺乏统一的组织和强有力的产业领头人，产业化的对象和内容也受制于学者专家的科研成果，几乎没有一家企业成立真正意义上的大而全的昆虫产业研究院，真正地根据市场规律，自主开展有规划有前瞻性且全面系统的昆虫产业及技术研究。全国乃至世界要有发展昆虫产业的统一规划和布局，但是，各个地方、各个企业、各个专家，应该是"不争第一，只做唯一"，因地制宜地发展有特色、有潜力、有市场的昆虫种类，由市场决定科研，而不是科研决定市场，很多企业从事的都是较为传统的昆虫资源和技术，而不注重或没有能力开辟更新更好的产业领域，致使整个产业还没有实现大的突破和百花齐放。

除了上述问题，目前，昆虫产业多数是"就虫论虫""养虫卖虫"，没有把昆虫产业放到更大的产业系统中和背景下去看待，而是孤立地割裂地发展昆

第一篇 理论篇

虫产业,更没有加入创意思维和元素进而进行产业和学科交叉,产生更多新颖的产品,延长昆虫产业的产业链和提高其附加值。之所以很难出现昆虫产业方面的创意策划杰作,主要有以下原因:很多策划大师,业务上很少遇到昆虫产业,即使交给他们去策划,由于不懂或不完全懂昆虫的相关知识和文化,也很难策划出高超的创意;由于专业和行业等的局限因素,昆虫产业领域的专家和企业家,基本都没有高超的策划意识和策划水平——两者基本是平行线,没有交集,自然无法碰撞出火花,大家都在用传统的思维模式从事特殊的昆虫产业,结果可想而知。做昆虫产业的人很少,懂创意产业、具有创意思维的人很少,两者兼而有之的人更少,所以,两者始终迟迟没有结合而诞生"昆虫创意产业"新业态。

目前,国内外从事昆虫产业的专家学者本来就很少,这些专家学者多数都是单一的农科或理工科学科背景,知识结构单一,基本不懂或很少懂创意产业的知识,也基本都没做过企业,对市场不够敏感,产品意识不强,多是从专业知识的角度去从事技术研究,很少思考如何充分地延伸昆虫产业链和挖掘市场价值,更不会也没有相应的知识体系去把昆虫产业和创意产业结合起来,无法向企业和市场交出成熟的完善的产业链构架和营销模式。另外,从事昆虫产业的要么是养殖户或小型合作社,他们多数知识层面较低、视野较窄、市场敏锐度和开拓能力都较差,基本只会养虫子,按照较低的价格出售给经销商或者进行简单的初加工,产业链基本就到此为止了;要么就是较大企业,但这些企业家多为传统行业且鲜有昆虫学科背景,多数没有创意产业的意识和知识背景,偶尔遇到有一定创意产业意识和能力的企业家,又由于不懂昆虫学知识,不熟悉昆虫习性,无法将昆虫产业与创意产业碰撞出火花,还是无法激发出昆虫产业的真正活力,最多就是在产品加工、产品包装和营销策划上突显一些创意的元素。

更为严峻的问题是多数的昆虫产业专家和企业家都没有跳出传统昆虫产业的思维藩篱,甚至觉得现在这些做法很好。一提到昆虫产业,大家就用理科的思维思考,这种昆虫应该如何养殖,然后加工成什么产品,以什么样的价格卖出去,或者是如何提取它的深加工产物,如何利用好它的附属产品,等等,就算是开发得差不多了,这就是昆虫产业了。产业方式和产品形态都较为单一,价格和价值不匹配,产业链没有拉长,没有挖掘出真正的潜力,这些都会导致本来就艰难的昆虫产业无法发展壮大。殊不知,真正的昆虫产业潜力远不止此,是从业者自己的思维约束和限制了昆虫产业的真正市场潜力。比如,若将创意(产业)思维融入昆虫产业,不仅能发挥出昆虫本身的价值,还能用创意(产业)的思维将昆虫产业延伸拉长到文化产业、研学游产业、休闲产业、

仿生产业、地产业、旅游业、影视业等,可能会嫁接产生出一系列新的产业,从而"跳出昆虫(产业)看昆虫(产业)",传统的有限的"昆虫产业"就变成了新颖的具有无限发展空间的"昆虫创意产业"。就像对待一个综合能力很强的人才,若只把他放在某个专职的位置上,最多就是在这个岗位上做得很好,但若给他更多的机会和岗位,却能激发出他多倍的能力和贡献。

与此同时,昆虫的养殖领域也存在诸多问题:目前很多昆虫的养殖水平参差不齐,很多种类仍然停留在初级甚至粗放的养殖水平上,很多昆虫疾病问题也没得到很好的解决,我国有"植物医生"和"兽医",但还没有专业化的"虫医",严重阻碍了昆虫的规模化高效养殖;养殖器具也缺乏创意,很多没有打开思路,应该发展智能化养虫,每个产业化的昆虫种类都应该建立完善的工厂化生产车间,甚至实现"无人车间养殖昆虫";产业的业态思路也没完全打开,还是单纯的养殖,没有和种植、养殖及其他业态有机地结合起来;目前养殖的多为传统的陆生昆虫,特殊新颖的水生昆虫却少有人问津。

各级人士对昆虫产业的思想认识不够,专家学者的技术推动不够,政府的支持力度不够,再就是企业家思路打不开,不太会"玩"昆虫产业,导致昆虫产业踽踽难行。要想让昆虫产业良性循环,焕发无限生机,必须要在正确的产业化发展思想的指导下,更多的专业化人才参与进来,全面开发,尤其是要在昆虫创意产业思维的指导下,全面开发更多特色物种,延长产业链,提高附加值,让更多的企业创业成功,创造更多的经济价值,然后带领更多的人投身昆虫产业,为社会创造更多的财富,真正地让昆虫造福人类,让政府和民众更加重视和支持昆虫产业,最终让昆虫产业良性循环,越做越好,越做越大。

上述几个方面的问题与产生的原因导致目前昆虫产品多数无法跳出"虫子"的园囿,缺乏创意意识,产品竞争力不强,昆虫产业发展路子单一,打不开思路,拓展不了行业交叉,基本属于昆虫产业初级阶段,产业链始终得不到最大化的延伸,昆虫产业的综合收益不多,很多企业和养殖户步履维艰或者没得到最大化的经济收益,严重制约了昆虫产业的发展,也影响了政府和社会对昆虫产业价值的正确评价,甚至导致国家无法重视扶持昆虫产业。

因此,要想做好昆虫产业,就要"两手抓,两手都要硬":一手抓好"养",一手抓好"玩"。所谓的"养",就是要选择最佳的有特色的昆虫种类,然后用最好的技术和方式工厂化智能化养殖好这种昆虫,从而实现高效的规模化生产和稳定的昆虫产量,为产业化打下坚实的产能基础;所谓"玩",就是如何最大化地产业化或"玩"转该种昆虫,实现最大的综合效益,除了要做好传统产品的挖掘和营销,还要善用创意产业的思维,深度挖掘该昆虫的综合效益,跨界通感,延伸产业链,从而提升到"昆虫创意产业"或"昆虫+"产业。

二、昆虫创意产业的提出

原来的昆虫产业多数是"就虫论虫"和"养虫卖虫",而"昆虫创意产业"则是要用系统和综合的思维来看待昆虫产业,让昆虫产业与一些看似与昆虫无关的产业交叉融合而成为新型或新兴产业,或者将原来的产业通过创意性的产品研发、产业链延伸和创意性营销而全面提升昆虫产业附加值,进而全面激发出昆虫产业的发展潜力。

目前,随着社会的全面进步,昆虫产业到了一个十字路口和该"蝶变"的时候,必须要找到一副对症下药的方子,才能激活甚至挽救当前的昆虫产业。在这种形势下,昆虫创意产业应运而生,昆虫产业要以全新的面貌迎接一个新的时代(图3-1)。

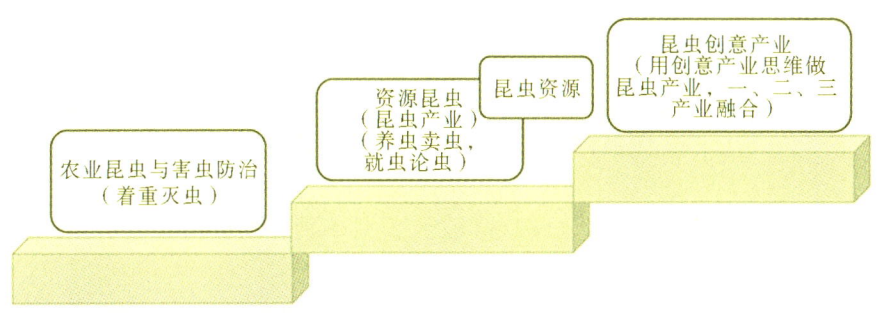

图3-1 昆虫产业进化路线图

"昆虫创意产业"思想的精髓是学科交叉,是用该思维融合运营所有昆虫资源,不是横向和纵向的单一延伸,而是"跳出昆虫看昆虫""跳出技术看产业"横纵延伸向交叉融合。"昆虫创意产业"倡导人们要用创意产业的思维去做昆虫产业,延伸传统昆虫产业链,注重市场和营销的元素而不仅仅是着力于养虫技术和产品研发,致力于全产品链的开发(比如虫砂的全面开发利用)而非仅注重虫体资源的开发,从昆虫产业从业者的角度出发而不仅是从科研工作者的思维出发,致力于让昆虫产业发挥最大的能量,产生更多的包括经济效益、社会效益、生态效益和文化效益等在内的综合效益。

假设传统的"昆虫产业"是一块比较值钱的石头,那么"昆虫创意产业"就是"昆虫产业"这块"石头"被"创意思维""点石成金"摇身一变成了"金子",或者通俗地讲,"昆虫产业"可能使某类昆虫卖出100元钱,"昆虫创意产业"或许能使同样的昆虫卖到1 000元钱、1万元钱甚至更多钱;假设

"昆虫产业"是本科,那么"昆虫创意产业"就是研究生,至少是硕士研究生,是本科的提升,而不是本科的一个"分支"或"亮点",最起码全面涵盖本科,而不是只与本科有一点交集。

下面再说一个贴切的例子,最近教育部提出"新农科"建设思路,它是对传统农科所有专业的全面升级改造,而不是传统农科的某个亮点,或只对某个专业的改造,"昆虫创意产业"是对传统昆虫产业所有资源昆虫类群的全面升级改造,而不只是对某些类型昆虫产业的改造;就如同农学、植保、园艺、畜牧、水产等传统农科专业都需要按照"新农科"的精神和思路升级改造,但需要先进行试点,然后逐步推进。昆虫产业中的食用药用昆虫、文化昆虫、环境保护昆虫、天敌昆虫等产业领域也需要按照"昆虫创意产业"的思维挨个探索具体的实现路径,而不是一下就全部告诉读者所有的昆虫产业具体如何改造升级成"昆虫创意产业";就如同本书作者只是大概找到了昆虫学科如何按照"新农科"的精神进行改造,本书作者也只是大概找到了爬沙虫等食用药用昆虫、萤火虫等赏玩旅游昆虫和部分研学科普昆虫如何按照"昆虫创意产业"的精神进行改造,其他很多类型昆虫产业的改造思路还需要艰苦摸索;就如同"新农科"精神只是给传统农科提升改造指引了方向,"昆虫创意产业"理念也只是给传统昆虫产业指出了一条新的改造提升思路,具体实现路径还需要长久持续探索。因此,从这个角度来讲,"昆虫创意产业"也是对昆虫学科的"新农科"理念改造探索,会对其他农业学科的"新农科"改造提供有益的参考。

创意无限,商机无限,产业无限。当前昆虫产业遇到的很多瓶颈问题其实都是思想和眼光的束缚,只要加入创意思维,掌握昆虫创意产业的一些理论和方法,最大化地扩大昆虫产业的内涵和外延,最大程度地延长产业链,就能突破很多藩篱,做大做强昆虫产业,实乃为"昆虫创意产业"——昆虫产业发展到一个历史阶段、再次腾飞所必需的新的产业概念。目前,昆虫创意产业基本没有成型,最多算是有点萌芽,缺乏人才、案例和经验,还需要大量的实践案例去验证和丰富,共同推动昆虫创意产业发展,改变"养虫子不赚钱"的窘况,最终大力促进昆虫产业的跨越式发展,让昆虫产业释放真正的魅力。

总之,(传统)昆虫产业是"昆虫创意产业"的基础,"昆虫创意产业"是"(传统)昆虫产业"的全面改造升级,将会开启昆虫产业发展的新篇章。

☞ 参考文献

曹成全,等,2021. 昆虫创意产业 [M]. 北京:中国农业大学出版社.
陈晓鸣,1999. 中国资源昆虫利用现状及前景 [J]. 世界林业研究(1):

47-52.

姜义仁,王志强,王楠,等,2017. 中国资源昆虫产业发展趋势研究[J]. 沈阳农业大学学报(社会科学版),19(5):542-548.

姜轶杰,石志辉,张杰,等,2022. 中国昆虫资源研究60年进展[J]. 植物保护学报,49(1):76-86.

☞ 彩图二维码

☞ 创商训练

1. 中国乃至世界当前的昆虫产业发展现状及存在的问题有哪些?

2. 为什么提出昆虫创意产业思路?"昆虫创意产业"与传统的"昆虫产业"的区别是什么?如何理解和应用"昆虫创意产业"?

昆虫创意产业创新创业实践

第四章 碰撞才出火花：不同学科的交叉融合

当前，学科交叉融合已成为科学突破的重要途径，科学发展呈现出相互渗透和重新汇聚的趋势，在科学逐渐分化与系统持续整合的反复过程中，新的学科增长点不断产生，并且衍生出一系列新兴学科和前沿领域。学科前沿领域的发展可能孕育着重大的学科突破与变革，从而引发学科体系的重大变革，带动相关领域的进步与发展。

一、学科交叉概论

学科交叉是指在学习过程中，两个或多个不同学科领域的知识、理论和方法相互融合，不同学科之间的知识、方法和理论相互渗透、相互融合的现象，这种融合旨在解决单一学科无法解决的复杂问题，或者探索新的研究领域。在现代科学研究中，随着知识体系的不断发展和深化，单一学科已经难以解决所有问题，因此，需要借助其他相关学科的理论和方法来共同解决问题。这种跨学科的交流、融合和合作，就是学科交叉的核心内容。美国国家科学院在《促进跨学科研究》（2005）中解释："不只是将两门学科连在一起来制造一个产品，而是思想和方法的整合、综合，这样的研究才真正是跨学科研究"。当前，学科交叉已经逐渐成为科技创新的源泉，成为科学时代一个不可替代的研究范式。

学科交叉是学术思想的交融，实质上，是交叉思维方式的综合、系统辩证思维的体现。自然界现象复杂、多样，仅从一种视角研究事物，必然具有很大的局限性，不可能揭示其本质，也不可能深刻地认识其全部规律。因此，唯有从多视角，采取交叉思维的方式，进行跨学科研究，才可能形成正确完整的认识。在多学科之间、多理论之间发生相互作用、相互渗透，形成了"科学键"，从而能开拓众多交叉科学前沿领域，产生出许多新的"生长点"和"再生核"，如粒子宇宙学、生物物理化学、生物数学、太空科学、环境科学、科学伦理学、系统科学、自然社会学和社会自然学等。

交叉学科是指不同学科之间相互交叉、融合、渗透，当这种知识交融形成

第一篇 理论篇

了明确的概念、理论框架及独特的研究对象和方法时，一个全新的学科便应运而生，这个新学科虽然源于其他学科，但却拥有自己独特的研究领域和视角。交叉学科可以是自然科学与人文社会科学之间的交叉而形成的新兴学科，也可以是自然科学和人文社会科学内部不同分支学科的交叉而形成的新兴学科，还可以是技术科学和人文社会科学内部不同分支学科的交叉而形成的新兴学科。近代科学发展特别是科学上的重大发现，国计民生中的重大社会问题的解决等，常常涉及不同学科之间的相互交叉和相互渗透。交叉学科聚焦于不同学科交叉融合后产生的新兴领域，这些新兴领域通常具有独特的研究对象，意在通过多学科的结合来解决某些特定领域的复杂问题，这些领域拥有自己独特的知识体系和观察角度，并逐渐构建起一个全新的知识体系。例如，生物学和计算机科学的交叉形成了生物信息学，这一学科将生物学和计算机科学的知识和技能结合起来，探索生物学中的基因和蛋白质等信息在计算机中的处理方式。

学科交叉是"学科际"或"跨学科"研究活动，其结果导致的知识体系构成了交叉科学。自然界的各种现象之间本来就是一个相互联系的有机整体，人类社会也是自然界的一部分，因而人类对于自然界的认识所形成的科学知识体系也必然就具有整体化的特征。学科交叉点往往就是科学新的生长点、新的科学前沿，这里最有可能产生重大的科学突破，使科学发生革命性的变化。同时，交叉科学是综合性、跨学科的产物，因而有利于解决人类面临的重大复杂科学问题、社会问题和全球性问题。

学科交叉的特点有：第一，知识融合。学科交叉不是简单地将两个或多个学科的知识叠加，而是对这些知识进行有机地融合，形成新的知识体系。第二，方法互补。不同学科在研究和解决问题的方法上有所差异，学科交叉可以使得这些方法相互补充，提高研究效率。第三，问题综合解决。对于一些复杂问题，单一学科往往难以解决，通过学科交叉，可以综合不同学科的理论和方法，共同寻找解决方案。

学科交叉的发展需要跨学科的合作和创新思维。它打破了传统的学科界限，整合了各学科的优势资源，从而创新性地解决问题。在我国，交叉学科已经成为一个重要的学科门类，并且越来越多的高校开始设置交叉学科专业，培养复合型人才。在当前科技快速发展的背景下，许多问题涉及多个学科领域，需要综合运用多个学科的知识和方法来解决。学科交叉不仅可以拓宽研究视野，提高解决问题的能力，还可以促进不同学科之间的交流与互动，推动学科之间的共同发展。此外，学科交叉也有助于培养具有跨学科知识和能力的复合型人才，适应现代社会对人才的需求。总的来说，学科交叉是知识发展和社会进步的必然趋势。它不仅能够解决复杂问题，还能够推动学科之间的融合和创新，为人类的未来发展开辟新的道路。

二、昆虫学科的传统分类

普通昆虫学（General entomology）又称基础昆虫学（Basic entomology），偏重于对昆虫本身生命形式及生命规律的探索，主要包括：昆虫形态学（Insect morphology）、昆虫生物学（Insect biology）、昆虫行为学（Insect ethology）、昆虫分类学（Insect taxonomy or insect taxology）、昆虫生理学（Insect physiology）、昆虫生态学（Insect ecology）等。

应用昆虫学（Applied entomology）又称经济昆虫学（Economic entomology），是利用昆虫生命活动的固有规律造福人类的科学。它既是昆虫学产生的主要原因，又是人们研究昆虫的目的所在。应用昆虫学还包括果树昆虫学（Fruit tree entomology）、蔬菜昆虫学（Vegetable entomology）、储藏物昆虫学（Stored product entomology）、资源昆虫学（Resource entomology）、推广昆虫学（Extension entomology）、养蚕学（Sericulture）、养蜂学（Apiculture）、兽医昆虫学（Veterinary）。

农业昆虫学（Agricultural entomology）是研究与农业有关的昆虫的发生规律、控制和利用的原理和方法的学科，是昆虫学的一门分支学科。农业昆虫学不仅要以害虫为研究对象，还要研究被害植物受害后的反应，提高其耐害力和抗虫性，并研究治理策略和以作物为中心的综合防治措施。作为农业昆虫学组成部分的植物检疫有独立成为分支学科的趋势。课程的目标是培养学生了解主要农业害虫的生物学特性、种群数量变动与周围生物和非生物环境因子的关系、寄主受害后的反应包括经济损失、补偿能力和抗虫机制，以及掌握以生态学为基础的综合治理策略和配套措施，以期达到控害、高产、优质和维护优良生态环境的目的。

森林昆虫学（Forest entomology）研究林木、苗木、竹木材害虫的发生规律及防治方法。

医学昆虫学（Medical entomology）研究直接寄生、蜇刺、骚扰、恐吓人类，污染人类食物，传播人类疾病的害虫的发生规律和防治措施。

法医昆虫学（Forensic entomology）是应用昆虫及其他自然科学的理论与技术，研究并解决司法实践中有关昆虫问题的一门科学。

城市昆虫学（Urban entomology）研究城市环境中有害昆虫的种类、习性、发生规律及治理措施。

昆虫病理学（Insect pathology）研究昆虫的寄生性细菌、真菌、病毒、微孢子虫、线虫等寄生物对昆虫造成的病理变化、流行规律及诊断方法。为提高生物防治效率提供依据。

文化昆虫学（Culture entomology）是 20 世纪 80 年代初期形成的一门文理交叉学科，主要研究昆虫对于人类文学、语言、音乐、艺术、历史、宗教、民俗、娱乐等文化领域的影响，包括民族昆虫学、民俗昆虫学、神话昆虫学、文学昆虫学等方面。

古昆虫学（Palaeoentomology）是古生物学的一个重要分支，是研究保存在岩层中的昆虫遗体和遗迹的科学。主要有化石昆虫分类学、古昆虫生态学、古昆虫地理学等分支。

三、昆虫学科与其他学科的交叉融合

昆虫学科与其他学科的交叉融合大概可以分成三类：第一类是侧重于解决昆虫或昆虫产业本身问题而采取的多学科手段而进行的交叉，比如，昆虫药物开发、食品加工、昆虫雷达、昆虫古生物学等；第二类是跳出昆虫或昆虫产业自身问题而进行的学科交叉，比如，昆虫疗愈、稻虫共生、昆虫仿生、昆虫预测地震等；第三类是昆虫与其他物种之间的交叉研究，比如，颈槽蛇与萤火虫的系列研究等。

昆虫学科的交叉研究成果不仅能显著促进昆虫科学研究，还能促进产业释放，更能促进教学改革和人才培养。要想实现真正大的创新，要想充分释放昆虫产业的威力，要想让传统的昆虫产业跳出"就虫论虫、养虫卖虫"的第一产业思维从而焕发更大的生机，就要按照"昆虫创意产业"的思维，将昆虫产业与不同学科进行交叉融合、纵横创新，实现"昆虫（产业）+"，拓展昆虫产业的内涵和外延。

20 世纪 60 年代以来，属于昆虫学范畴的交叉科学日趋繁荣，已成为该学科发展的新特点和新潮流。近十几年来，我国有关昆虫学的学报和期刊发表了大量有关昆虫学交叉科学的论著，就是有力的佐证。但就交叉范围而言，目前还是以昆虫学和其他自然科学的交叉为主，即其他自然学科渗透到昆虫学中来。对于与经济学、管理学等社会科学的交叉，尚处于冷落阶段，亟待努力发展。对此，学者必须有充分的认识。有人认为上述两者间尚存在鸿沟，甚至认为只有单一的昆虫学本身各分支学科的深入研究，才算高水平，而对有关昆虫学的高度综合性的交叉科学则认为是"异端"。这其实是一种偏见。实际上，昆虫学与各类学科的交叉科学的发展具有理论和实践意义。对此，不但有其必然性，而且有其必要性。只有积极推动昆虫学的交叉科学的不断发展和高度综合，才能把昆虫学引导到为解决我国重大实际问题的道路上来。

培养昆虫学交叉科学的工作者，要具有昆虫学和其他学科广泛的新知识，

否则很难发展。我国现行单科学院的教育体制，学习内容狭窄，不利于培养学生对各种学科产生广泛的兴趣，不利于交叉学科人才的培养产生。发展昆虫学交叉科学的研究的工作，不能片面地强调单学科的近期效应。要提倡本学科走出去和外学科走进来，广泛开展各学科间的自由讨论和横向联系，使之出现学术活跃的气氛。还要对研究交叉学科的课题给予多方面关心和支持，同时要建立与昆虫学有关的跨学科研究中心或研究机构，来发展昆虫学和其他多学科交叉的综合性研究工作。

除了常见的昆虫学与生态学、农业科学、医学、环境科学、仿生学等学科的交叉研究与合作，还有以下的交叉融合：

（1）昆虫与人工智能。昆虫在感知、记忆和决策等领域的表现远超我们的普遍认识。例如，蜜蜂在寻找花蜜时能够高度精准地导航和决策，这种基于环境信息的智能处理方式，为我们设计自主机器人提供了极好的参考。此外，昆虫群体中的协同合作行为也为我们提供了有关分布式人工智能系统新的思路。

昆虫的神经系统虽小，但在决策和学习上展现出了惊人的能力。科学家通过研究果蝇的嗅觉系统，已经揭示了神经网络在信息传递和行为引导上的高效机制。这些研究结果不单为昆虫本身的行为解析提供了实证依据，也为仿生算法和轻量化智能模型的设计提供了新的视角。例如，昆虫在复杂环境下的动态决策能力，启发了研究者们在制定 AI 决策算法时，如何更高效地处理跟踪目标和环境变化的数据。

（2）昆虫与心理学的结合。昆虫不仅在生态系统中扮演着重要角色，也在促进人类心理健康和情感发展方面展现了潜力。通过利用昆虫的生物学特征尤其是外形结构和行为特征等，心理健康领域的专业人士可以探索其在治疗和教育中的应用。

动物辅助治疗（Animal-Assisted Therapy，AAT），又称为宠物治疗，是借助与动物互动，来促进人的心理、生理和社会功能改善的一种治疗方法，昆虫宠物是一种简便易行的 AAT 方式。关于昆虫宠物在心理疗愈中的研究，主要集中在韩国，基本上用蛐蛐、蝴蝶等为昆虫物种，对象以老年人为主，也有涉及儿童和青少年的。以昆虫为媒介的针对精神障碍儿童开展的研究表明，参与昆虫介导的儿童在情绪健康和昆虫意识方面有显著改善，昆虫宠物对儿童的情绪健康影响积极；也有其他研究发现，饲养昆虫对儿童的日间唾液皮质醇、自尊和日常压力产生了有益的影响，青少年对金龟子、家蚕和虎凤蝶进行饲养和观察，表现出浓厚的兴趣，说明昆虫介导的保健计划能帮助青少年建立沟通，表达思想和感情，并减轻他们的学业压力，改善心理健康指数；还有研究者对 167

名小学生开展了基于蝴蝶的昆虫体验活动,发现昆虫体验组的压力水平明显下降,昆虫体验组和非体验组之间在生活满意度和主观幸福感上呈显著差异。

(3)昆虫与其他社会科学的结合。在 Catherine Diamond(2023)的研究中,昆虫的蜕变过程被深入探讨,尤其是其作为隐喻用于现代戏剧中的应用(图4-1)。研究指出,昆虫的蜕变长期以来吸引了从希腊哲学家到现代科学家的关注,其过程也常被不同文化和宗教用于象征复杂的生命历程。Diamond 强调,在戏剧中,昆虫的蜕变不仅代表了生物形态上的变化,还可以用来象征人类的心理转变。蝴蝶从蛹到成虫的蜕变,常被用来隐喻个人成长和克服挑战的过程。现代戏剧中,昆虫的复杂生活形式越来越被用作象征,特别是在 21 世纪的一些表演中,这些蜕变不再仅是对人类缺陷的讽刺,而是更深层次地欣赏昆虫生命的多样性与复杂性。这种表现形式有助于观众通过视觉隐喻和表演体验来反思他们自己的心理状态,特别是在应对压力、焦虑和个体成长方面。昆虫蜕变的象征在情感上引发共鸣,鼓励观众探索自我改变的可能性。

图 4-1 在李宜初的《纪念品昆虫学:装死》中,
甲虫们对法布尔提出了质疑(李宜初提供)

在 Klein & Brosius(2022)的研究中,作者探讨了昆虫在当代艺术中的使用,尤其是在环境艺术中的应用。研究发现,艺术家越来越多地将昆虫作为创作主题,利用其多样性和生态重要性,传达人类与自然之间的复杂关系,以及生态危机对生物多样性的影响。该研究分析了73位艺术家的作品,发现近一半的艺术家(47%)主要通过昆虫作品反映了栖息地破坏和气候变化等环境问题。昆虫,尤其是蜜蜂等群体(62%的作品涉及膜翅目昆虫),因其丰富的象征意义和引发情感共鸣的能力,成为艺术家关注环境问题的重要元素(图4-2)。

图4-2 融化的蝴蝶(丙烯酸、油墨和拼贴,2012,Erika Harrsch)

(4)昆虫与哲学的结合。一些昆虫在进化过程中发展出了迷人的社会生活形式和集体智慧。社会、主权、君主制、共和国、劳动力,人类社会的许多形态迫使我们对自发的拟人化提出质疑。昆虫世界离我们很遥远,却能让我们重新思考世界和环境观念。

《昆虫哲学》作为一部涉猎昆虫学和哲学两大领域的跨界奇书,出自一位交叉学科人才之手——让·马克·德鲁安教授,科学史和哲学双料学者。这是一部能让我们重新思考世界和环境观念的著作,同时,昆虫的生活方式和人类社会的多种形态有着较强的可类比性,具有激发思考的意义。

勤劳的蜜蜂、团结的蚂蚁、贪吃的蚂蚱、艳丽的蝴蝶、烦人的蚊子、滚圆的瓢虫相继登场,作者以哲学视野解读它们各种行为的底层逻辑;柏拉图、亚里士多德、笛卡尔、培根、卢梭、伏尔泰、胡塞尔、海德格尔、阿甘本、德里达轮番上阵,让·马克·德鲁安也从昆虫的角度切入哲学诸大师的思想内核。

参考文献

曹成全，等，2021. 昆虫创意产业 [M]. 北京：中国农业大学出版社.
林冠伦，1987. 关于昆虫学的交叉科学问题 [J]. 生物学杂志（4）：8-10.
钦俊德，2007. 昆虫与哲学、宗教的关系 [J]. 语文新圃（8）：27.
让·马克·德鲁安（法），2023. 昆虫哲学 [M]. 上海：上海文艺出版社.

拓展资料

当你的专业遇上昆虫

涉及学院	涉及专业	学科交叉选题
生命科学学院	生命科学	某省主要景区特色昆虫资源动植物的调查
	林学	昆虫在森林旅游和森林自然教育中的应用
		林下昆虫创意经济研究
	动植物检疫	环保昆虫在动物饲料上的应用和处理畜禽粪便和有机废弃物
	生物技术	几种特色昆虫的系列研究，包括基础研究、分类研究、生态学和行为学研究，尤其是人工繁育和产品开发等
旅游学院	旅游管理	萤火虫主题旅游产业的全面打造（景区设计、运营等）
		特色昆虫在旅游（尤其是研学游、亲子游）上的综合应用
	酒店管理	萤火虫主题酒店/民宿/露营/酒吧/餐饮等的打造及产品开发
科学教育学院	科学教育	各类昆虫在幼儿和青少年的科学教育中的系列应用及相关课程和产品研发，尤其是在研学游产业中的应用
	学前教育	萤火虫等昆虫在幼儿教育中的应用，幼儿园昆虫教育园区的打造和课程开发
	特殊教育	昆虫对幼儿和特殊人群某些心理疾病的治疗
	心理学	萤火虫等昆虫在心理疗中的应用和效果，尤其是对幼儿心理矫正和对成年人亚健康、职业心理疾病（焦虑、压力、抑郁等）的缓解和治疗
美术与设计学院	视觉传达	萤火虫等昆虫系列科普及旅游文创产品研发
		昆虫主题绘画（结合旅游和小学及幼儿教育）及其产业化
		昆虫纸装表演、手工艺术品、简笔画
	数字传媒	萤火虫等特色昆虫动漫、动画、IP形象的设计
	环境设计	昆虫主题民宿设计
	美术学	萤火虫等昆虫美学研究
		"虫书"研究

（续表）

涉及学院	涉及专业	学科交叉选题
音乐学院	音乐学	鸣叫昆虫与乐器原理及研发
		昆虫主题乐曲编写
		昆虫音乐整理
	音乐表演	昆虫主题舞蹈
		昆虫主题音乐剧
		萤火虫等昆虫音乐会的策划和表演
文学与新闻学院	新闻学	萤火虫等特色昆虫的科普视频制作和自媒体宣传创业
	汉语言文学	古诗词、成语与昆虫的系列研究
		全国地名与昆虫的系列研究
		昆虫系列文化产业研发
		少数民族文化中的昆虫元素及产业化挖掘
		佛教文化中的昆虫元素及产业化挖掘
经济管理学院	市场营销	系列昆虫创意产品的策划和营销，包括网上直播合作等
	金融管理	昆虫经济学系列研究
电子信息与人工智能学院	人工智能	昆虫人工智能养殖器具研发
		人工智能在昆虫分类中的应用
	电子技术	萤火虫系列仿真灯研发
新能源材料和化学学院	环境科学	昆虫在处理各类垃圾和废弃物上的系列技术研发
	化学	昆虫系列活性成分的检测和提取
体育学院	体育教育	昆虫与武术的关系
	休闲体育	昆虫运动会的策划
		少儿昆虫运动项目的研发
	历史哲学	昆虫世界的哲学思考
		中国的蝗灾史及其对历史的影响
	法学	野生动物保护法修订和"三有"保护动物名录调整背景下萤火虫保护的法治进路探析
	仿生学	昆虫结构、行为等在仿生学上的系列研究
	水利水电工程道路桥梁与渡河工程等	白蚁、蜜蜂巢穴与人类建筑工艺 纽约仿蜻蜓垂直概念农场 津巴布韦的仿白蚁堆建筑 斯洛文尼亚的仿蜂巢建筑

第一篇 理论篇

(续表)

涉及学院	涉及专业	学科交叉选题
	通信工程	昆虫在光学与导航技术中的仿生应用，如仿甲虫光学计算机，仿蝴蝶翅膀 Mirasol 显示屏
	机械设计制造及其自动化	仿生机器人，蝴蝶翅膀与人造地球卫星的控温系统，蜻蜓翅膀与飞机机翼的防振颤设备，苍蝇的翅膀（平衡棒）与振动陀螺仪；蜜蜂复眼与航海、航空导航设备
	编辑出版学	蝇眼与编辑排版技术的结合研究
	数字媒体艺术	蝇眼与电影特效技术，双排复眼透镜与舞台灯光效果在舞台灯光效果中的应用研究
	产品设计	DResilient 技术公司和威斯康星州大学设计的仿蜂巢轮胎，帕克·基特设计的 Dew bank 仿甲虫剧场集雾器，甲虫琥珀艺术作品
	语言/方言研究	借鉴昆虫分类和昆虫方言的研究及技术，研究多个国家、地域在多个时期的语言进化或方言规律等

☞ 彩图二维码

☞ 创商训练

1. 昆虫与你所学专业有何交叉点？能产生什么创新产品或产业？
2. AI 技术可以从哪些方面为昆虫创意产业赋能？

第二篇 探索篇

第二篇 探索篇

第五章 昆虫创意产业与乡村振兴

目前,乡村振兴尤其是产业振兴中基本都是传统的种植、养殖产业,以及在此基础上发展的农旅融合和一、二、三产业融合,取得了较大的成绩和较好的效果,但也遇到了很多瓶颈和限制性问题。"乡村振兴"是给全国各地的一个统一考卷,不同的人有不同的答案和破题之法,但若作法千篇一律,结果很可能是不接地气或不可持续,那么,很多乡村振兴项目可能是昙花一现甚至劳民伤财,最终这份"考卷"就无法得到高分,也会在乡村振兴的滚滚洪流中被抛弃。其实,人们都忽略了一个特殊的重要的产业——昆虫创意产业。若巧妙地把昆虫创意产业融入乡村振兴中,另辟蹊径,有可能会起到"四两拨千斤"的意想不到的效果,交出出色"答卷",取得好成绩,收获好效果。

乡村振兴需要我们解放思想,除了树立大食物观、大农业观、大生态观、大市场观、大循环观,还要特别树立新的资源观(不是只有煤炭石油等才是资源,昆虫是被人类忽略的巨大的特色生物资源)、新的养殖观(提到养殖,不仅是养鸡养猪,提到水产,不仅是养虾养蟹;昆虫养殖是特殊的新型养殖项目,其中陆生昆虫养殖可以称为"微家畜养殖",水生昆虫养殖可以称为"特色水产养殖")、新的产业观(要研发新思路、新业态、新模式,要选择做具有技术垄断性且市场朝阳蓝海、未来前景广阔的创新产业)、新的乡村振兴思路(乡村振兴不是只有产业振兴,还有其他振兴;产业振兴不仅有传统的养殖种植项目,还有昆虫产业和昆虫创意产业)。

昆虫创意产业可以在乡村振兴中起到特殊的作用,不仅能促进产业振兴,还能促进生态振兴和文化振兴,进而促进人才振兴和组织振兴。昆虫的形态结构恰巧能形象地对应5个振兴及其关系(图5-1):昆虫的身体分为头、胸、腹3个部分,头部为感觉和取食中心,胸部是运动中心,腹部是生殖中心(许多脏器都在腹部),昆虫通常还具有两对翅;相对应地,昆虫"腹部"对应"产业(振兴)",是最大最主要的部分,协助昆虫飞翔的"双翅"分别对应"生态(振兴)"和"文化(振兴)",昆虫的"头部"对应"人才(振兴)","胸部"对应着"组织(振兴)",分别连接"产业(振兴)""生态(振兴)""文化(振兴)""人才(振兴)"并起到中枢和协调作用;另外,昆虫的"六条腿"大致象征或对应着在乡村振兴中起主要作用的食用药用昆虫产业、观赏娱乐昆虫产业、环保饲用昆虫产业、绿色防控昆虫产业、工业原料昆虫产业、其他昆虫产业。见图5-1。

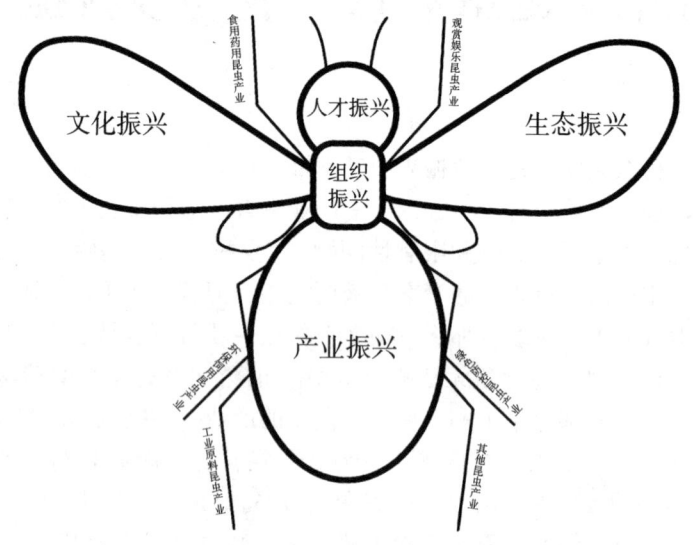

图 5-1 昆虫创意产业助力乡村振兴示意图

产业振兴大概分为以下 3 个部分。

(1)"小而美"的昆虫养殖项目。食用昆虫、药用昆虫、环保昆虫、赏玩昆虫、鸣叫昆虫、天敌昆虫、授粉昆虫等,可以作为独立的养殖项目,也可以交叉融合做成综合性的产业。

(2)昆虫创意产业催生的新型农业模式。稻虫共生、萤光六产农业、虫菜共生、昆虫溪沟经济、环保昆虫为纽带的生态循环农业模式等都可以带动产业发展。

(3)昆虫创意产业催生乡村旅游产业群。包括昆虫创意主题乡村旅游的景观建造、昆虫创意主题乡村夜间旅游的打造,以及昆虫创意主题乡村旅游系列后续产业打造。

生态振兴大概分为以下 3 个部分。

(1)环保昆虫助力乡村生态治理。生态循环农业(环保昆虫处理畜禽粪便和农业废弃物、厨余垃圾,虫砂作为有机肥生产有机农产品,昆虫作为蛋白饲料和食用药用昆虫)、土壤改良、食材农残检测、儿童科普教育等。

(2)天敌昆虫(以虫治虫、生物防治)和传粉昆虫(昆虫授粉)助力农

业绿色发展。

（3）观赏昆虫对农业绿色发展和乡村生态治理的特殊作用。观赏昆虫在生物防治和授粉上的应用、观赏昆虫为生物防治和生态治理代言和赋能、观赏昆虫可以促进一、二、三产业融合和延伸产业链。

文化振兴大概分为以下3个部分。

（1）昆虫创意产业促进传统村落的"整体活化"。

（2）昆虫创意主题村落。包括乡村文化的挖掘和开发、昆虫创意主题乡村旅游IP的确立、昆虫创意主题村落的打造途径。

（3）昆虫文化教育产业。包括昆虫创意节庆产业、昆虫创意会展产业、昆虫创意艺术设计产业、昆虫创意演艺游戏产业、文化昆虫宠物产业、昆虫创意建筑艺术产业、昆虫主题文创产品以及昆虫科普产业、昆虫研学游产业。

联结生态振兴、文化振兴和产业振兴会显著促进人才振兴和组织振兴，人才振兴和组织振兴又反过来促进生态振兴、文化振兴和产业振兴，五者相互促进、相互关联。最终，昆虫创意产业全面促进乡村振兴，这也是昆虫创意产业带动一、二、三产业融合和乡村振兴的整体解决方案。

第一节　昆虫创意产业促进乡村产业振兴

一、二、三产业融合的主体要有可以支撑的产业。当前，很多地方的乡村振兴产业都是传统的种植业和养殖业，少有创新性或交叉性或拓展性的产业，更鲜有昆虫创意产业。有机农业、生态农业、生态农庄、乡村旅游尤其是夜间旅游等都遇到了瓶颈问题，而昆虫产业尤其是昆虫创意产业却能以独特的着力点切入上述元素，起到激活的作用，集创新与智慧于一体，从而起到"四两拨千斤"的效果。所以，若思维恰当，路径正确，昆虫创意产业可助力一、二、三产业融合，破解诸多难题，甚至解决很多系统性的问题，成为全面乡村振兴的催化剂和助推器。

我国农村地域广阔，不同地区资源各有特点，在设计产业时，一定要充分考虑区域特点、风土人情，区别对待。如果盲目复制，相互攀比，随意上马项目，必然会带来设计理念雷同、产业结构混乱、没有区域特色等问题。在这种情况下，昆虫创意产业的多业态融合发展模式非常适宜乡村振兴，探索昆虫创意产业发展路径的可行性与合理性一定要立足自身资源和优势条件，昆虫创意产业的开发会成为现代农业发展的"金钥匙"，发展空间非常广阔。

其实，就像传统的畜禽养殖一样，昆虫养殖本应是大众推广的"小而美"的致富项目，何况，相较于传统的畜禽养殖，昆虫养殖还具有不污染环境、养

殖附加值高、资源转化率高、所需养殖空间小、不需要太多固定建筑物、投资小且养殖风险小、不传播人类疾病等诸多优点,尤其是那些偏远但生态环境很好、昆虫资源丰富的贫困地区,反倒更适合发展昆虫养殖项目,尤其是具有当地特色和特殊经济价值的昆虫种类,非常适合乡村振兴和"一带一路"技术推广。之所以目前并没有得到大规模地推广应用,既有养殖种类不够多、技术不够完善、市场不够健全等客观原因,也有研究人员太少、宣传不够到位、政府官员和百姓不了解昆虫产业等主观原因。适合乡村振兴的昆虫养殖大概分为以下几类。

一、食用或药食两用昆虫

蝗虫、蟋蟀、蟊斯、金蝉(含蝉花)、爬沙虫、竹虫、斗米虫、笋子虫、打屁虫、豆丹、蜻蜓、龙虱以及当地特色昆虫等,这些昆虫项目最好与当地文化尤其是饮食文化结合起来,比如,四川攀西地区喜食爬沙虫,乐山一带喜食笋子虫,贵州、四川一带喜食打屁虫,山东喜食蝗虫和金蝉,云南有些地方喜食蜻蜓、蟋蟀、竹虫,江苏连云港喜食豆丹等,总之,要因地制宜,结合当地的昆虫资源优势和文化特色,不能为养而养。另外还应注意产品销售问题:若养殖得很好,但销售不出去,或者价格很低导致利润很低甚至亏本,那就麻烦了,所以,要有足够的销售把握之后再上马昆虫养殖项目。最后就是用昆虫创意产业的思维,结合举办昆虫美食节、昆虫料理食堂等文化活动,最佳途径是结合乡村旅游,做成特色旅游食品,但可能难度较大,因为很多昆虫尚未进入食品名录(这也是制约昆虫食品产业的重大问题)。

二、赏玩昆虫

萤火虫、蝴蝶、蛾类、蝈蝈、观赏性甲虫等,包括食用药用昆虫中的蟋蟀、蜻蜓都是经典的赏玩类昆虫,或因生物发光,或因外观漂亮,或因能发出声音等特点,这些都是做乡村旅游的良好素材。这些昆虫的养殖和产业特点又各异:萤火虫和蜻蜓养殖难度较大,其他种类可以作坊式室内养殖或大棚养殖,当然也可以野外生态养殖,要因地制宜,降低成本。该类昆虫的主要产业载体是乡村旅游,适合集体化养殖做乡村景观,或者发展研学游、批量化地做各种标本或文创产品,或活体宠物,也可以结合生态农业,用这些景观昆虫做生态农产品的代言,也可以举办斗蟋大赛、鸣叫昆虫大赛、昆虫音乐季等鸣虫文化产业赛事。当然,也可以单户养殖,作为活体宠物或标本、文创产品制作等,最好与网络直播相结合。值得注意的是,这类昆虫由于显著的赏玩性质,

很吸引人,可以作为乡村旅游和乡村振兴的吸客利器和突破口,比如,可以举办"蝶舞萤飞"乡村旅游文化周等,用明星物种萤火虫和蝴蝶吸引城市游客到乡村来消费。

三、环保昆虫

黄粉虫、大麦虫、白星花金龟、黑水虻、蝇蛆等环保昆虫比较适合集体化或公司化养殖,因为这类环保昆虫作为饲料或虫砂作为肥料需求量较大,单户养殖后售卖给收购商一般利润会比较低,不太划算,但也可以用养殖这些昆虫后喂鸡,生产虫子鸡(蛋);虫砂做有机肥生产生态农产品,打造生态农庄,结合赏玩昆虫和食用药用昆虫,发展小型精致的循环经济和生态旅游农庄,也是可以走得通的路子。五倍子、白蜡虫、家蚕和柳蚕、柞蚕等都是传统的工业原料昆虫,养殖技术相对成熟,五倍子和白蜡虫需要在适宜气候和环境的生态条件下养殖,一般都是散户野外生态养殖,由收购商统一收购后做工业原料,适合发展集体经济或"公司+农户"形式;桑蚕类养殖技术也较为成熟,适合散户室内养殖,与五倍子和白蜡虫不同的是,桑蚕类产业还可以带动桑叶种植及其产业链延伸,生产桑叶系列产品,发展桑蚕文化研学游等。

需要注意的是:上述昆虫养殖项目本身并无优劣之分,只是要因人而异,因地而异,而且要和销售紧密相连,要找到持续稳定的销路和较合理的价格,而且最好是形成一个产业,完善延伸其产业链后再开始养殖,也就是说,要从后端推前端,把后端的销售和产业确定后才开启前端的养殖,且以后端销售量定前端的养殖量,这样,才能保证养殖户的利益,而不至于出现养殖后卖不出去,或尽管卖出去但价格极低甚至亏本的情况,同时,若村集体要发动村民养殖,一定要注意控制养殖量,否则一旦量大烂市,好事就会变成坏事,甚至引发纠纷,因此,不仅不能盲目发动村民养殖,即使村民自发一哄而上,大量养殖,村领导都要做适度引导和干预。比较理想的形式是:由村委会统一领导,或村民自发成立合作社,统一协调、统一行动,分散风险、分工合作,增强市场驾驭能力和风险抵御能力。若能综合上述各类昆虫的优势,以赏玩昆虫和文化昆虫吸引客人,发展乡村旅游,其他昆虫作为旅游产品,取得综合效益,也是一种较为稳妥的做法。当然了,黄粉虫、蝗虫等养殖项目投资较小、风险较低,即使卖不出去也可以自行消化,如养殖虫子鸡,甚至建设生态农庄,也适宜于那些具有较好的经营能力和有一定经济实力的农户单干,不能一概而论。总之,一定要综合衡量,谨慎养殖,理性投资。

第二节 昆虫创意产业促进乡村全面振兴

昆虫创意产业在乡村振兴应用的过程并非单纯对乡村昆虫资源的产业化，而是让乡村因虫"百业兴旺"，是农业的全新业态，是一种乡村多元产业通过昆虫创意产业驱动的混合态。若将昆虫创意产业链纵向延展和横向拓宽，则可催生出多种昆虫创意产业新业态，进而取得乡村振兴的发展新成效。在昆虫创意产业的应用场景中，是与乡村振兴战略结合得最为密切的，也就是说，昆虫创意产业可以切入乡村振兴中的方方面面，包括乡村旅游、田园康养、田园综合体建设、研学科普、劳动实践教育、垃圾分类环保教育、自然教育、农村土壤质量提升、粮食、经济作物生态种植、畜禽和水产动物生态养殖、农民增收、农村环境治理、美丽乡村建设、精准扶贫等。

产业兴旺的难点和关键是选准合适的产业，而昆虫创意产业作为一种特殊产业，它潜藏的巨大能量和前景很容易被人们忽视，应该挖掘出来，在乡村产业振兴中发挥应有的作用，发展新的"特色昆虫经济"，比如河道养殖昆虫以发展"昆虫溪沟经济"，稻田养殖昆虫以发展"稻虫共生经济"，温室内养殖昆虫以发展"昆虫大棚经济"，农村闲置房屋养殖昆虫以发展"昆虫工厂经济"，走出一条用资源昆虫助推乡村产业振兴的特色路子。

对于西南省份偏远山区而言，乡村振兴除常规和传统的产业及理念之外，还要充分重视和发挥动植物的产业威力，另辟蹊径地发展药用昆虫（蝉花、胡蜂、竹燕窝等）、食用昆虫（笋子虫及昆虫宴）、文旅昆虫（萤火虫、蝴蝶等）；除了要横向延伸产业链条，还要纵向深挖产业内容，比如，鸟类、蛙类等动物资源景观的深化，同时，还要扩大思维，建立昆虫类研学基地，举办昆虫文化节日季等，促进农文旅教康养全面融合，走出一条乡村振兴的特色之路。

单个昆虫产业也可以促进乡村五大振兴。以萤火虫为例，可以打造"萤光村落""萤光小镇"IP，促进一、二、三产业融合和农旅融合，助力产业振兴："萤火虫农业"促进传统农业产业升级和集体经济发展（一产），萤火虫农产品的加工及药用开发（二产），萤火虫助力旅游（尤其是夜间经济和乡村经济）、教育、文化、康养、环保等第三产业；萤火虫助力生态振兴：萤火虫能代言和监测优质生态环境，只要有萤火虫的地方就能证明是优质生态环境，发展萤火虫产业，直接推动生态振兴；萤火虫助力文化振兴：结合萤火虫产业建立萤火虫科普馆和大量萤火虫科普教育，提升村民文化素质，结合萤火虫的生态监测特征，大力加强村民生态文明素养，举办各类萤火虫文化节，大力提

第二篇 探索篇

升村民的文艺修养，推动婚恋交友；萤火虫助力人才振兴：萤火虫产业会带来和培养大量的各类养殖等新型产业技术人员和营销文创人才，显著促进人才振兴；萤火虫助力组织振兴：创建"萤火党建""一只萤火虫就是一个党员"，将萤火虫精神融入党建和基层党组织建设，创建"党组织+村集体经济组织+企业+技术专家"联合体促进乡村振兴的新模式，推动农村专业合作经济组织、社会组织和村民自治组织建设（图5-2）。

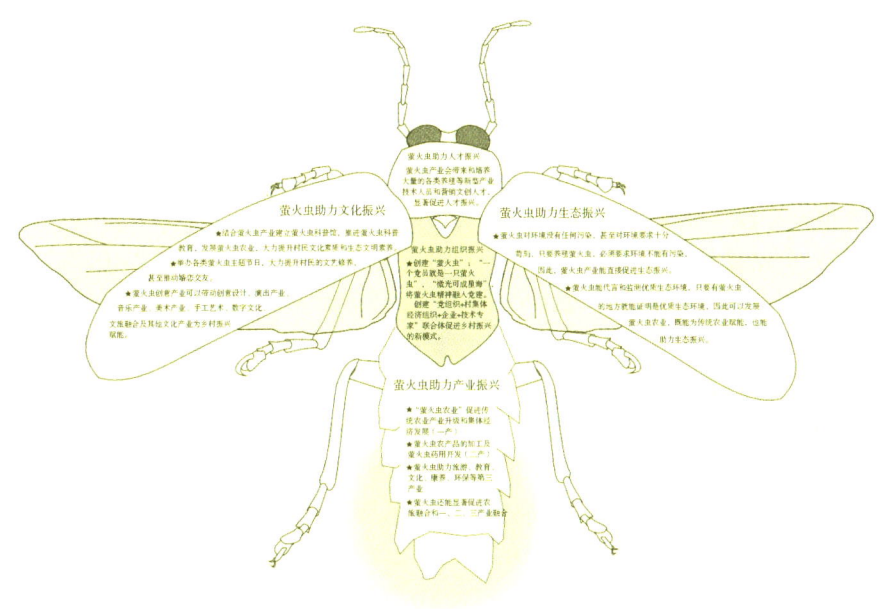

图5-2 萤火虫助力乡村五大振兴示意图

欠发达地区用昆虫产业撬动生态优势转化的路径，解决生态优势转化成经济优势的问题，真正让"绿水青山"转化为"金山银山"，还能通过萤火虫夜间经济和昆虫溪沟经济等模式另辟蹊径地解决集体经济、全民增收问题。昆虫产业可以作为"小而美"的项目推广到"一带一路"国家，中华文明、丝绸之路、"一带一路"其实都与桑蚕有关，这本身就是古老的昆虫产业，新时代，我们为何不能开发更多的更新的昆虫资源，走出新时代的"萤光大道"？

在很多乡村振兴项目中，都会有结合田园打造的各类亲子农场或研学基地，但质量良莠不齐，经营情况喜忧参半。其实，若以"昆虫创意产业"思路为指导，可以打造一种新型的"虫宠乐园"。目前市场上以亲子为主题的农场或景区很多，但多数都是简单的"钢筋水泥"、器具类的娱乐游玩，或赏花种草式的没有动物互动体验的农场类项目，或虽有脊椎动物传统萌宠，但无法和孩子完全亲密接触且缺乏文化内涵的传统动物体验景区，同质化严重，技术门槛低，旅游质量低，基本属于1.0版本或2.0版本，还有很大的提升空间。"虫宠乐园"主题亲子项目是农场版"昆虫迪士尼"，具有高创新、多功能和大杂烩等特征，旨在以昆虫为主题、灵魂和纽带，融合多种亲子类项目和业态，打造一个集休闲、娱乐、互动、体验、文化、科普、研学、生命教育、自然教育、家庭教育、心理疗愈、增进亲子关系等于一体的满足社会多元化需求的3.0版本或5.0版本乡村农场或景区项目。昆虫种类多样、养殖成本低、技术难度低、方便与孩子互动，没有环境污染，游客能购买和养殖，能DIY做出多种文创产品，还能发展产业、拉动乡村振兴，具有传统项目和业态无法比拟的优势。

"虫宠乐园"的整体规划设计大概如下（图5-3）：

在入口处设置具有逼真或卡通风格的昆虫雕塑，让游客在进入乐园前就仿佛置身于一个昆虫世界中。设计一个特色的门廊，以昆虫的形态和色彩为灵感，打造出独具特色的入口通道，增添乐园的亮点。在入口周围悬挂或摆放各种昆虫主题的装饰物。利用昆虫的图案和色彩进行入口装饰，比如卡通昆虫壁画、昆虫图案地砖等，让整个入口更加生动有趣，成为网红打卡点。

昆虫文化坊则是将与昆虫有关的各种成语、诗词、故事、神话、童话中的情景用各类道具形象展示，组建萤火虫乐队等演艺团体（音乐会/电音节），表演昆虫舞蹈或康复训练操，打造"虫虫总动员"式的舞台剧或互动表演剧，让游客DIY制作或直接售卖各类昆虫文创产品（包括衣服和科普书籍等），打造"昆虫照相馆（与各类昆虫合影等）"。

昆虫手工坊可以是一个独立的室内空间或室外区域，能够提供足够的空间容纳多个家庭同时参与亲子手工活动。根据不同功能需求，划分不同的区域，包括制作区、展示区、休息区等。家长和孩子可以进行标本制作和其他DIY活动等。"虫虫运动会"则选择适合亲子活动的装饰元素，如昆虫模型、彩色气球、布置物等，营造出亲切、欢乐的氛围。通过以昆虫作为载体的活动和游戏，准备各种辅助器具和玩法，让家长和孩子一起参与并互动。

在昆虫仿生馆里，游客可以穿戴特制的服装器具，模仿昆虫在空中飞翔、大幅度跳跃、在水中仰泳等，既有感官刺激，又能锻炼身体，还能学习昆虫知识和仿生启发。

蝶恋屋主要养殖一些与爱情、婚姻等有关的昆虫（如蝴蝶、萤火虫、蜻蜓等），设置许愿台/树（萤灵树）等设施供游客祈福、许愿或求婚、生日、派对等之用，开展放飞许愿、与虫合影、DIY制作蝶翅画或昆虫琥珀纪念品等

各类互动体验项目,再加入一些镜面、幻灯等设备,打造绚烂震撼的爱情专享场所。还可以创意设计一些环节或项目("萤"得芳心或千里姻缘"萤"线牵),成为单身男女交友结缘的场所。

设立一个以昆虫为主题的密室逃脱游戏,可以是以虫宠乐园中的一种昆虫为灵感来源,如蜜蜂、蝴蝶、蚂蚁等,创造出一个充满神秘感和挑战性的密室逃脱场景。房间内可以设置虫宠相关的装饰和道具,增加趣味性和互动性。设计涉及昆虫知识的谜题,如识别昆虫特征、解读昆虫习性、昆虫生态等方面的问题。参与者需要通过对昆虫知识的了解和分析来解决谜题。

六足推理馆则是与昆虫题材有关的密室逃脱(蝶中谍)、剧本杀、桌游、鬼屋、游戏等,甚至推出昆虫版的三国杀。

昆虫疗愈馆是打造一个室内生态场所,养殖刺激视觉的蝴蝶和萤火虫等明星观赏昆虫,以及刺激听觉的蝈蝈、蟋蟀等鸣叫昆虫(蝈蝈合唱团,"鸣叫吧,蟋蟀"),加入音乐等辅助设施和措施,开展斗蟋蟀、模拟昆虫打斗(甚至模仿其他兽类狂吼释放)、粘蝉、捉虫等多人互动活动,辅助冥想、瑜伽、按摩、昆虫药浴等身心理疗手段,进行压力释放和心理疗愈,打造一个新型的心灵休憩场所。

囊萤夜读区应设置在虫宠乐园的一角,安静且舒适。可以放置一些植物和小型装饰,增加自然元素。提供丰富多样的昆虫相关典故书籍,涵盖昆虫知识、昆虫文化、昆虫寓言等方面。在设计中加入励志学习的昆虫元素(囊萤夜读),采用柔和的灯光和舒适的座椅,营造出适合阅读和学习的氛围。

昆虫主题民宿、帐篷露营等,外形与昆虫有关(模拟昆虫或昆虫蛹室等外形),打造萤火虫等各类昆虫主题房间,甚至每个房间都不一样(对应一种特定的昆虫),播放《昆虫总动员》等电影(虫虫影院),打造网红住宿空间。

昆虫美食街,环境、氛围的布置要与昆虫有关,"萤火虫酒吧""蝴蝶食坊"等,比如,开发售卖精致的有创意的昆虫食品或外形与昆虫有关的普通食品(打造昆虫版"良品铺子""食虫族",吃虫比赛和直播等,不仅可以现场吃,还可以带走),比如,借用昆虫文化举办"昆虫美食节""萤火虫啤酒节"等。

萌宠屋分区设置,如狗猫区、昆虫区等,每个区域都应该有适宜的气候和环境条件。为游客提供互动体验的机会,如与猫狗亲密接触、观察昆虫的生态习性等。同时,可以设置一些互动游戏和活动,让游客更好地了解和体验与萌宠亲密接触的乐趣。设立领养区域,提供代养、领养、认养等服务。

家长沙龙:设置一个家长间相互交流怎么培养孩子的区域,提供下午茶、简餐等。家长可以在此交流和休息的同时,享受一杯咖啡或茶,观看教育视频、听音乐或阅读有关育儿的书籍。可以定期组织专题讲座和亲子活动，邀请专业育儿专家或有经验的家长分享经验和知识等。

昆虫水世界为与水生昆虫有关的水上主题乐园，主要是水上乐园的环境模拟水上昆虫的生活环境，有很多巨大的水上昆虫模型放在水底、水中和水面（既是视觉冲击，又宣传了水生昆虫知识），游客穿戴特制的服饰可以仿生模拟昆虫在水面游泳（甚至仰泳）、潜入水中、趴在水底，还可以仿生模拟部分水生昆虫举办亲子（像负子蝽似的家长驮着孩子水中游泳）或情侣（像水黾似的男女互相驮着水中游泳）活动，乐园附近还可以开辟一片小规模的生态自然的水生昆虫养殖塘，让（家长和）孩子在其中戏水和捕捉水生昆虫（开展研学科普，还能售卖昆虫和制作文创产品），在玩水过程中不仅尽兴玩耍，还能增进感情、学习知识、售卖产品，比传统的水上乐园更有吸引力。

图 5-3 "虫宠乐园"设计示意图

☞ 参考文献

曹成全，等，2022. 昆虫创意产业助力乡村振兴［M］. 成都：西南交通大学出版社.

曹成全，2019. 萤火虫在特色农业和乡村旅游中的应用［J］. 生物资源，41（4）：376-379.

曹成全，张毅，王义哲，等，2023. 萤火虫的研究、保护及开发利用进展［J］. 环境昆虫学报，45（1）：1-22.

曹成全，2020. 资源昆虫在乡村振兴中的应用［J］. 安徽农业科学，48（7）：242-243，249.

柳萌，马健，2019. 浅论养蜂业在脱贫攻坚与乡村振兴中的作用［J］. 科技促进发展，15（12）：1388-1392.

王斐，吕林芳，2020. 乐山峨边星星村昆虫旅游开发策略［J］. 当代旅游，18（29）：56-57.

☞ **彩图二维码**

☞ **创商训练**

1. 昆虫创意产业如何全面促进乡村振兴的五大振兴？

2. 结合你家乡或熟悉的地方，深入谈谈如何用昆虫创意产业助力该地方的产业振兴？

3. 如何理解昆虫创意产业是乡村振兴中的新质生产力？

第六章 昆虫创意产业与产业升级

由于极强的创意性和跨界性，昆虫创意产业不仅能直接促进产生很多业态，还能将不同学科和产业有机交叉融合，助力很多产业打破传统边界，促进产业升级，这也为其他产业提升产品附加值和横向拓展提供了借鉴和启发。昆虫创意产业作为一种新质生产力，可以促进一、二、三产业领域诸多业态的提升。

一、昆虫创意产业促进第一产业升级

（一）昆虫创意产业促进农业升级

以"创意农业"和"创意昆虫产业"思想为指导，为传统农业注入新的动力和活力，将"昆虫"置于大农业产业体系中，触类旁通，外连内接，因地制宜，能创造出各类以昆虫为纽带的特色新型农业模式，激活传统农业的活力，延伸业态和产业链，从而形成合力，激发更大的产业潜能，取得社会、经济、生态等多重收益。

1. 稻虫共生

袁隆平院士多年前就曾提出"曲线致富"，他认为，光靠种水稻是很难让老百姓致富的，必须用提高水稻亩产量的方式让老百姓腾出更多的土地来种植高附加值的经济作物才能致富。其实，除了腾出土地来种植其他高附加值的经济作物，还可以在水稻田内做文章，借用水稻田同时养殖经济动物，提高综合产值，因此，逐渐诞生了多种多样的"稻×共生"模式。

目前，与水稻共生的基本上是各种水产，如鱼、虾、蟹、鳅等，偶有"稻鸭共生"等模式。其实，在生态系统中，与水稻天然共生的经济性水生昆虫也有很多，完全可以在水稻田里"养虫"，从而创造性地推出"稻虫共生"模式，即在优质水稻田里同时养殖对水质和农药敏感、能代言生态或有机农产品且本身具有高附加值的特色水生昆虫。可以与水稻共生的水生经济昆虫很多，如爬沙虫、龙虱、水蚕等，这些经济价值很高的药食两用昆虫的幼虫终生都是生活在水稻田里（个别种类偶尔断水一段时间也可以存活），且基本都是

肉食性，不会取食水稻，还能通过自身的活动和排泄物促进水稻的生长，直接把这些昆虫以适当的密度投放到水稻田中，并适当附加一些养殖器具，完善一下水稻种植和管理技术即可，最终的经济价值也主要是售卖这些昆虫所得利润（而非水稻），产业思路和运营思路比较简单，需要特别阐述的是产业思路和运营思路都比较复杂的"稻萤共生（水稻田里养殖各生态类型的萤火虫）"模式。

"稻萤共生"模式之所以复杂，主要是以下原因：第一，萤火虫分为水生、半水生、陆生3种生态类型，均能不同程度地以不同方式切入水稻系统中，而不仅仅是将水生萤火虫幼虫投入水稻田中养殖这么简单；第二，由于幼虫、蛹、成虫甚至卵等都能夜晚发光，而且是明星物种，萤火虫所带来的经济价值就不仅是售卖萤火虫本身所得的利润，更主要的是由赏萤带来的旅游、研学、露营、夜餐、文创产品等延伸产业带来的巨大利润；第三，由于萤火虫对环境十分敏感，故"稻萤共生"还能代言水稻及其加工产品的生态性和安全性，增加消费者对这些产品的信赖度和好感度，从而显著提升水稻及其加工产品的价格。

"稻萤共生"最常见的模式就是在水稻田里投放一定密度的水生萤火虫幼虫，让幼虫钻在水稻田的泥土或缝隙中生活，取食水稻田的各种螺类（还能为水稻防治螺害）或人工投放的各种肉类饵料，夜晚幼虫在水中发光，即可开展"幼虫赏萤"文旅活动，后期到田垄上化蛹，之后5—7月成虫起飞，就在水稻田附近发光飞翔，落在水稻叶上，展现一幅"萤里论稻"的文创景象，已经超出了单纯的水稻产业，显著地促进一、二、三产业融合，取得综合的生态、经济、文化、社会等效益。除此之外，广义的"稻萤共生"还包括以下模式：将半水生萤火虫幼虫投放在高度湿润的长满各种覆盖植物的水稻田垄侧壁上，或将陆生萤火虫投放在水稻田内部和周边的土地上，尽管没有和水稻田直接、紧密结合，但也相关联，也能用来代言水稻的生态和安全，也是一种"稻萤共生"的模式。

"稻虫共生"模式有诸多的优点和创新：充分利用了水稻田及其周边的角角落落，节约了土地，创造了最大的价值；水生昆虫对水质和环境质量要求较高，能代言和促进生态环境的改善，显著提高水稻的品质和价格，再加上售虫的价值（这些水生昆虫多数都是药食两用昆虫，价值很高），每亩水稻田大概能带来少则一两万、多则几万的综合收入，尤其是"稻萤共生"模式产生的一、二、三产业融合会带来更大的综合效益，是袁隆平提出的"曲线致富"的创新探索；"稻萤共生"会破解生态农业和有机农业的信任危机等瓶颈问题，而且会带来一、二、三产业融合，从而开启另外一种新型农业模式——萤

光六产农业;激发革新传统水稻生产,引发"水稻创意产业革命",极大延伸产业链和提升农业产值。

当然了,由于昆虫的特殊性,包括"稻萤共生"在内的各种"稻虫共生"模式还需要配套解决诸多问题。如养殖这些对水质污染敏感的水生昆虫,就不得施用农药(尤其是高毒、剧毒农药),周边区域也不能施药,这种情况下就需要注意选择抗病性较好的水稻品种,综合防治水稻的病虫害,处理好综合效益与水稻产量之间的平衡关系;水稻田里养殖水生昆虫,需要辅加一些特殊器具以协助养殖(防逃逸和自相残杀及天敌伤害)和采收;为了避免损害水生昆虫,水稻的耕作和采收等要做一些调整和改进;为了防止萤火虫飞走和其他水生昆虫的逃逸,要注意水稻田位置和周边环境的选择及相关的改进工作;还要采取各种措施确保水稻田不能受洪涝灾害的影响,投放水生昆虫的时间、龄期、密度以及稻田的水位、水质、水流等都要注意。

在"稻虫共生"的基础上,还可以延伸出"药虫共生"等模式,如在水生或半水生中草药或其他经济作物田里,同时养殖萤火虫等水生或半水生昆虫,与"稻虫共生"有相似的原理、做法、问题和效能。

2. 萤光六产农业

所有萤火虫的成虫基本不吃任何食物(只偶尔取食露水和汁液等补充营养),幼虫都是肉食性不会取食和破坏任何植物,更不会取食任何作物,反倒能取食蜗牛、蛞蝓、田螺等农业有害动物,是一种天敌昆虫。同时,由于萤火虫对环境要求十分苛刻(水质和空气等污染尤其是农药都会导致萤火虫死亡),可以代言优质生态环境和农产品的高品质,而且,萤火虫是"夜间旅游吸客利器",一旦农田里起飞萤火虫或观赏发光的幼虫,就会引来很多游客,带动旅游、食宿、文创等产业,这些游客因为目睹了农田里的萤火虫,自然就相信了农产品的生态、安全和高品质,就会自然而然地推动高附加值农产品的销售,最终发挥综合性的"发酵"作用,促进一、二、三产业融合,使得传统的一产属性的农业变成了"六产(1+2+3产)农业"。这些都是因为加入了"萤火虫"这一特殊昆虫元素所致,因此我们称这种农业模式为"萤光六产农业"或"萤火虫生态景观农业""萤火虫有机景观农业",也可以简称"萤火虫农业"。换言之,所谓的"萤光六产农业",是指在传统农业体系中添加了"萤火虫"这一特殊昆虫元素,使一、二、三产业高度融合,使得一产属性的传统农业变成了"六产农业",从而取得显著的社会、经济、生态、文化等综合效益。

除"稻萤共生"之外,"萤光六产农业"还可以切入多种农业业态中从而诞生多种形式。如萤火虫中药材,将陆生萤火虫幼虫投放在石斛种植基床上,

加置特殊器具防止幼虫逃逸,让萤火虫幼虫取食严重为害石斛的蜗牛、蛞蝓等,在生物防治有害动物的同时,还能养殖萤火虫进而发展萤火虫景观,还能用萤火虫代言石斛的生态和安全;萤火虫茶园,在有机茶园中散养或用特定器具扣养陆生萤火虫幼虫,与茶树共生,代言有机环境,打造"萤火虫(有机)茶",能带动乡村旅游发展,形成特色青少年研学游和科普游,取得多重效益。

这些萤火虫农业或萤火虫小型景观家庭农场,既适合村集体经济合作社或公司式发展,又适合单户家庭组织经营,还适合各类塑料大棚内的融合养殖。

3. 虫菜共生

"虫菜共生"模式是指在养殖某些水生经济昆虫的同时种植一些水生经济作物(可以统称"菜"),两者相互依存和促进,达到最佳的共生模式。

"虫菜共生"模式又分成以下两种情况。

(1)在浅水养殖的水生昆虫(比如爬沙虫)上方的器具(用来固定作物)中直接种植水生作物,两者密切接触,作物的须根可以作为昆虫的隔离物利于昆虫生长,昆虫的碰触和排泄物(具有营养价值)又反过来促进作物的生长。

(2)水生昆虫(比如水生萤火虫幼虫)钻入水底(泥沙中),较深的水表面可以种植某些水生作物,也是一种"虫菜共生"模式,这种情况下,"虫"和"菜"之间还有较深的水域,亦可用来养鱼,从而创造一种"鱼-虫-菜共生"模式,但要注意选择合适的鱼种,不能取食水底的"虫"。这种模式需要注意的技术事项有:选择合适的水生昆虫及与其匹配的水生作物,两者的水深与须根深度要匹配,须根长度等要与昆虫的习性吻合;要选择具有较高经济价值的"虫"和"菜",水中的营养要满足"菜"的需求但又不能影响"虫"的生长。

4. 多类型的生态循环或立体种养殖模式

将环保昆虫融入大农业体系中,会催生很多新型的生态循环或立体种养殖等农业模式。比如:环保昆虫"三元"转化有机废弃物技术体系和"种养转"相结合的生态循环农业模式、"果-虫-菌-草-牧"生态循环系统、"柳蚕-食用菌-蚱蝉-金龟子"的立体种养殖模式等,不一而足,且不断有新的模式产生。

环保昆虫不仅能处理秸秆、菌渣、酒糟等各类有机废弃物,还能处理畜禽粪污、畜禽病死尸,同时生产出昆虫蛋白作为水产和畜禽的蛋白饲料来源,还能将其产生的虫粪(虫砂)作为特殊肥料改良土壤,从而打造生态循环立体有机绿色农业。

5. 观光科普亲子农业

种植各类能够吸引特色昆虫的植物，让游客观赏蝴蝶翩翩起舞、蜜蜂忙碌采蜜等自然场景，配备专业的观察设备和引导标识，开展昆虫科普活动，设置科普设施，组织亲子活动，举办与昆虫合影、制作昆虫文创产品等各类活动，加入昆虫疗愈元素，售卖昆虫宠物，DIY制作各类创意性农产品，开发特色昆虫宴，将传统农业升级成具有观光、科普、亲子等多功能的业态，提高附加值。

（二）昆虫创意产业促进林业升级

突破传统林业产业思维，全面、立体、深度、创意性开发森林的综合资源，尤其是昆虫资源，大力拓展"林下经济"的内涵和外延，将生态优势变为经济优势，把森林保护与产业开发结合起来，向森林要食物、要健康、要文旅，作为山林地区乡村振兴和集体增收的新路径，打造林业昆虫特色立体经济模式，包括实体性产业和创意性产业两个部分。

实体性产业：在森林中开发各类食用或药用昆虫，包括树上和树下的"蝉"和"蝉花"、树木里的"斗米虫"、竹林里的竹象虫等，以及森林溪沟中的爬沙虫、水蛋、龙虱等康养昆虫，发展大食物和大健康；用白星花金龟等环保昆虫处理森林有机废弃物，从而实现废弃物循环，生产昆虫蛋白；大力发展林业天敌昆虫和森林工业原料昆虫产业；将森林生态修复加入萤火虫等元素，从而开发萤火虫文旅等生态修复的后续延伸产业。

创意性产业：在森林中的溪沟里甚至在树林中间架设器具可以养殖爬沙虫等水生资源昆虫，发展林下或林中昆虫溪沟经济；白天观蝶、夜晚赏萤，发展"萤飞蝶舞"特色林间文旅项目，带动夜间经济，打造"昆虫·森林"版的"迪斯尼"或虫宠乐园；在传统森林或植物疗愈的基础上，加入昆虫疗愈和昆虫宠物，发展新型立体复合养心康养，打造森林昆虫疗愈。

（三）昆虫创意产业促进牧业和渔业升级

提到养殖，不仅是养鸡养猪，提到水产，不仅是养虾养蟹。昆虫养殖是新型养殖项目，其中陆生昆虫养殖可以称为"微家畜养殖"，水生昆虫养殖可以称为"特色水产养殖"，拓展了传统牧业和渔业的范围。

在溪沟中养殖爬沙虫，带动集体经济发展，将单纯的"溪沟治理"变为促进"百姓增收"。水生昆虫具有独特的生物学特性，与传统的水生动物养殖不同，在河道溪沟中养殖水生昆虫，不仅不会污染河道水质，反倒能监测改善水质。突破治理和开发河道溪沟的传统思维和技术，充分重视和发掘水生资源昆虫的价值，在河道溪沟中生态养殖高附加值的水生资源昆虫，将河道溪沟治理和水生昆虫开发结合起来，促进集体经济发展和百姓增收致富，一举多得，取得生态、经济、社会等多重收益，也是"绿水青山就是金山银山"的直接体现。

在养殖业中，常用的蛋白质源主要是大豆蛋白、鱼粉蛋白和肉骨粉蛋白。大豆生产受土地资源有限和单产较低的限制，鱼粉已经受到日本核污染废水排海的严重污染，肉骨粉存在脊椎动物之间"同源性"蛋白质污染的潜在风险。昆虫蛋白源的应用，或许会成为未来蛋白质源的构成主体，现在这个趋势已经越来越明显，而且发展速度越来越猛烈。特别是建立在有机废弃物资源基础上的环保昆虫，更是发展潜力无限。开发昆虫用于饲料资源，对促进我国畜牧业及饲料工业的发展具有重要意义。

二、昆虫创意产业促进第二产业升级

资源昆虫还可以与第二产业的多个领域结合，除了五倍子、白蜡虫、胭脂虫等传统资源昆虫可以直接作为工业原料，还可以开发各类具有药用用途的昆虫分泌物或代谢物，开发昆虫肠道微生物和基因资源，开发食用昆虫和昆虫蛋白，开发虫砂特色肥料，结合昆虫仿生发展相关制造业等产业。昆虫创意产业思维还可以促进第二产业升级，比如，金六福酒厂将其酒瓶标识上加入萤火虫的元素，以代言其取水地的生态环保，并用萤火虫促进其品牌传播。

三、昆虫创意产业促进第三产业升级

昆虫创意产业更能在旅游、文教、康养、环保等第三产业中发挥作用，从而促使产业升级为大旅游、大文教、大康养、大环保等。

（一）昆虫创意产业促进旅游产业升级

形态和行为都非常丰富和新奇的昆虫（尤其是景观昆虫和鸣叫昆虫）给传统旅游带来了新的希望，尤其是昆虫创意产业可以促进传统旅游升级，特别是在夜间旅游、亲子旅游、研学旅游、生态旅游、休闲旅游、乡村旅游等领域能发挥特殊的作用。

1. 昆虫创意产业助力主题景区建设

建设蝴蝶、萤火虫甚至"萤飞蝶舞"等昆虫主题公园、博物馆、农场等，甚至打造昆虫版迪士尼或"虫宠乐园"，打造"萤光机场"，融合观光、科普、研学、亲子等元素。若加入原有景区元素，还可以打造"禅意萤光""萤里论

道""大熊猫·小萤火"等 IP 品牌和特色生物旅游,开发特色文创旅游产品(如在峨眉山开发与"蛾"或"蛾眉"有关的产品),举办特色旅游活动(如在峨眉山打造"散落在人间的圣灯"萤火虫主题旅游项目)。

2. 昆虫创意产业与文创的结合

大力开发多种多样昆虫主题的旅游纪念品,如精美的昆虫标本摆件、新颖有趣的昆虫造型手工艺品、昆虫为元素的文化创意产品,用陶瓷、木材、金属等材料打造出形态各异的昆虫形象,如可爱的瓢虫吊坠、精致的蜜蜂胸针、别致的蜻蜓耳环等,以及印有昆虫图案的笔记本、明信片、书签,同时,可以开发昆虫主题的益智玩具,如昆虫拼图、积木、模型等,还可结合传统工艺,制作具有地方特色的昆虫主题纪念品,如运用蜀绣工艺绣制的昆虫图案手帕,用竹编技艺编织的昆虫造型小文创等,使旅游文创产品更具文化底蕴和收藏价值。

3. 昆虫创意产业与住宿的结合

设计昆虫主题民宿,从房间的整体布局到细微装饰都要紧密围绕昆虫元素,床品可以选用印有精美昆虫图案的丝绸材质,给游客带来舒适与视觉的双重享受;在房间的角落摆放制作精良的昆虫标本,仿佛一个小型的昆虫博物馆;墙壁上绘制生动逼真、色彩斑斓的大型昆虫壁画,营造出梦幻般的氛围。房间的名称也要独具匠心,如"蝴蝶梦境屋""蜻蜓浪漫阁""萤火虫温馨居"等,让游客在踏入房门的瞬间就仿佛置身于奇妙的昆虫世界。

深入挖掘昆虫文化,将昆虫文化融入民宿的每一个细节之中,依据昆虫的生活习性和特点,设计独特的灯光效果和房间布局。如模仿萤火虫发光的原理,设置柔和而浪漫的氛围灯光;按照蜜蜂蜂巢的结构,设计收纳空间;以昆虫的成长历程或有趣故事为灵感,创作房间内的装饰画作和摆件,如用一组画展现蝴蝶从幼虫到破茧成蝶的全过程,或者摆放以蚂蚁搬家为主题的小型雕塑。

要注重塑造统一、鲜明且高辨识度的品牌形象。从品牌名称、标志设计到服务理念,都要传递出昆虫主题住宿的独特魅力和高品质定位。通过提供优质、贴心、个性化的服务,让游客感受到无微不至的关怀,给游客留下深刻的印象;运用多种渠道进行有效的推广宣传,包括社交媒体、旅游网站、线下活动等,树立良好的口碑,吸引更多游客沉浸于昆虫住宿之旅,打造旅游住宿领域的亮丽名片。

4. 昆虫创意产业与餐饮的融合

结合当地特色的餐饮,定期举办盛大的昆虫美食节,吸引众多游客和美

食爱好者，推出各类创意美食，如昆虫汉堡、外形酷似甲虫的精致糕点、精心调制象征蜜蜂辛勤劳作成果的甜美饮品、昆虫主题套餐，积极开展科普活动，为顾客详细介绍昆虫食品的营养价值，让他们更加了解和接受这种新颖的美食。

昆虫文化融入美食品牌打造，深入挖掘昆虫与美食相关的文化，将其融入美食的制作、呈现、菜名以及餐厅的装饰、服务中。通过细心的制作、精心的文化赋能打造餐饮品牌，提升市场竞争力。同时，可以推出一系列昆虫特色美食体验活动，如邀请知名厨师进行昆虫美食烹饪示范、举办昆虫美食烹饪比赛等，结合线上线下渠道，加强与游客的互动，收集反馈，不断改进和创新昆虫美食，满足游客多样化的需求。

5. 昆虫创意产业与交通的结合

可以在旅游巴士的外观上精心装饰各种精美的昆虫元素，使其成为一道亮丽的风景线，开通独具特色的"昆虫观光小火车"，让游客悠然穿梭于充满趣味的昆虫主题景区中。充分利用生态保护区规划旅游线路，使游客能够在不干扰昆虫正常生活的前提下，近距离观察它们的生态习性，充分保护和利用自然资源。随车导游应具备丰富的昆虫知识和出色的讲解能力，在旅游线路中设置专门的观察点和休息区，通过手机应用程序为游客提供增强现实（AR）体验，增强互动性和趣味性。

（二）昆虫创意产业促进文教产业升级

昆虫丰富多样的种类、奇妙独特的形态和习性为文化创作提供了源源不断的创意，有助于打破思维的局限，使文化作品充满新奇和想象力，为文化产业注入了创新的动力。昆虫创意产业增加了文化产品的多样性，无论是充满童趣的昆虫主题绘本，或展现奇幻世界的昆虫题材电影，亦或是呈现微观之美的昆虫摄影展，都丰富了文化产业的供给，满足了不同受众群体的多元需求，拓展了文化产业的发展空间。昆虫创意产业还能挖掘和弘扬地域文化中与昆虫相关的特色元素，促进地域传统文化的传承和发展。昆虫创意产业可以在文化教育、文化活动、艺术、体育、文创甚至影视、婚庆等领域发挥作用，萤火虫主题酒吧、餐厅、萤火虫或蝴蝶主题婚庆、派对，都是对传统产业的提升。

昆虫创意产业为绘画、雕塑、摄影等多种艺术形式注入了新鲜活力，提供了特色的题材与灵感源泉。艺术家们可以描绘昆虫精妙的形态、斑斓的色彩，以及它们在自然中的生活场景，从而创作出极具艺术感染力的佳作。在文学创作中，昆虫的形态与独特性可以巧妙地融入故事、诗歌和小说之中，使其成为故事中的神秘象征，或诗歌里灵动的意象，小说情节发展的关键元素，为作品增添神秘奇幻的元素。

在影视作品中，昆虫元素可以巧妙地融入充满童趣的动画片、真实生动的纪录片、充满想象的科幻电影中，同时，以昆虫为主角或背景创作的影视作品，能够充分展现微观、奇妙的世界，如在动画中，可以塑造勇敢可爱的昆虫角色，展开一段充满冒险和成长的故事；纪录片能深入探索昆虫鲜为人知的生活习性和生态环境，让观众对昆虫世界有更深刻的认知；科幻电影则可以构想一个昆虫高度进化或与人类产生特殊关联的未来世界，引发观众对未知的思考。此外，相关影视作品的成功还能带动周边产品的开发，如以昆虫形象为基础的玩偶、文具、服装等，进一步拓展产业价值。

（三）昆虫创意产业促进康养产业升级

不仅可以用药用食用昆虫生产昆虫中药或医药，还可以融合药用昆虫生产昆虫养生酒以"养生"或"养身"，还能通过萤火虫、蝴蝶、蟋蟀等特色昆虫疗愈及其相关的昆虫宠物来促进"养心"，从而打造一种新型的昆虫立体康养或森林昆虫康养，促进传统康养产业升级。

（四）昆虫创意产业促进环保产业升级

传统的环保产业更多的是用化学或其他的生物因素，且就环保而论环保，没有太多地延伸相关产业，但结合昆虫创意产业，不仅可以用环境监测昆虫来测量和监测环境，还能利用"昆虫溪沟经济"在保护和监测环境的同时发展经济，促进集体增收；不仅可以用环保昆虫处理秸秆从而巧妙地解决焚烧秸秆问题，以及治理畜禽粪便和病死尸以及餐厨垃圾等棘手问题，还可以用萤火虫等来监测湿地、湖泊、森林等环境修复的效果，还能在保护区发展萤火虫夜游经济，促进环境保护和经济发展的矛盾协调，更能促进生态价值的转化和生态好但经济欠发达地区的发展，更是"绿水青山就是金山银山"的绝佳阐释。

☞ 参考文献

曹成全，等，2021. 昆虫创意产业［M］. 北京：中国农业大学出版社.
曹成全，等，2022. 昆虫创意产业助力乡村振兴［M］. 成都：西南交通大学出版社.

☞ 创商训练

1. 昆虫创意产业可以促进哪些产业的升级？有哪些新的产业价值？如何抓住这些契机？

2. 你选择一个或若干领域，深入谈谈昆虫创意产业促进该产业升级的具体实施路径。

第七章 昆虫创意产业与大食物观

第一节 食用昆虫与大食物观

一、粮食安全与大食物观

在全球人口持续增长的大背景下,粮食安全问题愈发突显。联合国相关数据显示,到2050年,世界人口预计比2010年增加1.5倍,预计使肉类需求量增加1.6倍,粮食需求量增加1.7倍。然而,全球耕地资源却十分有限,并且受到城市化进程、土地退化等因素的影响,可用于农业生产的土地面积逐渐减少。同时,环境保护的要求日益严格,传统畜牧业面临着诸多限制,如大量的水资源消耗、温室气体排放,以及对草地资源的过度依赖等问题。此外,核污水排放等突发事件,也给渔业等传统食物生产带来了巨大冲击,进一步加剧了粮食供应的紧张局势,使得蛋白质供需平衡逐渐被破坏,"全球蛋白质危机"日益临近。

大食物观强调从更广阔的视野、更丰富的资源维度来保障食物的供给。它不仅仅局限于传统的粮食作物,而是将目光投向整个自然资源领域,构建多元化食物供给体系,从耕地资源向整个国土资源拓展,从传统农作物和畜禽资源向更丰富的生物资源拓展,向耕地、草原、森林、海洋,向植物、动物、微生物要热量、要蛋白,全方位多途径开发食物资源,是推动农业供给侧结构性改革的重要内容。大食物观要求我们充分挖掘潜在的食物资源,拓展食物的来源渠道,以满足人们日益多样化的食物需求,保障食物的质量与安全,实现可持续的食物供应体系。在这一观念下,食用昆虫作为一种具有巨大潜力的食物资源,逐渐受到人们的关注。

现在的餐桌上,已经不再只有牛排、猪肉、鸡肉和鱼虾,而是新增了酥脆的油炸蟋蟀、鲜美的麻辣蚂蚱酱,以及富含蛋白质的黄粉虫蛹干、鲜亮可口的白星花金龟蛹菜,这些都是大食物观理念下的餐桌新宠。昆虫食品这项鲜为人知的产业,正以惊人的速度崛起,试图成为解决全球粮食安全问题的"秘密

武器"。

二、食用昆虫与大食物观的关系

在一些发展中国家,蛋白质缺乏是一个普遍存在的问题,食用昆虫作为可持续的蛋白质来源,有望成为解决这一问题的有效途径。例如,在非洲的一些贫困地区,当地居民通过食用昆虫补充蛋白质,在一定程度上缓解了蛋白质营养不良的状况。

与传统畜牧业相比,昆虫养殖在资源利用效率方面具有显著优势。养殖昆虫所需的土地、水和饲料资源远远少于养殖牛、羊、猪等家畜。昆虫养殖占地面积小,可利用城市的闲置空间进行养殖,如地下室、废弃厂房等,这对于土地资源紧张的城市地区来说,具有重要的现实意义。从温室气体排放角度来看,昆虫养殖过程中几乎不产生温室气体,而传统畜牧业却是温室气体的主要排放源之一。

食用昆虫在应对粮食危机方面具有巨大的潜力,能够从多个层面缓解粮食供应紧张的局面。昆虫的繁殖速度极快,生长周期短,使得它们能够在短时间内提供大量的食物资源。昆虫的食物转化率高,比传统家畜高 $2\sim4$ 倍,能够高效地将饲料转化为可食用的蛋白质。食用昆虫的养殖还具有较强的适应性,能够在各种环境条件下进行。无论是在干旱地区、湿润的热带地区,还是在城市的狭小空间内,都可以开展昆虫养殖。这种广泛的适应性使得食用昆虫能够在不同的地理区域和环境条件下为人们提供食物,增加了食物供应的稳定性。在一些遭受自然灾害或地理条件限制的地区,传统农业生产受到严重影响,而食用昆虫养殖可以作为一种应急食物生产方式,为当地居民提供必要的食物保障。

食用昆虫与大食物观高度契合,是大食物观理念的生动实践。食用昆虫种类繁多,为食物的多样性提供了丰富的选择。这些昆虫在形态、口感、营养成分等方面各具特色,可以满足不同消费者的口味和营养需求。昆虫的养殖和利用方式多样,为食物的创新开发提供了广阔的空间。除了传统的直接食用昆虫原型的方式外,还可以将昆虫加工成各种形式的食品,如昆虫蛋白粉、昆虫油、昆虫酱等。这些加工产品不仅可以作为食品原料添加到各种食品中,提高食品的营养价值,还可以开发出具有独特风味和功能的新型食品,如昆虫蛋白棒、昆虫能量饮料等。昆虫蛋白粉可以添加到面包、饼干等烘焙食品中,增加食品的蛋白质含量;昆虫油富含不饱和脂肪酸,可用于制作健康的食用油或食品添加剂。

食用昆虫产业的发展还能够与其他农业产业相互融合,形成多元化的农业

生产模式。例如,昆虫养殖可以与种植业相结合,利用农作物的废弃物作为昆虫的饲料,昆虫的粪便又可以作为优质的有机肥料还田,促进农作物的生长,实现资源的循环利用。这种产业融合模式不仅提高了农业生产的效率和经济效益,还丰富了大食物观的内涵,推动了农业的可持续发展。

第二节 食用昆虫的开发与利用

一、食用昆虫的产品形式

(一)按照食品形态分类

从食品形态上,可以分为原型昆虫食品和改变虫体形态的昆虫食品。

所谓"原型昆虫食品"即"完整虫体食用",就是将昆虫原型直接以蒸、炸、烤等方式烹调或加工后食用。在具有食用昆虫传统的国家和地区,不改变昆虫的形态、直接加工食用是主要的食用方式。

经过简单烹饪后直接食用昆虫原型,其具体产品形式五花八门,多种多样,但基本都保留了昆虫原型(尽管有些剪掉了口感不好的翅膀或有短硬刺的腿),大致可分为两类:一是直接将原型昆虫烹饪加工后食用;二是将原型昆虫加工后嫁接到其他食物载体上,如昆虫三明治、昆虫披萨、昆虫沙拉等。

在一些具有食用昆虫传统的国家和地区,这种食用方式较为常见。例如,在墨西哥,人们会用昆虫制作头盘菜、主菜、沙拉、汤以及昆虫卷饼、昆虫炒饭等;日本有卤煮蜂蛹、蟋蟀、昆虫寿司、胡蜂酒等;泰国人喜欢用辣椒拌着从地下刨出来的水蜻、盐蚂蚁吃;哥伦比亚人在戏院里像中国人嗑瓜子、剥花生一样闲吃油炸蚂蚁;喀麦隆人用棕榈蛆招待贵宾;柬埔寨人视油炸蟋蟀为滋补养颜的时髦食品;南美洲很多地方的居民爱吃红烧棉铃虫;约旦、土耳其等国人爱吃清炖甲虫。

我国地域辽阔,不同地区也有各具特色的原型昆虫食品。北方人常食用的昆虫有蝗虫、蟋蟀、蝉、蚕蛹、蜂蛹等,多数做法是油炸、煎炒;南方人食用的昆虫种类更多,如笋子虫、九香虫、竹虫、胡蜂蛹、蚂蚁、白蚁,以及水生的水虱、龙虱、爬沙虫等,做法包括油炸、煎炒、水煮、凉拌、干煸、烧烤、清蒸等。以爬沙虫为例,其常见的原型食用方式有油炸(直接油炸后蘸料吃或者裹鸡蛋面粉后油炸)、爆炒(直接全虫体爆炒,也可切段或切碎后加葱姜蒜等佐料爆炒)、干锅(爬沙虫提前油炸或爆炒初加工后再入干锅烹饪)、烧烤(掐掉虫体尾部,插入竹签后撒佐料烧烤)、干燥(用真空冷冻干燥技术或普通烘干技术干燥后取食，还可插入牙签烘烤）（图7-1）。

图7-1 爬沙虫的几种原型食品烹饪方式
（A）油炸；（B）爆炒；（C）干锅；（D）烧烤；（E）冷冻干燥；（F）普通烘干

原型昆虫食品的优点是加工简单，能让消费者直观看到虫体，感觉"货真价实"。但缺点也较为明显，许多"畏虫者"会因看到原型昆虫而畏惧食用，其口感难以保证，有益成分提取受限，烹饪时火候掌握不好易导致营养成分损失，保质期和储存方式也受到一定限制。

改变虫体形态的方式有很多，如将昆虫粉碎或切小后加工成辣椒酱等各类昆虫食品；或者将昆虫研磨成粉末做成粉剂或罐装成胶囊后，甚至可以将粉末以配料的形式加入到饮料、糖果、零食、面条、焙烤产品等食品中；或者用昆虫泡酒后饮用；或外表裹上面粉等后再加工，或擀出幼虫的内脏（如豆丹）或将原虫去掉虫皮后露出"内瓤"（比如"爬沙虫虫仁"）后煲汤等处理加工，或者提取昆虫有效成分后与其他食品搭配，或者切碎后做成各种酱类，或搅碎后做成肉丸类，或者提取其中的有效成分后与其他食品搭配，以肉眼无法直接看到昆虫原体的形态食用。总之，通过各种加工处理方式，以肉眼无法直接看到昆虫原型的形态食用（图7-2）。

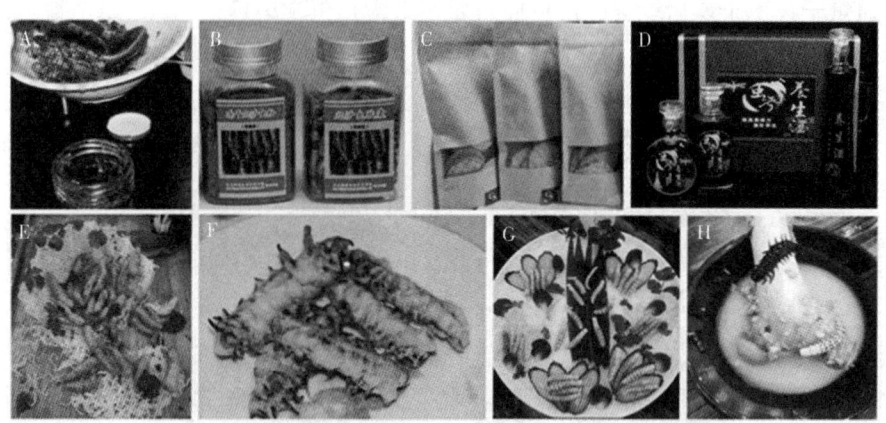

图7-2 爬沙虫的几种改变虫态食品烹饪方式
（A）辣椒酱；（B）粉剂和胶囊；（C）饼干；（D）泡酒；
（E、F）虫体裹面后油炸；（G、H）虫体凝固去皮后的加工

改变形态后的昆虫食品可根据各地的饮食习惯加工成丰富多彩的昆虫食品，如昆虫肉丸、昆虫肉饼、昆虫面包、昆虫蛋糕、昆虫面条、昆虫（辣）酱、昆虫罐头，以及昆虫棒糖、昆虫冰激凌、昆虫巧克力、昆虫饼干、昆虫卷饼、昆虫炒饭等。法国的昆虫餐厅推出了甲虫馅饼，并把蚂蚁、蜂蛹制成巧克力；墨西哥人用蝇卵烹制成鱼子酱；德国人把昆虫加工成罐头；尼泊尔人用布把活的蜜蜂幼虫包起来挤压，将挤出的液体像炒鸡蛋那样炒来吃；菲律宾人以白蚁为馅制作包子和炒蛋。

总的来说，改变虫体形态大概分为三大类：第一类是经过简单加工处理，去掉昆虫表皮或虫体表面裹上面粉后遮盖了其丑陋的外表，使其增加可观性和食欲；第二类是将昆虫切小或剁碎后制作而成的食品，尽管改变了虫体的原型，但还是能看得出是以昆虫为原材料的食品；第三类是采用各种技术将昆虫虫体深度处理后加入其他食物中去，完全看不出昆虫原型，包括昆虫泡酒。

与原型昆虫食品相比，将食用昆虫加工成非昆虫形态的食用原料有显著的优点：首先，改变了昆虫形态的昆虫食品可以大大减轻普通大众对昆虫外形的厌恶和不适感，从而更愿意接受昆虫食品，在当下很多人对昆虫有重大误解和排斥的社会背景下，这样的产品对于大力推广昆虫食品具有重要意义；其次，将昆虫经初级加工后有利于昆虫原料的保存和运输，保证全年多时段的原料供应；最后，将改变形态的昆虫食材与其他食材一起加工成食品，可提高食品的营养价值，同时改善食品的口感。

（二）按照食品功效分类

从食品功效上，除普通昆虫食品之外，还有昆虫保健类食品或医药类食品。

昆虫蛋白质食品：昆虫蛋白质食品是从昆虫原料中提取蛋白质和氨基酸，并用于食品生产的一类产品，包括提纯蛋白粉、复合氨基酸口服液、昆虫蛋白饮品、抗冻蛋白食品添加剂、昆虫发酵饮品等。研究发现，昆虫虫体经蛋白酶水解后可加工成易吸收的肽类、氨基酸饮品和蛋白粉，适合老人、儿童和患者食用。例如，在对老挝儿童营养不良的研究中，将昆虫蛋白加入到儿童食品中，可以有效解决当地儿童以缺乏蛋白质为主的营养不良问题。用蝉蛋白、蚕蛹蛋白、蚂蚁蛋白制成的蛋白饮品，供健美运动员在3个月的训练期间饮用，可提高机体免疫力、改善肌肉状态并提高运动水平。

昆虫壳聚糖食品：昆虫壳聚糖是昆虫表皮中甲壳素分解后的产物，在食品生产中可作为添加剂，添加剂量少但效果显著，市场前景良好。研究表明，甲壳素的水解产物壳聚糖是支持婴儿肠道生长乳酸杆菌所必需的生长促进素，可添加在婴幼儿奶粉中。甲壳素水解生产的D-氨基葡萄糖对某些恶性肿瘤具有良好的疗效，对正常组织无毒副作用，可用于辅助治疗肿瘤。松毛虫蛹中甲壳素和壳聚糖可在短时间内澄清水果果汁，壳聚糖已用于制作口服胶囊。

昆虫脂肪食品：昆虫体内一般含有15%～30%的油脂，且昆虫油脂中不饱和脂肪酸含量较一般动物油脂高，与畜禽动物脂肪相比，其不饱和脂肪酸的含量和比例更有益于人体健康。油脂中还含有脂溶性维生素等有益成分，昆虫经压榨、浸提等得到的油脂，再经脱色、脱味后，可加工成调节血脂、胆固醇等的功能油脂。目前，已有多种花生油和菜籽油商品中加入了昆虫脂肪提取物，部分深加工食品中也添加了昆虫油脂以增加营养成分。中国很早就从家蚕蛹中提取油供食用或生产保健品、药品，也有利用松毛虫蛹提取油供食用的报道。

生理活性物质：许多食用昆虫都含有多种具有抗衰老、抗癌、调节免疫功能的生理活性物质，如抗菌肽、抗菌蛋白、纤溶活性昆虫提取液、昆虫凝集素、甲壳素等。这些物质可被提取和制备，用作药品、保健品、食品添加剂、抗菌剂等。目前，已有从昆虫中提取抗菌肽、抗菌蛋白制成抗菌剂或食品添加剂，以及用纤溶活性昆虫提取液制成抗血栓药物的相关技术和产品。

其他形式和产品：以蚕蛹为主要原料，通过微生物发酵，利用微生物发达的酶系分解蚕蛹中的有效成分，酿制的蚕蛹功能酱油不仅具有浓郁的添香增鲜调味作用,还具有极高的营养及保健功能;在传统发酵酱油的基础上加入黄粉虫粉末,酿成新型保健酱油;利用柞蚕卵、柞蚕雄蛾开发柞蚕胚胎精华素、雄蛾精粉、龙蛾油;以蜂王幼虫为原料制作蛋白粉、蜂蛹酒、蜂蜜软胶囊等保健品;以蚂蚁为原料制作蚁王酒、太极神营养液、金刚酒等;韩国利用食用昆虫开发了特殊医疗用途食品——黄粉虫布丁,适用于咀嚼或吞咽功能低下者以及因疾病或手术等原因食欲不振而造成营养不良的人群。

(三) 按照利用材质分类

从利用材质上,除利用虫体之外,还可以开发利用各类昆虫食品副产物,除传统利用的虫态之外,还要注意开发利用其他虫态。

昆虫副产物:许多食用昆虫的副产物可作为特殊的食品或保健品。昆虫的蜕皮富含甲壳素,可加工成昆虫壳聚糖保健产品;金蝉的蜕皮(蝉蜕)是著名的中药材,还能做成"蝉衣大枣茶"食疗保健茶。昆虫的病理产物(如冬虫夏草)和排泄物(如蚕砂、虫茶)都是滋补药用昆虫。例如,爬沙虫的蜕皮、幼虫喷液、蛹喷液、成虫喷液、幼虫菌花等都具有营养或医药价值(图7-3)。

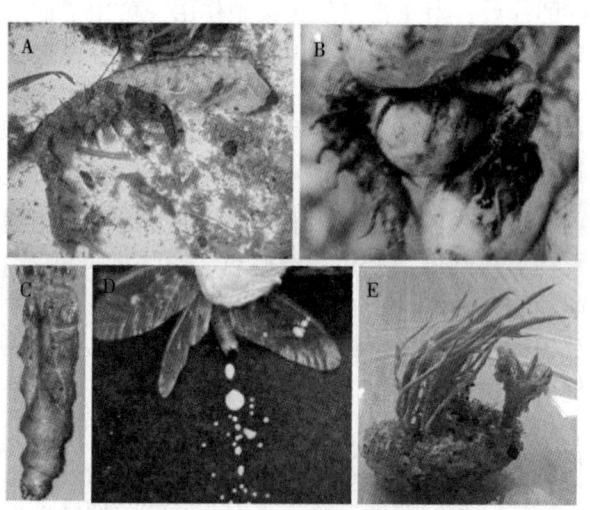

图7-3 爬沙虫的副产物
(A) 幼虫的蜕皮;(B) 幼虫喷液;(C) 蛹喷液;(D) 成虫喷液;(E) 幼虫菌花

多种虫态:受传统习惯和对昆虫生物学特征了解不足的影响,多数食用昆虫仅利用单一或少数虫态。实际上,很多食用昆虫的其他虫态也具有开发价值。以爬沙虫为例,其食用虫态基本为老熟幼虫,但其蛹外形鲜亮、外皮柔嫩、无肠道污物、口味更香，被誉为"黄金虫"，更值得开发。此外，爬沙虫的成虫和卵也可作为食品开发，只是由于人们平时不易发现卵块、蛹、成虫，导致这些虫态未得到有效开发（图7-4）。

图7-4　爬沙虫的蛹（左）；成虫（中）；卵块（右）

二、食用昆虫的加工方式

（一）昆虫原型食品的加工

昆虫原型食品在加工之前，消化道内污物不多且基本无翅或有翅，但翅膀也宜食用的昆虫种类（其中有些是若虫或幼虫）只需要简单清洗一下即可进行烹饪，如金蝉（若虫）、黄粉虫（幼虫）、九香虫等；但若有发达消化道且有较大腥臭味或翅膀、腿等器官影响取食或口感的昆虫则在清洗之前还要进行预处理，比如，清除消化道（可以在对新鲜虫体摘除头的时候顺便轻轻拉出消化道，或者剖开虫体腹部后剪掉消化道，这样还能保存完整虫体和全部营养）或将虫放在高浓度盐水里浸泡等方式都会去除肠道污物而去腥味，剪除翅膀、腿（其实这些都是有营养价值的食品，只是因口感差而剔除，实际上还可以用其他方式利用）等。当然，由于昆虫的多样性，还有一些昆虫需要特殊的预处理方式，比如，巨齿蛉等体型硕大的爬沙虫种类具有很厚的皮囊，导致口感较差，可以将爬沙虫放入沸水中煮两三分钟，虫体变得僵硬，用剪刀将爬沙虫腹部的皮囊轻轻剪开后，内部的蛋白质因煮沸凝固变成类似虾仁的"虫仁"，将"虫仁"抠出来，可以单独做成珍贵的口感和品相极好的盅羹珍馐，剩下的皮囊也可以充分利用，将皮囊内包裹一些煮熟的糯米，然后手捏合拢，就基本还原了原来的幼虫原样，之后直接或外裹一层面粉后油炸，一虫两吃。

清洗或预处理之后，可以直接烹饪，也可以码料一段时间入味后再烹饪。烹饪加工的方式多种多样，不一而足，没有固定的章法，应根据虫态的不同、

虫体的大小、虫体质地的硬软来选择适合的方法，烹制出各种款式的美味佳肴。

最常见的方式依次是爆炒、油炸、炖汤、烧烤、清蒸、干烘、微波、真空冷冻干燥（FD）等，其他很多常见烹饪方式都可以尝试用来做昆虫原型食品，比如，干煸、火锅、水煮、串串香、钵钵鸡、麻辣烫等，只是这些烹饪方式不太常用且有地域性限制。除了炖汤和清蒸，其他烹饪方式加工成的产品一般都可以做成各类包装的即食产品售卖，但要注意保质期。昆虫表皮富含几丁质和蜡质，一般方法很难分解及消化昆虫表皮，而油炸或烘烤可破坏昆虫表皮结构，使几丁质变性，产品表现为酥松、焦香，具有昆虫食品特殊风味；如果表皮不炸酥松，口感较差，虫皮坚韧的渣屑可食性较差，并难以消化吸收，但油炸、烘烤又容易破坏表皮内其他组织的蛋白质和维生素等营养成分，使蛋白质变性而损失部分营养。因此，加工过程中，在保证昆虫食品香酥可口的同时也要保护昆虫的营养，尽量做到色、香、味俱全。

另外一大类加工方式是用各种方法去除昆虫水分，使其成为干燥虫体，大概可以分为如下几种技术：干烘（用加热烘干机将昆虫烘干，但需要掌握火候，且烘干后昆虫会变形且较硬，品相不太好，且有点难咬）、微波（用微波炉或光波炉将昆虫的水分去除，特别适合黄粉虫等）、真空冷冻干燥（即FD技术，使昆虫在较低的温度下冻结成固态，然后在真空环境下加热，使其中的水分不经液态直接升华成气态，从而使物料脱水获得冻干制品，保持了昆虫的完整原型和原始营养成分，是较好的一种加工技术）。

总之，针对原型昆虫食品，要根据食用昆虫的具体形态和生物学特性及营养特点，采取灵活的预处理和加工方式，没有固定的做法，要推出具有创新创意元素的产品。

(二) 改变形态的昆虫食品加工

改变昆虫原型后加工的食品除能消除消费者对昆虫的恐惧之外，还有助于佐料入味和食品的多样化，且能提高附加值，优点很多，但缺点就是因为无法看到昆虫原型而无法判断是否掺假，容易造成产品造假或者消费者怀疑是否货真价实，当然，有些半原型半变形的酱类食品能看出昆虫的大概原型而基本能判断食品的真伪。但总的来说，改变形态的昆虫食品加工优点远大于缺点，非常值得提倡。

大概包括以下形式：将整个虫体或一部分（如蜕皮）研磨成粉末状或提取虫体的有效成分后直接食用或压成口含片，或装成胶囊，或加入到其他食品中做成面条、饼干、面包、月饼、糖果和三明治、意面、寿司、沙拉、饭团、

薯片以及汤、羹、小吃、土豆泥等多种多样的食品;切碎或切段后做成各类罐制商品,搅碎后做成肉丸、饺子馅。还有一种非常独特的改变原型的昆虫食品加工案例是豆丹:把豆虫(豆天蛾的幼虫)放到水里浸泡溺死,用一根擀饺子面皮的面杖,垫上一块木板,把溺死的豆虫从头到尾擀出内脏,放到水中清洗,去掉粪便即可,擀出来的豆虫肉青中带白,中间会有一块淡黄色的油,被称为"豆丹",可以用来炒鸡蛋。

改变昆虫形态的手段和技术很多:除了手工简单的操作(切段、搅碎、剁碎、擀肉等),还要借助多种技术(比如微波/光波、干烘、真空冷冻干燥研磨成粉等)提高食用效果。另外,还有生物粉体技术、亚临界流体萃取技术等几类较新的加工技术值得重视和推广。

(三) 昆虫食品的创意性开发

1. 创意性的产品加工

世界各地推出了诸多极具创意的昆虫食品。丹麦的 Syngja 公司推出不同口味的蟋蟀饮料,将昆虫与饮品结合,为消费者带来新奇的口感体验;比利时的 Beesect 公司和 BentSpoke 公司分别推出甲虫啤酒和黑水虻啤酒,在传统啤酒酿造中融入昆虫元素;日本 Anticicada 公司的蚕砂西米奶茶口味独特,将昆虫副产物蚕砂运用到奶茶制作中;英国的 Bug Farm Foods 生产的蟋蟀曲奇饼干,把蟋蟀融入烘焙食品;Essento 公司的昆虫零食将黄粉虫、蝗虫、蟋蟀与花生、腰果和杏仁混合,并添加美味香料,丰富了口感层次;美国的 EXO 公司研发出多种口味的昆虫蛋白棒,满足不同消费者的口味偏好;南非的 Gourmet Grubb 公司是世界上第一家使用昆虫制造冰淇淋的供应商,其利用黑水虻幼虫制成"昆虫奶",用于冰淇淋制作;瑞典 Bitty 甜品公司把蟋蟀压成粉,与其他烘焙原料混合制作蟋蟀面粉饼干;泰国 Bugsolutely 公司用蟋蟀制作蟋蟀意面,创新了意大利面的食材选择。这些创意产品不仅丰富了昆虫食品的种类,还吸引了消费者的关注,推动了昆虫食品市场的发展。

2. 创意性的外观形态

在昆虫食品外观形态设计上,充分考虑消费对象心理需求至关重要。针对孩童的昆虫食品,可设计成卡通式或萌宠状,如将昆虫蛋白制作成可爱的小动物形状的饼干或糕点,能极大地吸引小朋友的喜爱。以爬沙虫功能性食品研发为例,若开发针对小儿夜尿的产品,可将爬沙虫粉碎后加入饼干或口含糖果中;而针对中老年商务人士的爬沙虫药食两用食品,则适合设计成口含片或胶囊等便于携带和食用的产品形态。

此外,还有一些"昆虫食品"虽不含昆虫原料,但借助昆虫文化进行设计。如日本部分食品的外包装铁盒上印有精美的昆虫图案，消费者因喜爱外包装而购买（图7-5）；还有昆虫造型的冰激凌、雪糕、甜品、糕点等，如天台山萤火虫文创雪糕（图7-6），这些食品虽非真正的昆虫食品，但作为与昆虫文化相关的特殊产品，丰富了昆虫食品的文化内涵。

图7-5　日本的"昆虫食品"

图7-6　天台山萤火虫文创雪糕

3. 创意性的产品包装

消费者对昆虫食品的态度两极分化，因此产品包装设计十分关键。对于喜爱昆虫食品的消费者，在包装上展示完整的昆虫外形能满足他们的需求，让他们清楚地了解所食用的内容；而对于害怕昆虫的消费者，应避免在包装上出现具体昆虫造型，可采用创意包装，如通过卡通形式设计，像"米老鼠"形象改变了老鼠原本令人厌恶的印象一样，赋予昆虫食材"亲切感"，减轻消费者的反感情绪。

4. 创意性的宣传营销

昆虫食品可采用多种创意宣传营销方式。不同食用昆虫产品可进行组合销售，如同类产品混杂，将几种具有康养效果的昆虫组合成"康养昆虫套装"；或不同类产品混杂，把具有康养效果的昆虫与其他保健品（如动植物中药材）组合成"康养套装"，也可将看似不相关的产品有机结合，如将美洲大蠊提取物融入口香糖制作治疗口腔溃疡的创意康养产品，把爬沙虫粉剂与茶混合制成新型康养"虫·茶"，将爬沙虫泡在酒里制成康养泡酒，或炖煮滋补食品后做成药膳，或将爬沙虫与海参搭配推出"双参滋宝"等。

还可举办昆虫宴和美食节，创办"昆虫料理学堂"，并结合网络直播进行多样化销售。在宣传过程中，结合本土文化和昆虫名字的谐音为昆虫美食起富有美好寓意的名字，如在中国，飞蝗的产品叫"飞黄腾达"，金蝉的产品叫"一鸣惊人"，蟋蟀的产品叫"蟀哥"等，更有利于产品的传播和营销。

第二篇　探索篇

5. 创意性的外延产品

在开发食用昆虫时，还可拓展其外延产品。药用昆虫或其病虫、死虫、残虫，甚至虫蜕可用来喂鸡（尤其是高品质鸡），培育"虫子鸡"，提升鸡和鸡蛋的价值；有些食用昆虫可研发文化创意产品，如爬沙虫幼虫前胸背板的花纹像两个面对面的"龙头"，可将其提炼制作成各类精神文创产品；巨齿蛉的成虫被吉尼斯世界纪录评为"世界上现生的翅展最大的水生昆虫"，利用这一特点制作主题为"广翅飞翔"的文创产品（图7-7），反向拉动爬沙虫其他产品的销售。

图7-7　爬沙虫成虫标本文创产品

第三节　昆虫创意食谱

由于昆虫作为食材的特殊性，昆虫菜的制作必须要有创意，包括食材处理、烹饪手法、呈现方式、创意菜名等。将昆虫蛋白融入日常饮食，赋予菜肴文化象征意义，借助现代食品加工技术提升口感与便利性，通过创新烹饪手法与美学设计，这些创意食谱能打破和颠覆消费者对昆虫食品的固有认知尤其是排斥心理。

第一道菜：一虫两吃（虫仁+虫衣）
昆虫食材：爬沙虫
做法：爬沙虫虫仁5条，像煲海参羹一样制作—盅；虫衣裹上面粉糊/鸡蛋液后油炸，出锅后撒上椒盐。
摆盘：一个大盘子摆上一份虫仁羹，侧边摆上油炸好的虫衣，可搭配一点绿色蔬菜或者花朵进行装饰。

特点:"虫参"是治疗夜尿的康养昆虫——爬沙虫的美誉。本道菜以爬沙虫为原材料,一虫两吃,像剥虾仁一样剥出虫仁和虫衣,虫仁制作成"虫参羹",虫衣油炸后香脆可口。

第二道菜:飞黄腾达
昆虫食材:东亚飞蝗
做法:将蝗虫洗净加料腌制30分钟后油炸至金黄色捞出。
摆盘:选择一个小型的、形态自然的树枝或者人造树,确保它能够稳固地放置在盘子上。
首先,将油炸好的蝗虫摆放成仿佛正在树枝上爬行或跳跃的样子,增加动态感。其次,在树枝周围撒上一些绿色的蔬菜碎末,模拟树叶,增加自然感。可以在盘子的空白处用食用色素或者蔬菜汁画出一些藤蔓或者小草,增加层次感。注意摆盘,呈"飞腾"之势。
特点:本道菜以蝗虫为原材料,"蝗"谐音飞黄腾达的"黄",寓意着事业的飞跃与成功。

第三道菜:一鸣惊人
昆虫食材:金蝉若虫
做法:将金蝉若虫洗净加料腌制30分钟后油炸至金黄色捞出。
摆盘:盘中间用一棵大一点的西蓝花模拟树,并在上面固定一只金蝉成虫,油炸好的金蝉若虫围绕着中间的模型堆立摆盘。
特点:本道菜以金蝉若虫为原材料,通过摆盘寓意着人生能够像金蝉脱壳般实现自我蜕变,凭借自身的才华与努力,一鸣惊人。

第四道菜:金蝉子
昆虫食材:金蝉若虫
做法:将金蝉若虫洗净加料腌制30分钟后油炸至金黄色捞出,或金蝉若虫剁碎混合猪肉馅加料调味后制成油炸丸子。
摆盘:准备一个古朴风格的木质浅盘,在盘底铺上一层细碎的面包糠。将炸好的金蝉若虫或丸子错落有致地摆放在面包糠上。在盘子的一侧,放置一片经过精心雕刻的薄竹片,竹片上刻有简单的禅意图案(如莲花、佛手等),并将一片新鲜的银杏叶放在竹片旁边,象征着禅意的灵动与自然。在金蝉若虫中间,摆放一颗圆润的雨花石,代表着在尘世中修行的本心。
特点:本道菜以金蝉若虫为原材料,"蝉"通"禅",结合唐僧是"金蝉

第二篇 探索篇

子"转世的传说,使整道菜蕴含着深刻的佛学文化内涵。

第五道菜:节节高
昆虫食材:大麦虫
做法:将大麦虫洗净加料腌制 30 分钟后油炸至金黄色捞出,搭配卷饼卷着吃。
摆盘:参考北京烤鸭的摆盘(搭配卷饼、黄瓜丝等进行摆盘),可先卷出 2 个用作摆盘装饰和示意吃法。
特点:本道菜以大麦虫为原材料,油炸后卷着饼吃,因为大麦虫虫体分节较多,故名"节节高"。

第六道菜:蜂起云蛹
昆虫食材:蜂蛹
做法:将蜂蛹洗净加料腌制 30 分钟后油炸至金黄色捞出。
摆盘:选用一个蓝色的圆形瓷盘,象征着天空。用棉花糖或者蛋白霜制作成云朵的形状,放置在盘子的不同位置,象征"云"。将炸好的蜂蛹围绕云朵造型摆放,形成"蜂起"的视觉效果。
特点:本道菜以蜂蛹为原材料,经过油炸的蜂蛹外酥里嫩,口感层次丰富。摆盘成"风起云涌"形象,"蜂起"象征着事业和生活的蓬勃发展。

第七道菜:蟋蟀哥窝窝头
昆虫食材:蟋蟀
做法:参考外婆菜窝窝头的做法,将外婆菜换成油炸并剁碎的蟋蟀。
摆盘:参考外婆菜窝窝头进行摆盘,如周围放窝窝头,中间放炒制好的蟋蟀馅。
特点:本道菜以蟋蟀为原材料,巧妙地将传统外婆菜窝窝头的食材进行创新替换,赋予了经典菜品全新的风味。

第八道菜:竹虫三明治
昆虫食材:竹虫
做法:将竹虫进行清洗,去除表面的杂质,可以选择将竹虫烘烤至酥脆,在其表面撒上孜然或胡椒粉。准备其他材料:烤吐司或面包片、生菜、番茄片、黄瓜丝等蔬菜,用于增加口感和营养;沙拉酱等酱料,用于调味;其他可选材料,如火腿片、起司片等。组装三明治:在一片烤吐司上铺上生菜、番茄

片等蔬菜，放上调味好的竹虫，根据个人口味加入美乃滋或其他酱料，再放上另一片烤吐司。切割：将组装好的三明治沿对角线切开，或者根据个人喜好进行切割。摆盘：选择一个精致盘子，将切好的三明治摆放在盘子中央。可以在三明治旁边放置一小堆蔬菜沙拉，如生菜、番茄和黄瓜等。

特点：本道菜以竹虫为原材料，将竹虫融入西方传统的三明治中，组装时蔬菜搭配多样，酱料选择丰富，能满足不同人的口味需求。

第九道菜：飞行之王

昆虫食材：蜻蜓稚虫

做法：将蜻蜓稚虫洗净加料腌制 30 分钟后裹上玉米淀粉或面包糠，使其外层形成一层薄薄的壳，油炸至金黄色捞出。

摆盘：选择一个带有天空或飞翔元素装饰的长椭圆形白色瓷盘，寓意着广阔的天空。将炸好的蜻蜓稚虫摆放成蜻蜓成虫的身体主体，猕猴桃片搭配成蜻蜓的翅膀，仿佛正在天空中翱翔。用棉花糖或者蛋白霜制作成云朵的形状，放置在盘子的不同位置，象征"云"（若盘子有天空元素，可省略云朵的制作）。在盘子的另一侧，用葱丝或糖浆勾画出类似飞行轨迹的线条，增添动感。

特点：蜻蜓在昆虫界以卓越的飞行能力著称，被誉为"飞行之王"，本道菜以蜻蜓稚虫为原材料，象征着自由和力量，寓意着无拘无束和勇往直前的精神。

第十道菜：蝉花滋补汤

昆虫食材：蝉花

做法：将 6 个蝉花洗净，配合土鸡像党参黄芪鸡汤一样进行煲制。

摆盘：将炖好的汤直接盛放在精美的砂锅中，把砂锅放在木质托盘上，在汤的表面撒上少许枸杞作为点缀。

特点：蝉花滋补汤是一道特色的昆虫药膳，食材所用蝉花是蝉花真菌寄生在蝉类若虫上的子座及若虫的复合体，是一种珍贵的中药材，具有补肺益肾、止咳化痰的功效。

在食用昆虫时，也有一些注意事项。昆虫一定要煮熟，尽量不生吃，因为部分昆虫可能携带寄生虫、病菌或其他有害物质，烹饪过程中充分加热可以有效杀灭这些有害物，保障食用安全；对食物尤其是高蛋白食物过敏的人群要特别注意，由于昆虫富含蛋白质，可能会引发过敏反应，在食用前应确认自身的过敏史；尽可能吃新鲜的昆虫，新鲜的昆虫在营养成分和口感上都更具优势，随着存放时间的延长，昆虫可能会变质，营养流失且产生有害物质；采集和烹饪时要注意避免受伤，一些昆虫可能具有防御性的结构，如刺、毛等，在处理过程中如果不小心可能会造成身体损伤；对于确定不了种类的虫子不要食用，某些昆虫可能含有有毒物质，误食可能会导致中毒等严重后果；此外，还需注意宗教上的规定，不同宗教对食物的禁忌不同，在食用昆虫时应遵守相应的宗教规范和采集规定，尊重文化差异。

☞ 参考文献

曹成全，等，2021. 昆虫创意产业［M］. 北京：中国农业大学出版社.

曹成全，等，2022. 昆虫创意产业助力乡村振兴［M］. 成都：西南交通大学出版社.

陈申芝，曹成全，陈宇璇，2024. 昆虫食品产业的现状、问题与展望［J］. 食品工程（3）：1-4，13.

冯颖，陈晓鸣，赵敏，2016. 中国食用昆虫［M］. 北京：科学出版社.

聂绍芳，于德珍，廖建军，2000. 论昆虫旅游食品、纪念品的开发［J］. 江西农业大学学报，22（5）：134-137.

RUMPOLD B A, SCHLÜTER O K, 2013. Nutritional composition and safety aspects of edible insects［J］. Molecular Nutrition & Food Research, 57（5）：802-823.

STULL V J, FINARDI, G, BERGMANS R S, et al., 2018. Edible insects in a global food system: A review of insect farming and its contribution to food security［J］. Journal of Insects as Food and Feed, 4（2），127-139.

☞ 彩图二维码

☞ 创商训练

1. 如何创意性地开发昆虫食品?
2. 如何创意性地销售昆虫食品?
3. 昆虫食品产业的创业路径有哪些?
4. 昆虫食品产业的供应链管理应该怎么做?
5. 若要在学校食堂推出昆虫主题餐食,菜品如何设计?定价策略以及宣传方式如何制定?

第二篇 探索篇

第八章 昆虫创意产业与环境保护

在世界农业发展历程中，人类对于生物资源的利用经历了"一、二、三、四、五、六"六个阶段或状态。一是"一物"时代，人类仅仅通过获取自然产物满足自己生存的需求，这个节点是一万年之前，那时没有农业，因为人类并没有付出劳动和管理；二是"二物"时代，人类利用了禾本科为主的植物资源和以脊椎动物为主的动物资源，这个过程从一万年之前持续至今，也就是生物体简单农业时期，人类付出了劳动和农业管理；三是"三物"资源时代，就是在植物、动物资源利用的基础上，利用植物、动物资源的"伴生物资源"，一般称为废弃物，其实只要利用了就不是废弃物，而是一类资源，显著的领域就是发酵堆肥、沼气、食用菌、颗粒燃料等；四是"四物"资源概念，即植物、动物、微生物加"伴生物"（一般意义上的废弃物）；五是资源循环利用；六是全面绿色转型、资源循环利用，资源无限量循环利用。

传统农业就是生物体简单农业，现代农业就是生物链复杂农业、现代生态循环农业。嵌入昆虫元素的现代生态循环农业模式，就是今后实现农业全面绿色转型、资源循环利用的主体内容。天敌昆虫技术支撑农业全面绿色转型，环保昆虫支撑有机资源循环利用。天敌昆虫技术主要内容就是天敌昆虫生态化牧养系统与嵌入式应用模式，环保昆虫需要与微生物、蚯蚓等构建环保生物系统。

推动经济社会发展绿色化、低碳化，是新时代党治国理政新理念新实践的重要标志，是实现高质量发展的关键环节，是解决我国资源环境生态问题的基础之策，是建设人与自然和谐共生现代化的内在要求。昆虫是自然界中种类最多、分布最广、生物量巨大的类群，具有十分重要的资源功能与生态功能，资源昆虫应该为生态化利用及其对农业发展和全面绿色转型提供强有力的支撑。

第一节 环保昆虫处理有机废弃物

环保昆虫取食多样，吃湿排干，繁殖力和转化力强，适应性强，适合集中式立体化规模养殖，可以很好地利用以成分多样、状态复杂、产量巨大、广泛

分散为特性的有机废弃物，尤其是适合处理秸秆、秧蔓等农业废弃物以及各类餐厨垃圾、畜禽粪污、病死尸体、食用菌糠等。

目前，国内外专家学者在黄粉虫、黑水虻、白星花金龟、美洲大蠊、蝇蛆、东亚飞蝗、土元等环保昆虫生物转化厨余垃圾及畜禽粪便、农牧业有机废弃物甚至白色垃圾等领域开展了大量研究与实践生产，结果表明，昆虫通过生物转化可完全利用所有的有机废弃物，产出高附加值的虫体蛋白（可以用作饲料或食品）及虫砂（可以作为有机肥或土壤基质），并且不产生废渣、废水等二次污染，有助于形成农牧业生态绿色循环发展。环保昆虫幼虫在环境保护和资源回收方面具有显著优势，它们能迅速吞噬食物残渣等有机垃圾，大大减少了最终被填埋的垃圾量。从减少废弃物到养分循环，昆虫养殖的另一个迷人之处在于收集和利用昆虫的排泄物——虫砂。虫砂营养丰富，是一种宝贵的有机肥料，富含有益微生物和植物必需的营养成分。它在改善土壤健康和提高作物产量方面的功效可与许多传统肥料相媲美，甚至更胜一筹，它有自然气孔率很高的微小团粒结构，表面涂有昆虫消化道分泌液形成的微膜，对土壤具有微生态平衡作用和良好的保水作用，成为治理土壤污染的良好素材。

环保昆虫的生态应用，为后工业化农业或现代生态循环农业打开了一扇门，嵌入昆虫元素，可以构建更加完善生物生态循环农业体系。比如，作物秸秆资源化是当前世界农业的大难题，国内在禁烧与焚烧问题上也是各执一词，其实，应该走第三条路，即发展新质生产力，打破僵局，实现由"生物体"到"循环体"规模生产的跨越：先培养食用菌，再把菌糠通过菌糠虫（白星花金龟、中华真地鳖、蟋蚱）"过腹转化"，虫体蛋白质重返养殖业，虫砂有机肥重返种植业，启动再次循环生产，如此螺旋式上升，达到以全物质无限量循环利用、消费即生产理论为基础的"生物链复杂农业"状态。

以环保昆虫为纽带的循环农业模式是以农业有机废弃物为资源基础，环保昆虫生产与产业化为纽带，运用物质循环再生原理和物质多层次利用技术，建立种植业和传统养殖业之间的新型衔接关系，延长系统食物链，促进有机废弃物实现资源化、终端化、高值化转化，形成新型循环生产关系，是提高资源利用效率的农业生产方式，可实现我国农业从传统的"资源—产品—废弃物"的线性生产方式向"资源—产品—废弃物—再生资源"的循环农业方式转变。传统农业结构中难以实现循环的根本原因在于缺失了对腐屑食物链的产业化开发，腐屑食物链中的组成成分就是曾经缺失的环节。腐屑食物链主要由腐食性生物所组成，其中环保昆虫是极其重要的组成部分，其与环境微生物、蚯蚓等共同构成环境生物系统。

第二篇 探索篇

环保昆虫养殖业非常适宜在广大农村开展，可以利用废弃的厂房、有机废弃物和劳动力资源，养殖技术门槛低，对劳动力的要求不高，因病或因残致贫的贫困户也可以胜任，养殖规模可灵活调整。因此，环保昆虫养殖业可以作为全国农村地区的新型产业，与传统畜禽养殖相互配合，优势互补，促进养殖业的产业升级，并带动种植业、饲料加工业等相关产业的发展，不仅可以助力脱贫攻坚，而且促进乡村振兴。以黄粉虫产业为例，可以采取"公司+移动式生态农场+黄粉虫+贫困户"模式，让贫困户不出村，甚至不出屋，就可以养殖黄粉虫。家有闲置房屋的就将黄粉虫立体养殖架放到家中，没有闲置房屋的，公司联合当地村委会，落实闲置土地，将废弃集装箱改造成黄粉虫养殖车间（成为移动式生态农场），集中放置在规划好的土地上，供贫困户承包养殖。

环保昆虫养殖业一方面可消化利用有机废弃物保护环境；另一方面产出高价值的虫体和虫砂，链接到生态养殖业和生态种植业，可打破原来的种养分离局面，实现将种养结合提升到"种养转"结合的高度，进而可以形成新型现代生态循环农业局面，培育健康的动植物和实现提质增效，助力农业绿色发展。

环保昆虫还可以处理餐厨垃圾，除用黄粉虫或黑水虻等大规模工厂化处理餐厨垃圾之外，还可以在百姓家庭中推出特殊的生活垃圾生物处理器，分成若干层抽屉状，里面放置黄粉虫幼虫，居民将各类厨余垃圾直接投入其中，让黄粉虫通过取食来帮助我们分类，黄粉虫吃掉湿垃圾，剩下纯干垃圾，让垃圾分类变得简单。在社区则可以推行湿垃圾环境昆虫处理器：居民从家中用塑料袋将湿垃圾带出时，倒掉湿垃圾后还要把沾满油水的塑料袋留下放入干垃圾桶中，很是麻烦且体验不好，因此可以推行带塑料袋投湿垃圾的环保昆虫（黑水虻）处理器；黑水虻个头小，可以穿梭于塑料袋中将湿垃圾取食殆尽，最后统一筛分出塑料袋做无害化处理即可，让湿垃圾的投放变得简单。还可以带领孩子利用塑料瓶、废纸箱等废弃物制作黄粉虫饲养盒/箱等昆虫饲养器具，家长与孩子们一起做好家庭生活垃圾分类，将分出的湿垃圾经过简单的调和湿度处理后投放到环境生物转化器中，一起养殖昆虫并观察昆虫的生长发育。家中养有猫、狗、鱼、鸟等宠物的，还可以用鲜活的昆虫来饲喂，让儿童接受食物链和生物多样性的科普教育；家中种有绿植的可以用虫砂自制有机肥，然后一起培育健康的绿植，收获家务劳动的快乐和绿植怒放的喜悦。如此，一个家庭式环保昆虫转化器就把家庭变成自然教育的场所，让孩子足不出户就能接受到自然教育、环保教育、劳动教育，拓展了环保昆虫的产业链和用途（图8-1）。

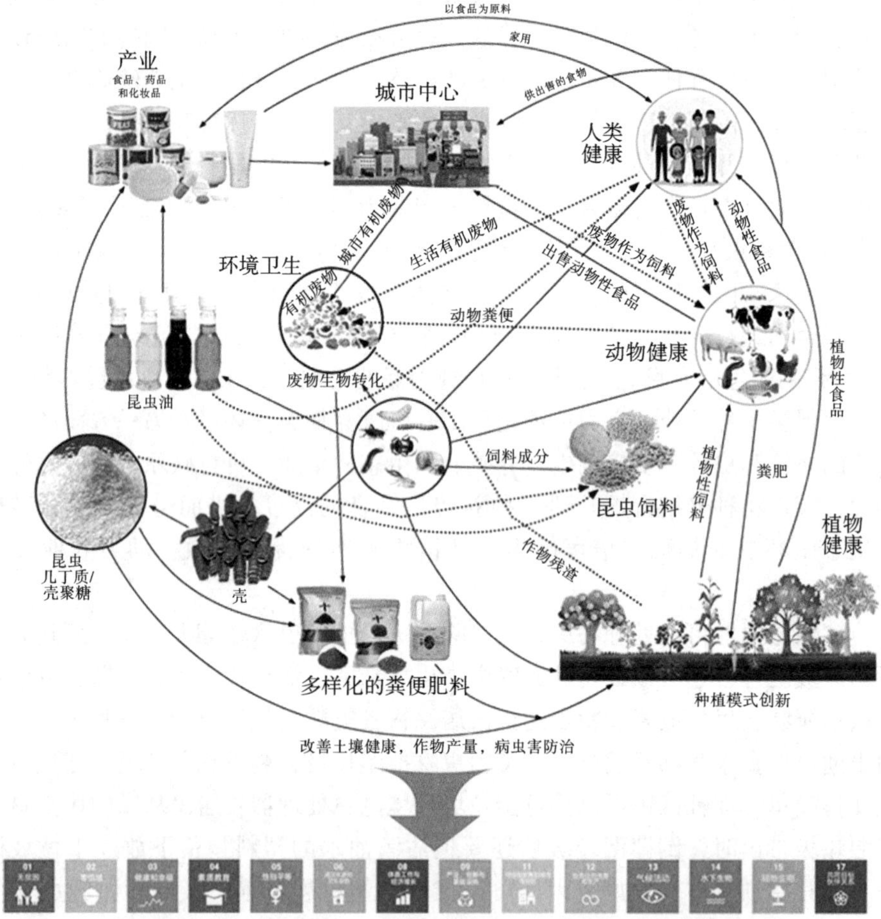

图8-1 基于昆虫（环保昆虫）的循环经济模式（Tanga Chrysantus M，2023）

第二节 天敌昆虫和传粉昆虫促进绿色发展

农业绿色发展和百姓食品安全都呼唤天敌昆虫带来的生物防治技术和授粉昆虫带来的作物增产技术，"天敌治虫，昆虫授粉"的新技术能有效解决害虫防控长期依赖化学防治、作物授粉长期依赖激素等农业生产安全的现实问题。

一、天敌昆虫与绿色农业

天敌昆虫综合饲料系统、生态化牧养系统与"嵌入式"应用系统是一个连续体系中的 3 个子系统，分别针对天敌昆虫技术体系的 3 个阶段，这 3 个阶段是连续衔接的关系，也是内容逐步递进的关系。天敌昆虫体系建立的第一步就是建立天敌昆虫的食物系统；天敌昆虫的食物可以用饲料、饵料进行表述，饲料的简单表述就是利用天然或化学原料人为配制而成的食物，饵料的简单表述就是完全基于天然原料的活体食物。天敌昆虫生态化牧养系统，就是完全基于天然生物链活体饵料的全虫态、群体培养系统。天敌昆虫嵌入式应用系统（图 8-2）分为内置型和外置型，内置型就是天敌昆虫主体与农业生产主体融为一体，外置型就是天敌昆虫主体与农业生产主体分离。经过天敌昆虫体系各个阶段或子系统的完善，并且一体化集成有机系统，将生产作物、害虫、天敌昆虫构建成一个生态共同体，使天敌昆虫在农业生态系统中自繁自育，形成内生生物动力，维持农业生态系统的偏利平衡，实现农业发展全面绿色转型。天敌昆虫综合饵料系统、生态化牧养系统与嵌入式应用系统，重构了天敌昆虫技术体系，颠覆了传统的"天敌昆虫研究—生产—商品化"的"类农药"模式，不能简单地将过去的卖农药换成现在的卖天敌产品，应该是天敌产品、天敌昆虫产业化生态化技术和咨询服务相结合的体系，应该发掘种源、提供技术服务、保证持续效果等。

图 8-2　天敌昆虫嵌入式应用系统

萤火虫幼虫可以作为一种特殊的天敌昆虫，可用于防治蜗牛、蛞蝓、田螺，甚至福寿螺等软体动物（图 8-3）。研究表明，萤火虫幼虫对这些有害动物具有很强的捕食能力，能够有效地控制有害动物的数量，减少化学农药的使用。例如，在一些蔬菜或石斛种植基地中，释放萤火虫幼虫捕食蜗牛等软体动物，实现了生物防治，还提高了农产品的质量安全水平。某些陆生萤火虫幼虫还可以通过虫体沾染杀虫真菌联合防治害虫，自身不会被杀死，却能杀灭很多常见害虫，类似"自杀式袭击"，是一种非常有意思且有效的生物防治技术。除了作为天敌昆虫进行生物防治，某些萤火虫幼虫可以取食多种动物尸体，成为一种新型的环保昆虫，另外，由于对环境的敏感性，萤火虫还是很好的环境监测昆虫。当然了，由于其明星物种效应，加入萤火虫的生物防治系统，还能因萤火虫的优质环境代言和自带流量的文旅效应，从而激发绿色农业和生态农产品的销售和品牌溢价。

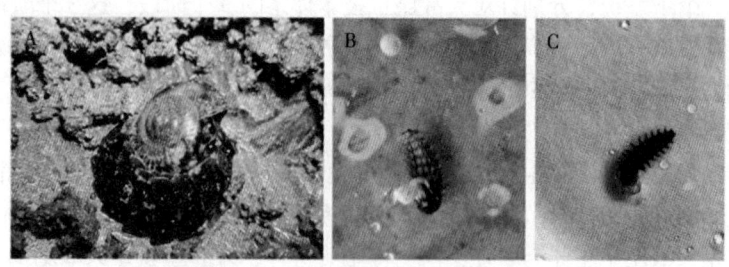

图8-3 扁萤幼虫捕食蜗牛（A）；雷氏水萤幼虫捕食福寿螺的卵（B、C）

二、传粉昆虫与绿色农业

传粉昆虫是生物多样性的重要组成部分，植物与传粉昆虫的关系，也是植物与动物相互关系中尤为重要的一组关系。传粉昆虫关系着自然界植被的繁殖和物种多样性，某一类传粉昆虫数量的急剧下降或丧失，则意味着与其密切相关的自然植被将面临授粉危机，该植被种群规模和分布也将受到影响。以蜜蜂为例，蜜蜂是自然界中最主要的授粉昆虫之一。据统计，全球约有一半以上的农作物依赖传粉昆虫，尤其是蜜蜂的授粉服务。在美国，每年依靠家养蜜蜂授粉的农产品产值高达150亿美元，几乎占据了美国食品年消耗量的1/3。在中国，蜜蜂同样对农业生态系统做出了巨大贡献，107种主要农作物中有91种依赖蜜蜂授粉。相较于传统授粉方式，熊蜂授粉有很多优势（图8-4）。一是降低成本。熊蜂授粉可以替代人工授粉，大幅度降低了人工成本，使用熊蜂授粉每个生产季每亩可为种植户节省成本1 000元以上。二是增加收入。熊蜂授

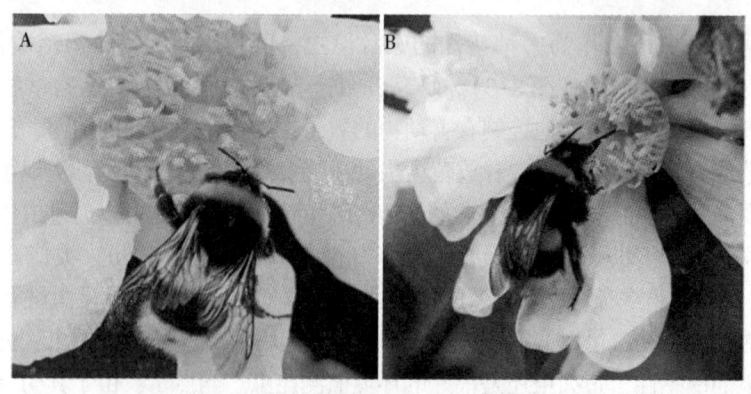

图8-4 地熊蜂工蜂在油茶花上授粉（朱兴赛，2025）
（A）地熊蜂成年工蜂访问油茶花；（B）地熊蜂成年工蜂吸食花蜜

粉的农作物，果实周正，畸形果率低，显著增加每亩商品果产量，增加农户收入。三是提升品质。使用熊蜂授粉可以增加果实口感，提升产品品质。熊蜂授粉的农产品籽粒饱满，果实发育充分，风味及口感均大幅改善。四是绿色环保。使用熊蜂授粉取代激素授粉能够减少农药和激素所造成的污染，提高果蔬品质，保护种植生态环境，有益于种植户和消费者身体健康，是生产绿色生态农产品的必备技术。

要做好传粉昆虫产业，至少要做好以下几个方面的工作：一是为农业高效、绿色可持续发展提供技术支撑搭建昆虫授粉服务平台，有效解决"花期找不到昆虫授粉"的难题；二是有针对性地培训种植户和养殖户，宣传昆虫授粉技术，提升种植户和养殖户技术水平；三是培育壮大第三方专业授粉服务组织，使昆虫授粉服务行业逐渐趋向正规化、商业化、市场化。四是通过构建昆虫授粉技术服务体系、强化种植户和养殖户资源整合、培育昆虫授粉市场等措施，加快推进昆虫授粉产业化，为农业高效、绿色、可持续发展提供技术支撑，同时促进农业增产、农民增收。

很多观赏昆虫本身就是天敌昆虫或授粉昆虫，可以在观赏的同时发挥其生防和授粉功能，从而促进农业绿色发展。因此，还需要加强萤火虫与生物防治技术体系的有机融合，加强授粉昆虫产业副产品（蜂产品）的深加工，加强上述昆虫产业的科普教育和文创产品研发，以"昆虫创意产业"的思路拓展和延长产业链，为百姓增收、企业盈利和乡村振兴、社会发展做出更大的贡献。

由环保昆虫、天敌昆虫和授粉昆虫共同作用催生的绿色农业也可以称之为"昆虫动力农业"。所谓昆虫动力是指以昆虫动力赋能进行的天然农作生产方式，其生产过程重视昆虫作为纽带在农作生产中的重要作用，在花期借助昆虫授粉，用天敌昆虫控制虫害，用环保昆虫分解农业废弃物并再循环利用。昆虫动力农业要求生产过程中不得使用合成化肥和化工合成农药、杀虫剂，不得使用抗生素和生长激素，加工中不得使用射线杀菌，不得添加甜味剂、稳定剂、合成色素和防腐剂等，禁止使用转基因物质等。

第三节　环境指示昆虫监测环境和促进生态价值转化

一、环境指示昆虫监测环境

昆虫作为生态系统中重要的指示生物，具有生命周期短和弹性低的特点，

对环境特征的极端变化（如洪水或干旱、植被的急剧变化、捕食者等）能迅速做出反应。环境监测昆虫能够对环境中污染物产生特定的定性反应，并显示污染物是否存在。它们通过感知环境中的物理、化学和生物因素的变化，如水质的污染、土壤的重金属含量、空气的污染物浓度等，来反映环境的质量状况。同时，环境指示昆虫的存在和数量变化可以反映生态系统的健康状况，为生态系统的价值评估提供重要依据。

许多水生昆虫可以作为水质优劣的指示物种，这类昆虫对水环境非常敏感，其幼体都生活在清澈洁净的水流中，水体环境监测昆虫的群落结构和种类组成会随着水质的变化而发生改变，当水体受到污染时，一些敏感的昆虫种类会减少或消失，而一些耐受性较强的昆虫种类会增加，因而特别适合作为水质监测与评价的对象。通过对这些昆虫的监测和分析，可以了解水体的污染程度和水质的变化情况，为政府和相关部门制定环境保护政策和措施提供科学依据。

土壤昆虫分布广、数量大、种类多，在土壤生态系统中能够反映环境的细微变化，如土壤的温、湿度等物理性变化以及 pH 值、金属及有机质含量等化学性变化，因此，利用土壤昆虫的这种环境敏感性可对土壤质量进行评价和监测。随着重金属污染程度的增加，土壤昆虫的种类和数量都急剧减少。除通过土壤昆虫种类、数量的变化监测土壤质量外，还可通过测定土栖昆虫体内某种污染物的浓度，对特定土壤污染进行监测，如测定特定昆虫体内重金属、农药的浓度或测定放射性污染等。

大气污染会直接影响昆虫的种群数量，影响昆虫种群数量的大气污染物主要有二氧化硫、氮氧化物、臭氧和某些重金属等。在个体水平上，大气污染会改变昆虫的食性、生活史、蛹体大小、营养和存活率等，对昆虫食性的影响主要有 3 种类型：①污染物直接影响昆虫；②污染物影响昆虫的寄主林木，导致林木的化学组成发生改变，进而刺激了昆虫的取食和繁殖；③污染物改变植食性昆虫与其捕食者（或寄生者）之间的平衡，后者对污染物比前者更为敏感，这种平衡的丧失会导致害虫大暴发。特定害虫的大发生标志着该地区环境恶劣、污染严重。而掌握了特定昆虫种群消长规律与空气中特定污染物浓度的相关性后，就可利用该昆虫作为生物因子对该地区空气污染进行监测与评价。

在昆虫界中，被冠以"环境哨兵"或"环境监测员"美誉的昆虫，主要是指那些对环境变化极为敏感、能够作为环境监测指标的物种，其中代表性的昆虫有萤火虫、蝴蝶、蜜蜂等。蝴蝶因其对环境扰动的高敏感性，已经逐渐被当作一种长期监测的环境指示物种。蝴蝶幼虫是陆地系统

中重要的植食性动物,在蝴蝶生长发育的两个阶段非常依赖于植物:幼虫咀嚼植物叶片、茎等,成虫吸食花蜜。蝴蝶与植物在陆地生态系统功能多样性中有很强的相关性,这也是蝴蝶作为环境指示昆虫的重要依据。蝴蝶需要专一的寄主植物以供幼虫的生存,需要潮湿的环境或地表水以供饮用,还需要丰富的地下水以供寄主植物产蜜。多种多样的生存需求注定了其生境具有高异质性且存在多个演替阶段。在各种模型系统中,蝴蝶是模型系统中最具价值的。早在1976年,英国就实行了蝴蝶监测计划(UK-BMS),将蝴蝶纳入常态化监测;随后欧洲各国也相继启动了蝴蝶监测,如荷兰、比利时、西班牙、意大利、德国等。20世纪以来我国各省(市区)及保护地也相继开展了区域蝴蝶多样性观测,但尚未建立全国性的蝴蝶监测系统,直至2016年3月中国生态环境部启动了蝴蝶监测工作,建立了"全国蝴蝶多样性观测网络"。

在发展上述环境指示昆虫产业过程中,除了这些昆虫最常见的传统产业功能和价值之外,还要注意它们在环境监测方面的作用,从而延伸出更多的业态和产品,拉长产业链。

二、环境指示昆虫促进生态价值转化

目前,我国越来越重视生态环境保护工作,但生态环境变好之后,生态产品本底调查、生态价值充分转化等问题成为一个值得探索的问题。环境指示昆虫可以促进生态价值转化,使得"绿水青山"变成"金山银山",使得生态保护与合理开发、经济发展如何协调发展,让社会和百姓在生态文明建设中切实受益。最简单和最传统的做法就是通过观赏性环境指示昆虫旅游项目(如蝴蝶园、萤火虫谷等)的开发,带动经济发展。

以萤火虫为例,萤火虫是一种对生态环境要求苛刻的昆虫,被誉为"优质生态环境的监测员"。可以在保护的基础上,合理发展萤火虫主题文旅产业,打造系列文创产业和夜间经济业态等,将萤火虫渗透到一、二、三产业。不仅发展旅游、文化、创意、康养等产业,还能带动"萤火虫农业"及其他二销产品,直接将生态优势转化为经济优势,促进生态价值转化,让社会和百姓切实受到益处,自觉主动持续长期地保护生态环境,从而取得良好的生态效益、经济效益和社会效益,探索以萤火虫为纽带的生态价值转化路径。

以爬沙虫等水生昆虫为代表的"昆虫溪沟经济"为例,通过在溪沟中养殖爬沙虫,不仅可以大量生产被誉为"虫参"的药食两用的珍稀昆虫产品,所得收入按照一定比例给河道所涉及的所有百姓分红,更为关键的是,如此一来，广大群众会自发、自动且持续地保护河道，从而彻底改变了以往靠政府投资、单向保护河道的局面，在保护和改善生态环境的同时，又能促进百姓增收和社会发展。用昆虫促进生态价值转化，另辟蹊径地破解环境保护与合理开发的难题，取得一举多得的多赢效果，实现生态效益、经济效益、社会效益的统筹发展。

☞ 参考文献

曹成全，等，2021. 昆虫创意产业［M］. 北京：中国农业大学出版社.

曹成全，等，2022. 昆虫创意产业助力乡村振兴［M］. 成都：西南交通大学出版社.

曹成全，张毅，王义哲，等，2023. 萤火虫的研究、保护及开发利用进展［J］. 环境昆虫学报，45（1）：1-22.

代雨萌，曹成全，徐茂洲，等，2023. 昆虫溪沟经济技术体系构建和产业运作探索——以爬沙虫为例［J］. 乡村科技，14（14）：70-74.

高顺平，徐林海，郑成忠，等，2023. 白星花金龟资源化利用研究进展［J］. 安徽农业科学，51（21）：4-6.

姜娜娜，李涛，2022. 鲁保科技：昆虫"总动员"环保又高产［J］. 山东国资（9）：125.

王洁，王聪，2024. 利用黄粉虫处理农作物秸秆及对其生长发育的影响［J］. 农家参谋（32）：23-24，49.

王声亮，2023. 水生萤火虫养殖过程中的水质监测方法［J］. 新疆农机化（5）：46-48.

王义哲，2023. 萤火虫与杀虫真菌联合防治蜗牛与鳞翅目害虫技术研究［D］. 杨凌：西北农林科技大学.

张凯，江文楠，沈炜，等，2025. 黑水虻应用研究进展［J/OL］. 环境昆虫学报（12）1-17.

张叶军，2011. 昆虫在环境质量监测中的应用［J］. 北京农业（30）：138-139.

TANGA CHRYSANTUS M, KABABU MARGARET O, 2023. New insights into the emerging edible insect industry in Africa［J］. Animal frontiers：the review magazine of animal agriculture, 13（4）：26-40.

☞ 彩图二维码

☞ 创商训练

1. 环保昆虫能够处理哪些类型的有机废弃物？它们如何应用于环保产业和乡村振兴？它们怎样融入生态循环农业体系的构建？
2. 昆虫蛋白在饲料行业有哪些应用路径和创业前景？
3. 昆虫如何全面地促进环境保护？
4. 如何通过创新手段，将环境指示昆虫的生态价值转化为经济价值？请以一种昆虫为例，设计一个生态价值转化的商业模式。

昆虫创意产业创新创业实践

第九章 昆虫创意产业与文化旅游

一、昆虫创意产业在文化产业中的应用

不同于传统的动物物种和其他的旅游项目，昆虫具有丰富的文化底蕴和多样的行为习性，因此，昆虫文化产业也丰富多彩，包括昆虫节日、赛事、会展、文创、服饰、演艺、建筑等产业，甚至包括昆虫宠物和文化昆虫产业等。本章内容与第一章中的昆虫文化部分相呼应和互补。

（一）昆虫创意视觉艺术

在世界各地的本土艺术和传统仪式中，昆虫扮演着至关重要的精神文化角色。在非洲的一些部落艺术中，甲虫被视为力量和坚韧的象征。木雕艺术家们精心雕刻出甲虫的形象，这些木雕作品不仅展示了高超的技艺，还在部落的祭祀和庆典等仪式中具有重要的象征意义，被认为能够带来好运和保护。在澳大利亚原住民的岩画艺术中，昆虫的形象常常与当地的神话传说和祖先故事相互交织。在西方艺术史上，昆虫也不乏其身影。在中世纪的欧洲艺术中，昆虫常被描绘在宗教题材的绘画中，作为对生命的渺小与脆弱的隐喻，提醒人们对上帝的敬畏。例如，在一些描绘末日审判的画作中，昆虫在画面的边缘或角落里出现，暗示着在上帝的伟大力量面前，人类如同昆虫一般微不足道。

在现代艺术的多元世界里，昆虫继续激发着艺术家们的无限创意，成为众多艺术作品的核心灵感来源。在时装设计领域，昆虫元素的运用掀起了一股时尚潮流。设计师们从昆虫的独特外形、绚丽色彩和精巧结构中汲取灵感，将其巧妙地融入服装设计中。例如，一些高级时装品牌推出了以蝴蝶翅膀为灵感的连衣裙，运用现代印染技术和特殊面料，精准地再现了蝴蝶翅膀上的色彩渐变和纹理图案，使穿着者仿佛化身为一只灵动的蝴蝶，在行走间散发着自然的魅力。还有的设计师借鉴昆虫的外骨骼结构，设计出具有立体感和科技感的服装配饰，如甲虫造型的胸针和手镯，为时尚界带来了全新的视觉冲击。

在雕塑艺术方面，昆虫也成为艺术家们热衷表现的主题。艺术家们运用各种材料，如金属、木材、陶瓷等，创作出形态各异的昆虫雕塑作品。有的艺

第二篇 探索篇

家以不锈钢打造出巨大的蚂蚁雕塑，通过对蚂蚁身体比例和形态的夸张处理，展现出蚂蚁的力量和团结精神。这些雕塑作品常常被放置在城市的公共空间中，成为城市景观的一部分，吸引着过往行人的目光，引发人们对自然生命的思考。在一些现代艺术馆中，也能看到以昆虫为主题的雕塑展览，如用玻璃制作的透明昆虫雕塑，在灯光的映照下，呈现出一种神秘而美丽的效果，让观众能够近距离欣赏昆虫的微观之美。

在数字艺术领域，昆虫元素同样大放异彩。借助计算机图形技术和数字动画软件，艺术家们创造出了栩栩如生的昆虫数字艺术作品。这些作品不仅能够高度还原昆虫的真实形态，还能通过特效和创意设计，展现出昆虫在奇幻世界中的生活场景。例如，一些数字艺术家制作的昆虫主题短片，运用3D建模和动画技术，模拟了昆虫在微观世界中的飞行、觅食和繁殖等行为，配以绚丽的色彩和动感的音乐，为观众带来了一场视觉和听觉的盛宴。此外，还有一些基于虚拟现实（VR）和增强现实（AR）技术的昆虫艺术体验项目，让观众能够身临其境地感受昆虫的世界，增强了艺术作品的互动性和沉浸感。

昆虫创意工艺美术产品形式多种多样，既有用纸、木、草、石等传统材料进行的创意设计，将秸秆、木材、树叶、竹叶、石头等材料进行手工制作，就地取材，节约成本，带动就业，也有各类通过一定的艺术设计审美与材料的结合，对昆虫进行艺术化呈现。

在现代艺术创作中使用昆虫材料也引发了一系列重要的伦理问题。当艺术家使用昆虫标本或其他昆虫衍生材料时，必须确保材料的获取来源合法且符合可持续发展的原则。随着环保意识的日益增强，人们对生物资源的保护愈发重视。一些艺术家为了追求艺术效果，可能会过度采集野生昆虫或使用非法获取的昆虫材料，这对昆虫种群和生态环境造成了潜在的威胁。因此，在艺术创作中，艺术家们需要更加谨慎地选择材料，优先考虑使用人工养殖或合法来源的昆虫材料，并积极探索可替代的环保材料和技术。例如，一些艺术家开始尝试使用3D打印技术制作昆虫模型或仿生材料，既能达到类似的艺术效果，又能避免对昆虫资源的过度依赖和破坏，还能实现艺术与生态的和谐共生。

（二）昆虫创意节庆活动

在国家大力发展文化旅游的宏观背景下，不同地区同质化节庆活动竞争十分严重，在此基础上，可以充分利用昆虫的创意节日进行文化内涵的提升，寻找到自己的特殊性，从而获得最大的效益。

1. 昆虫文化习性的创意性节庆

根据某些昆虫特有的文化属性和行为习性及产业属性等可以创造出很多创

意性节庆和比赛活动以带动旅游等产业。比如，蝴蝶、萤火虫、蜻蜓等经典漂亮的昆虫主题摄影节或比赛，斗蟋蟀的节日和比赛，蝈蝈、蟋蟀、螽斯、蝉等多种鸣虫集中在一起的鸣虫音乐节或比赛，蝴蝶等昆虫服饰大赛及表演，举办"百虫宴"等各类昆虫美食节日或大赛，举办融合各类昆虫文化、产业展示的昆虫创意文化节，发展蝴蝶、萤火虫、蜻蜓等与爱情有关的昆虫旅游项目，针对情侣开展特色旅游，同时发展婚纱摄影和爱情文化节等活动。在乡村昆虫旅游策划设计中，要特别突出某些或全部昆虫的"养身养心养生"功能和"乡愁景观"打造。

2. 昆虫习俗节日的创意性节庆

在中国，与昆虫有关的节日就有四十多个，且多有寓意。如广西山区仫佬族人一年一度的"吃虫节"（农历六月初二）是他们传统的节日，防虫灾获丰收，户户设宴，吃油炸蝗虫、腌酸蚂蚱、甜炒蝶蛹等。如过"送百虫节"是南通一带乡间的风俗，"清明送百虫，一走定无踪"的红纸条贴在墙上，同时在地头田边燃火灭虫。浙江地区蚕农清明节期间多有祭蚕神保丰收的活动，用豆腐干等素食品祭供，山东蚕农则在每年卧蚕之日杀鸡设宴祭蚕神。

3. 昆虫传说故事的创意性节庆

昆虫的文化传说在中国历史中层出不穷，每一种故事都具备完善和合理逻辑的故事线，这样也就勾勒出来了一个个活灵活现的昆虫人格化的形象。以蝴蝶妈妈的故事为例，我们可以将"蝴蝶妈妈"的形象进行IP化的再设计，可以在前期宣传的过程中打开消费者心智，宣传"母亲节应该送蝴蝶，一辈子应该带妈妈来一次蝴蝶谷"等概念，这样的营销意识就会大力盘活濒危灭绝的昆虫文化故事。不仅如此，蝴蝶妈妈的传说也可以打破人们一提到蝴蝶就想到浪漫、恋人的定势思维，从而扩大受众群体，加大消费力度。

（三）昆虫创意会展产业

充分抓住顾客的猎奇心理，联合各类明星昆虫及来自国外的珍稀物种，打造奇幻昆虫展览，让游客感受大自然的多彩和谐及昆虫世界的神奇奥妙，将生态昆虫与当代艺术融为一体，也是一种另类会展产业。

昆虫会展主要是对昆虫奇妙的外形进行展示，或通过打造相应的拟态环境，让大家近距离地观赏昆虫认识昆虫，但其形式和载体却可以多种多样。比如，奇妙昆虫展、酷虫嘉年华，尤其是萤火虫和蝴蝶等经典的观赏昆虫展览活动，可以与科技馆、商场、房地产、电影院甚至车展等广泛结合，用于商场或房地产的开业、促销，增加电影院的人气和吸引力，增加车展等各类会展的特色和吸引力。

（四）昆虫创意艺术设计产业

在互联网时代，通过新技术、新创意、新材料对设计进行颠覆式的革新，昆虫主题创意时装、产品、广告、建筑等也会是未来炙手可热的素材。昆虫创意设计留给设计者充分的想象空间，如日本的设计团队将气球与昆虫进行结合设计，利用气球的可塑性打造昆虫创意产品。

在进行昆虫创意设计时，设计与创意者应该不限于昆虫本身，将昆虫元素进行充分地提炼与优化，对其深度的文化进行理解与重塑，并且结合当下年轻人的喜好与接受程度进行打造。国内知名的"盲盒"玩具品牌"泡泡玛特"的设计者便将玩偶与昆虫元素进行结合，打造昆虫"盲盒"系列，在市场上广受消费者的青睐。

泰萨·法默的"邪恶精灵之战"、迈克尔·柯克的宝石甲虫翅膀刺绣、马格纳斯·穆尔的"苍蝇喜剧生活"、迈克·利比的"机械昆虫小动物园"、简·法伯瑞的"昆虫拼贴"、富宾恩·佩纳的"蟑螂镶嵌拼图"、史蒂文·库彻的"毕加索昆虫艺术"、克里斯多弗·马利的精致宝石昆虫排列、卡蒂·詹宁斯的"昆虫国际象棋"、詹尼弗·安格斯的"恐怖墙壁拼贴画"等都是驰名世界的昆虫创意艺术设计作品。

（五）昆虫创意服饰设计

服饰是创意设计中一个重要的板块，昆虫的外形元素、行为理念都可以与服饰文化相结合碰撞出火花。昆虫创意服饰可以分为饰品类和服装类。

市面上绝大多数昆虫创意饰品的设计种类基本就是头饰与佩戴品。在创意行业中有一个理念，即在这个信息爆炸的时代，一个优秀具有特点的产品并不容易被人记住，所以昆虫创意饰品的设计要遵循"1+1>2"的效应，即在模拟昆虫外形的基础上还要具有其他的创意特征。

昆虫创意、文化与服装设计的结合，可以体现在多个方面：首先，最初级的是昆虫的色泽和图案等对服装的设计有很大的启发和借鉴；其次，整个昆虫的外形色彩等，可以直接"复制"到服装上；最后，昆虫体表的一些特殊结构可以对服装的材质带来仿生学的启发，提高服装的"内涵"。

（六）昆虫创意演艺游戏产业

昆虫的种类、行为和文化等都是多种多样、精彩纷呈，若将这些元素深度挖掘，进而与各类演艺业态和游戏产业相融合，可能会找到一条蓝海之路，开发出特色的具有鲜活生命力的产品或产业。

昆虫的行为和生态特性为戏剧和舞蹈表演提供了丰富的灵感源泉。在现代舞蹈领域,许多舞蹈作品以昆虫的运动方式和群体行为为蓝本进行创作。例如,有一部舞蹈作品以蜜蜂的舞蹈语言为灵感,舞者们通过身体的律动和队形的变化,模拟蜜蜂在蜂巢周围传递信息和采集花蜜的过程。舞者们的动作整齐划一,节奏明快,仿佛一群忙碌的蜜蜂在花丛中穿梭。在舞蹈过程中,灯光和音乐的配合也起到了重要的作用,营造出了一种充满活力和神秘的氛围,让观众仿佛置身于蜜蜂的世界中,感受到了生命的律动和团队协作的力量。

在戏剧表演方面,昆虫的形象和行为常常被巧妙地融入剧情和角色塑造中。一些戏剧作品通过舞台装置和演员的表演技巧,将昆虫的特征和习性进行艺术化的呈现。例如,在一部以热带雨林为背景的戏剧中,演员们通过特殊的服装和道具,模仿昆虫的外形和动作,展现出昆虫在热带雨林生态系统中的生存状态。剧中的昆虫角色有的具有勇敢的品质,有的则象征着贪婪和掠夺,通过这些角色的冲突和互动,探讨了生态平衡和人类与自然的关系。此外,昆虫的蜕变过程也常常被用作戏剧中的隐喻,象征着人物的成长和转变。例如,在一部讲述青少年成长的戏剧中,主人公经历了一系列的挫折和困难,最终实现了自我蜕变,就像一只毛毛虫变成了美丽的蝴蝶,这个过程通过舞台表演的形式生动地展现出来,给观众带来了深刻的启示。

以昆虫为主题的表演在文化艺术领域中具有独特的魅力和价值。在儿童剧领域,昆虫常常被塑造成可爱、有趣的角色形象,通过生动的故事情节和活泼的表演形式,向孩子们传递关于昆虫的知识和生态环保的理念。例如,有一部儿童剧《昆虫王国的冒险之旅》,讲述了一群小昆虫在森林中寻找食物和家园的故事。剧中的角色包括聪明的蚂蚁、勤劳的蜜蜂、勇敢的瓢虫等,它们在面对困难和危险时,团结一心,共同克服了重重难关。在表演过程中,演员们通过幽默的对白、欢快的歌曲和舞蹈,以及精美的舞台布景,营造出了一个充满奇幻和冒险的昆虫世界,让孩子们在欢乐中学习到了昆虫的生活习性和生态环境的重要性。近年来,市场上相继诞生了许多的昆虫主题电影作品(如《昆虫总动员》等),以及昆虫创意话剧、儿童剧、舞蹈、杂技、演唱会、音乐节等多类艺术形式,它们的氛围打造与主题设计都可以与昆虫创意相互结合。我国的演艺事业起步晚,发展慢,主要原因便是因为创作者没有生产优秀的剧本进行演绎,究其原因便是创作素材的匮乏与舞台表演的匮乏,但是不妨换个思路去想,昆虫灵活多变的体态与五彩斑斓的色彩会在舞台上带给大家较强的冲击力与观赏性。著名的昆虫创意作品《爆笑虫子》舞台剧在国内外都受到了广泛好评。

在成人影视表演艺术中,昆虫主题的表演则更加注重对社会问题和人类情

感的探讨。例如，有一部现代舞剧以蝗虫的灾害为背景，通过舞蹈演员的身体语言和舞台的视觉效果，表现出了蝗虫肆虐给人类带来的灾难和痛苦。舞剧探讨了人类与自然的矛盾关系，以及在面对自然灾害时人类的无奈和挣扎。在表演中，演员们通过激烈的动作和富有张力的舞蹈编排，展现出了蝗虫的凶猛和无情，同时也表达了人类对自然的敬畏和对生命的尊重。这种以昆虫为主题的表演不仅具有艺术价值，还能引发观众对社会问题的深刻思考，具有重要的现实意义。

多种多样的昆虫类群、形态和行为，尤其是社会性昆虫，为创作丰富多彩的昆虫题材或昆虫演绎的游戏提供了难得的素材，可以为游戏产业开辟一片蓝海市场，尤其是将昆虫专业知识和各类由昆虫延伸的素质教育内容都渗透到游戏内容中去，这些游戏将会成为"很有营养"的益智游戏，若再加上 VR、AR、AI 等高新技术，大力提升游戏的呈现方式、体验感、舒适性，则会更加提高游戏的质量和魅力。

（七）昆虫创意建筑艺术产业

将昆虫的生态习性和文化背景融合到城市规划建设，打造各类昆虫主题建筑，尤其是打造形态别致的昆虫仿生建筑、有丰厚文化底蕴的昆虫主题房地产、适宜养老休憩的昆虫主题康养房、具有昆虫有趣外形的特色民宿建筑、城市昆虫主题绿道等，使昆虫外形和文化等元素深度融入各类建筑产业，还可以发展昆虫（如萤火虫）养殖与生产融为一体的主题公园，为游客提供浸入式体验。

（八）文化昆虫宠物产业

随着宠物含义的外延和宠物产业的扩大，萤火虫、蝴蝶、观赏性甲虫、兰花螳螂、蝈蝈等赏玩、鸣叫、文化昆虫都会逐步成为宠物，走进千家万户，变成一个产业，尤其是结合昆虫疗愈，会更加畅销。在乡村中，上述昆虫的养殖环境生态优越，养殖规模很大，且可以现场观赏后直接挑选购买，装在特制的盛放盒里，作为一种宠物化的旅游产品或旅游宠物产品，会有较大的市场，也是乡村旅游产业的延伸。

（九）昆虫与宗教和哲学的结合

萤火虫可以与佛教和道教结合起来，打造"禅意萤光"和"萤里论道"的综合性文旅IP。闪烁的荧光与禅的空灵和静谧一脉相承；萤光与禅都代表着智慧、光亮，更是象征着黑暗中的希望；萤火虫具有许愿文化和功能，因此

可以发展"拜佛祭萤",推出特色文化活动;禅是养性,萤是养心,异曲同工;禅修主要靠顿悟和自修,萤火虫也是需要自己努力才能真正地"点亮"自我;萤火虫本来就是普通的甲虫,因为能发光而变得不普通,就像人,本来是很普通的,但由于有了智慧和禅性而不普通;萤在黑暗中发光,犹如"参究禅定,那就如暗室放光了(见《六祖坛经·坐禅品第五》)"。闪烁的荧光与道的空灵和虚无一脉相承;萤光与道都代表着智慧、光亮,更是象征着黑暗中的希望;道是养性,萤是养心,异曲同工。

(十)昆虫在文学与媒体中的应用

在文学的广阔天地中,昆虫是一个常见且富有表现力的主题。从古代的诗歌到现代的小说,昆虫的形象和象征意义被作家们巧妙地运用,为作品增添了独特的韵味和深度。在古代诗歌中,昆虫常常被用来寄托诗人的情感和思想。例如,唐代诗人李商隐的诗句"春蚕到死丝方尽,蜡炬成灰泪始干",以春蚕吐丝的形象,比喻爱情的坚贞不渝和无私奉献。这句诗不仅成为了千古名句,也让春蚕成为了爱情的象征之一。

在现代小说中,昆虫的形象和特性被广泛应用于各种题材的作品中。在科幻小说中,昆虫常常被赋予超能力或作为外星生物的原型。例如,在一些科幻作品中,出现了能够控制人类思维的巨型昆虫,或者是具有高度智慧和科技能力的外星昆虫种族。这些作品通过对昆虫的想象和创造,探讨了人类的未来、科技的发展和宇宙的奥秘。在现实主义小说中,昆虫则常常被用来反映社会现实和人性的弱点。例如,在一部描写城市生活的小说中,作者通过对蟑螂在城市角落里生存的描写,隐喻了社会底层人民的艰难生活和顽强生存的精神。蟑螂在恶劣的环境中依然能够生存和繁衍,就像社会底层的人们在困境中不屈不挠地奋斗一样,这种比喻使小说具有了更深层次的社会意义。

在电影和电视等媒体形式中,昆虫也是一个热门的题材。从经典的动画电影《虫虫危机》到惊悚的科幻电影《异形》系列,昆虫的形象在屏幕上展现出了丰富多样的魅力。《虫虫危机》以蚂蚁和蝗虫为主角,通过幽默风趣的故事情节和精美的动画制作,展现了昆虫世界的社会秩序和生存智慧。这部电影不仅受到了孩子们的喜爱,也让观众对昆虫的生活有了更深入的了解。而《异形》系列电影则以其恐怖的外星昆虫形象和紧张刺激的剧情,成为了科幻电影的经典之作。电影中的异形生物以昆虫为原型,具有强大的攻击力和诡异的繁殖方式,给观众带来了强烈的视觉冲击和心理恐惧,同时也引发了观众对宇宙生命和科技发展的思考。

(十一) 昆虫创意产业与文化遗产及教育的融合

昆虫创意产业与文化遗产及教育的融合为文化传承和生态教育开辟了新的途径。在文化遗产保护方面,许多与昆虫相关的传统技艺和文化习俗是珍贵的文化遗产。例如,在一些少数民族地区,流传着用昆虫制作手工艺品的传统技艺,如用蝴蝶翅膀制作书签、用昆虫的外壳镶嵌首饰等。这些手工艺品不仅具有独特的艺术价值,还承载着当地的文化记忆和传统价值观。通过昆虫创意产业的发展,可以将这些传统技艺与现代设计理念相结合,开发出具有市场竞争力和文化内涵的文创产品。例如,一些地方将传统的昆虫手工艺与现代的 3D 打印技术相结合,制作出了更加精美的昆虫主题饰品和工艺品,在保留传统特色的基础上,提升了产品的品质和吸引力。这些文创产品不仅在当地的旅游市场上受到欢迎,还通过电商平台等渠道走向了全国乃至全球市场,为文化遗产的传承和传播提供了新的动力。

在教育领域,昆虫创意产业也有着重要的应用价值。将昆虫相关的知识和艺术形式融入教育教学中,可以激发学生的学习兴趣和创造力,培养学生的环保意识和生态素养。在学校教育中,可以开设昆虫创意艺术课程,引导学生观察昆虫的形态、结构、颜色和行为,并鼓励学生用绘画、手工制作、摄影等方式表达自己对昆虫的理解和感受。例如,在美术课上,教师可以组织学生进行昆虫主题绘画比赛,让学生通过画笔描绘出昆虫的美丽和神奇。在手工课上,学生可以利用废旧材料制作昆虫模型或昆虫主题的装饰品,培养学生的动手能力和环保意识。同时,在生物课或科学课上,可以结合昆虫的生态知识,讲解昆虫在生态系统中的重要作用以及人类与昆虫的相互关系,让学生了解昆虫对生态平衡的贡献和人类活动对昆虫生存的影响,从而增强学生的生态责任感。

此外,利用现代信息技术,还可以开发昆虫创意教育的在线资源平台。这个平台可以整合丰富的教学视频、动画、课件等教育资源,为教师教学和学生学习提供便利。例如,一些科普网站推出了昆虫科普短视频系列,通过生动有趣的动画演示和专业的讲解,向学生介绍昆虫的种类、生活习性、生态环境等知识。一些教育 App 则提供了昆虫观察记录功能和互动学习社区,学生可以在户外观察昆虫后,通过 App 记录昆虫的特征和行为,并与其他同学分享自己的观察心得和发现,促进学生之间的交流与合作。通过这些线上线下相结合的教育方式,可以让更多的学生接触和了解昆虫创意产业与文化艺术,培养学生对自然科学和文化艺术的热爱之情,为未来的环境保护和文化传承培养更多的优秀人才。

(十二) 昆虫主题文创产品

和其他旅游产品及业态创新与发展一样,昆虫旅游要想释放最大的产业能量,必须要在昆虫旅游延伸文创产品上深挖,尤其是这种需要集合昆虫知识、营销知识、创意知识于一体的特殊文创产品,更加显得珍贵。

目前,市面上最盛行的各类昆虫旅游产品,多是与昆虫有关的光盘、书籍、玩具、饰品等,或者是有些活体昆虫(如蝴蝶或各类鸣虫等),或者是各类昆虫标本,如虫草画、蝶翅画、蝴蝶书签、塑封贺卡、各类昆虫的人工琥珀(树脂包埋工艺品)、塑料仿真昆虫、蝴蝶风筝、虫草剪纸艺术品、刺绣工艺品、珠宝装饰品、陶瓷制品和纺织品上的虫草花纹图案,或者是蝴蝶图案的邮票、信封、硬币、纹章等艺术收藏品等,各个景区基本千篇一律。其实,这是一块蓝海市场,要大力开发观赏昆虫艺术精品,大力发展昆虫创意工艺美术产业,甚至衍生出昆虫绘画、诗文、音乐会等其他文化产业,提升现代旅游产业附加值。昆虫的诗词歌赋、历史典故、神话传说、传记都可以放到文创加工里面。

只要组建一个知识结构全面的团队,精心策划,一定能创造出非常有创意且受市场欢迎的昆虫旅游文创产品。比如,峨眉山的名字原为"蛾眉山",是古人用来形容峨眉山的秀美,觉得大峨山和二峨山从远处看像是蛾子的"眉毛"(实为羽毛状触角,古人用"蛾眉"形容美女的眉毛)。在这种文化背景下,峨眉山其实可以借助其丰富的蛾类和蝴蝶物种资源,用"蛾眉"元素制作各种有内涵的文创产品,既宣传了"峨眉山"名字的由来及其秀美的特征,又推广了"蛾眉"文化和鳞翅目昆虫资源及其文创产品,还能加深峨眉山软文化和品牌的宣传,一举多得。还有许多趣味的创意性的结合模式值得探索,例如在山东、北京等北方地区非常出名的一种昆虫工艺美术作品"毛猴",就是创意性地将蝉蜕和玉兰花骨朵融合制作而成,并赋予它人格化的趣味动作,甚为有趣。

由于昆虫的特殊性,其文创产品的制作完全可以采取 DIY 形式,让游客在指导下自己制作个性化的文创产品。比如,游客自己用景区提供的蝴蝶翅膀制作含有个人情感的工艺品,这样既节省了景区的人力物力,又增加了游客的体验和购买欲,一举多得。比如,可以将蝴蝶和萤火虫及其他观赏甲虫的幼虫、蛹、成虫放在特制的养殖容器里,做成活体旅游产品或研学产品售卖,之后让游客回家养殖。养殖过程中遇到问题可以扫容器上的二维码网上咨询技术人员,养殖成虫后可以到景区放飞,需要人工饵料还可以从景区购买。这样,就能形成一个封闭的产业链,把游客"粘"住变成长期"铁粉顾客",从而创

造一种新型的营销模式。

(十三) 昆虫创意主题乡村旅游 IP 的确立

乡村旅游的潜力和威力在于"IP（知识产权）"，取决于其 IP 无形资产的实现以及与现有产业的深度融合。昆虫创意主题乡村旅游 IP 的确立要立足实情，因地制宜，尽量寻找明星物种或土著特色物种或当地主打产业物种，然后与当地生态环境、文化历史等相结合，从而确立自己独特的 IP。IP 一旦确立，就相当于确立了灵魂和抓住了主线，其他的内容，就是纲举目张，水到渠成了。而且，这样有显著特色 IP 的乡村旅游景区，很有文化性、辨识性和传播力、影响力，能抓人眼球，且能可持续发展。当然了，也不是每个乡村都能找到合适的 IP，也不是非得具有 IP 不可，不能勉强为之。

最容易想到的乡村旅游昆虫主题 IP 是一些明星物种，比如蝴蝶、萤火虫等。由于文化丰富、历史悠久、分布广泛、研究成果丰硕、养殖技术成熟、群众接受度高等优点，蝴蝶主题景观已经在世界多国尤其是中国很多地方有几十年甚至上百年地运营，甚至有遍地开花、泛滥的趋势。尽管乡村旅游版的蝴蝶景观并不多，但受大背景的影响，蝴蝶主题乡村旅游景观要谨慎上马，而且要有特色项目和创意玩法。

随着近些年科研成果尤其是养殖技术的不断提升，再加上产品的不断研发、产业经验的不断丰富，作为与蝴蝶比肩的明星观赏物种，萤火虫旅游最近几年在世界多个国家尤其是在中国多个省份蓬勃发展，尽管发展得波折起伏、水平参差不齐。与蝴蝶不同的是，第一，蝴蝶是植食性（幼虫）和白天观赏，而萤火虫是肉食性（幼虫）和夜晚欣赏。第二，蝴蝶并不是与乡村结合得十分紧密，完全可以在城市或城郊进行展示和建设景观，更不会是乡愁的代表，但萤火虫天然是乡村的产物和乡愁的象征，几乎只有在乡村野外生态条件好的环境中才能养殖，只有在乡村野外欣赏才有感觉，更是会唤起很多中老年游客的乡恋和乡愁，是男女老少皆爱的文化景观昆虫，更特殊的是，其夜间闪光习性更是拉动乡村夜间旅游无与伦比的良好素材。再加上萤火虫对生态环境要求的苛刻和监测属性，闪光求偶的浪漫爱情文化、囊萤夜读的励志读书文化、追忆过去的乡愁乡恋文化，使得萤火虫很容易打造多样化的乡村旅游 IP，比如"萤光之城""萤光（乡愁/生态）村落/寨""萤（·）约/恋"等。

需要强调的是：创意赏玩昆虫产业的产业链顶端之一是赏玩昆虫的文化产业和 IP 打造，所以，我们在做这些昆虫旅游产业的时候，一定要在做到某种程度和基础后，开始高水平地挖掘该昆虫的文化元素，进而提升成 IP，这样就能全面打通该产业，也能做深做宽做大该产业。比如，蝴蝶的"破茧成蝶"

"忠贞爱情"以及萤火虫的"囊萤夜读""为爱发光""一生只为你点亮""黑暗中的一点萤光"等励志和爱情文化元素的挖掘，甚至两者之间重叠部分的融合整合升华，最终，将这些文化元素转化成各类文创产品和文旅活动，做成漫画、动画、影视作品等，最终推出IP（比如萤火虫的"萤宝""萤小乖"等创意IP）。

除了"单虫"打造之外，也可以"多虫"复合打造IP，比如，最经典的是"萤飞蝶舞（白日观蝶，夜晚赏萤）"IP，或者将萤火虫和金蝉一起联合推出"蝉意萤光"；还可以与当地特色产业结合打造IP，比如，在发展"稻萤共生"的地方推出"萤光大稻"的旅游IP。

可以因地制宜，根据当地的土著特色物种或主打产业物种，结合当地文化或村名等元素创意性地确定自己独特的IP。比如，四川省乐山市沐川县箭板镇行路村发展金蝉产业，可以打造"蝉·意"IP，正好与乐山大佛的"禅意"相吻合和呼应，或者，由于该村在竹林里养殖"蝉花"，沐川县也有著名的竹海景区，所以也可以推出"竹里看'花'"IP；也可以根据昆虫本身的文化属性打造IP，比如，蝉的"一鸣惊人"IP，东亚飞蝗的"飞黄腾达"IP，如此诸类；还可以以"昆虫美食村"或"百虫宴""昆虫料理学堂"等为IP或招牌。

还可以主动根据当地的土著文化或村名特征，倒推结合适宜的昆虫进而确立独特的IP。比如，峨眉山后山区，可以结合"峨眉圣灯"的传说，可将萤火虫与圣灯文化结合，推出"散落在人间的圣灯"或"人间萤河"或"萤光圣灯（拜佛祭萤）"的许愿祭拜文化IP。比如，四川省丹棱县顺龙乡的幸福古村，古色古香，保持了原始风貌，且是20世纪80年代火遍大江南北的电影《被爱情遗忘的角落》外景拍摄地，可以加入萤火虫，打造"萤火虫乡恋主题古村落"等IP。比如，四川省巴中市南江县赤溪镇的西厢村，联想到爱情标记的《西厢记》和该村优良的生态环境，可以养殖萤火虫和蝴蝶，打造"萤飞蝶舞，情定西厢"的爱情IP；四川省乐山市峨边彝族自治县新场乡星星村和马边彝族自治县苏坝镇灯塔村的村名都可以与萤火虫有关，进而可以发展萤火虫产业，分别寓意"星星/萤萤之火，可以燎原"和"萤光灯塔，照亮人间"之类积极向上的红色文化IP。比如，将萤火虫与四川乐山峨边彝族自治县大堡镇化林村的悬崖梯田及彝族美神甘嫫阿妞，推出中国乃至世界第一个"悬崖萤火"或"萤约·美神"景点，也是一大亮点；广西南宁上林有一定的萤火虫和爱情相关的文化典故背景，若在景区加入萤火虫元素，必然相得益彰，深化当地文化。这样的策划思路，会使得该景区具有唯一性——即使没有昆虫物种的唯一性，但至少有文化和结合形式的唯一性，这就保证了市场的蓝

海性。

最后需要强调的是：乡村旅游的一个重要劣势或特征是，很多风景美好、原始风貌的乡村旅游点都是路远且交通不便，基础设施也不完善，若没有一个显著的亮点或IP，估计很难吸引游客克服种种困难前来旅游。从这个意义上讲，昆虫创意IP的打造显得尤为重要和意义重大，昆虫创意主题旅游也成为乡村旅游的突破点，尤其是对那些交通困难、亮点不多、特色不强的乡村而言。另外，打造昆虫创意主题村落的IP很多，包括文化、教育、餐饮、娱乐、乡愁、露营等都可以成为主题，但要注意的是，不能同质化，要"一村一品"。

除上述思路外，还可以打造昆虫文化创意主题综合体。以强大的IP运营能力，引入昆虫艺术、电影、动漫等文化要素，从无到有打造昆虫文化创意主题综合体。作为昆虫文创打卡地，昆虫元素应该遍布各个地方，标识牌、井盖甚至字体，让综合体处处可见鲜明的文创主题。根据昆虫文创综合体的特色昆虫进行元素提炼与再造，研发系列化的昆虫文创主题纪念品、商品。赋予综合体对外窗口以鲜明的主题印象，让游客一到综合体就如同走进了昆虫文创世界，楼梯、售票处、候车室、储存柜等到处可以看到昆虫文创的形象。策划以核心昆虫文创为主题的文化展馆，根据确立的昆虫文创主题形象进行设计与收集，打造核心主题展馆。综合体的建造者应该将昆虫文创的元素充分与生活相结合，如推行特定的节庆活动与习俗等，将文创文化融入社区生活。

单类的昆虫也可以打造系列文化创意产业。以萤火虫为例，可以发展影视产业，做萤火虫主题的动漫、电视、电影等，并培植具有自主知识产权的IP形象；可以发展文创产业，将上述影视产业及IP的延伸文创及品牌输出等产业，包括萤火虫主题舞台剧等；可以发展萤火虫系列庆典，将萤火虫融入单身、求婚、婚庆、派对、酒吧、摄影、演唱会等业态，甚至打造萤火虫婚恋馆/昆虫释压馆，打造"萤巴客"（咖啡厅、书吧等），举办"萤火虫爱情节、演唱会、音乐节、艺术节、售卖节"等主题节日活动，还可以打造萤火虫IP的白酒、香水等产品，研发仿萤火虫灯，开发各类萤火虫照明灯和"囊萤夜读"学生台灯，甚至还可以尝试建设"萤光机场"。

二、昆虫创意产业在旅游产业中的应用

随着人们生活水平的提高，休闲旅游正逐渐成为现代生活的时尚之选，人们越来越多地选择外出旅游。随着旅游业的日趋火热和人们对旅游质量的要求日益提高，再加上当前旅游景区面临同质化严重和创新性不足等问题，众多旅游昆虫及其创意产业应该在新时期休闲旅游产业中扮演重要角色，并发挥更

大的作用。尤其是对于南方省份的乡村旅游和生态环境好的自然景区来说，特色昆虫旅游更值得关注，能显著增加新的业态和吸引力。在"禁野"决定对一些动物科普影响较大的景区，以一些新颖的符合国家规定的昆虫代替原有动物，是一条值得探索的路径，尤其是对于夜间经济，若创意性地加以利用，萤火虫会成为"夜间吸客利器"，成为探索新型"昆虫夜间经济"的良好素材。昆虫旅游也是提升现代旅游精神，发展特色旅游、猎奇旅游、意境旅游、文化旅游、夜间旅游的有效途径之一，休闲昆虫和昆虫宠物等也是丰富人们文化生活、休闲养心康养的良好载体。这些昆虫主题的娱乐休闲旅游方式不仅拉动了旅游等产业，还能传播昆虫文化，生动地教育消费者保护昆虫、保护生态、保护大自然的意识，也是一种生命教育和环保教育，能起到一举多得的经济、生态、社会等综合效益。

目前，昆虫的旅游价值体现得明显不足：一是昆虫体型小，不易被发现。昆虫具有明显的生境与季节性特征，对生长环境的要求也很特殊，相对于秀美的山川大河和壮丽的自然风光，人们很容易忽视这些"小生命"，如果没有昆虫科普的基础知识，也很难注意到它们的存在。二是开发侧重点偏向于观赏。国内虽然建设了一些以展示性为主的蝴蝶馆、蝴蝶园，但是由于开发侧重点失衡，人们偏重于它的观赏性开发，而忽视了科普教育等其他功能的挖掘。三是解说材料缺乏。昆虫种类繁多，个体差异性较大，如果没有丰富、准确、生动的解说和介绍，很难引起游客的兴趣，使游客对昆虫的生活习性、历史文化有详细的了解；目前，由于昆虫科普等的不到位和从业者的专业性不足，很多昆虫旅游景区的解说材料都欠缺很多，尤其是昆虫拉丁学名的拼写和斜体等出错率极高。

应用在休闲旅游产业中的昆虫可以统称为"赏玩昆虫"，广义包括"旅游昆虫""休闲娱乐昆虫""庆典昆虫"，甚至包括研学科普产业中涉及的昆虫（可以称之为"研学昆虫"或"科普昆虫"）等。

观赏娱乐昆虫的概念范围和包含种类其实非常广，凡能给人以美感，可供赏玩、娱乐甚至庆典，能增添生活情趣、有益身心健康的昆虫均可统称为赏玩昆虫。大概包括形体类（此类昆虫具有奇特、怪异或优美的体形，包括蝴蝶、竹节虫、螳螂、吉丁虫、角蝉及各类拟态昆虫等）、发光类（萤火虫等）、鸣叫类（蟋蟀、蝈蝈、油葫芦、金钟儿、蝉等）、运动类（包括具有格斗习性的蟋蟀和具有较好的飞翔耐力的甲虫以及叩头虫等）、宠物类（锹甲、兰花螳螂等）等，需要强调的是，以上类别并无绝对的界限，很多昆虫兼有多重赏玩价值。

从事观赏娱乐昆虫产业需要注意的是：第一，要引导从业者和消费者具有高度的法律意识和充分的法律知识，千万不能为了吸引游客而非法采集或贩卖国家保护昆虫物种；第二，要引导从业者具有一定的生态意识，不能乱引进物种而破坏了当地的物种，引发生态灾难，要把生物多样性的保护放在首位，利用必须建立在全面、妥善保护周围生态和环境的基础上，各级主管部门要加强管理，规定昆虫开发的种类和注意事项，建设工程严格审批，对游客加强宣传教育，注意生态旅游的环境容量；第三，要引导从业者和消费者树立正确的娱乐观，不能将斗蟋等竞技性活动演变成赌博性质，不能因饲养昆虫宠物导致玩物丧志；第四，要引导从业者和消费者具有安全意识，不能使用对游客危险的物种，只要有一定危险性的都要提醒游客（比如要提醒那些对蝴蝶鳞粉过敏的游客要注意不要碰触蝴蝶鳞粉），同时，若售卖昆虫美食，也要对消费者进行必要的有些人取食昆虫会过敏等明确提醒；第五，其实还有很多可以用于休闲旅游产业的其他赏玩昆虫，只是人们还没来得及开发，同时，要科学规划，统筹兼顾，尽量选用本地虫种，突出当地昆虫旅游产品的特色；第六，在建设土木工程时，要合理布局，尽量少污染环境，将其对生态环境的影响降到最低；第七，在昆虫主题的休闲旅游过程中要积极主动地融入生态教育和科普教育，提高群众的文化水平和生态意识；第八，要因地制宜，不能盲目跟风，一个省内的昆虫旅游景区最好不要重复建设，避免过度扩张和低质化发展，要少而精，这样才会使昆虫旅游可持续地科学发展；第九，上述提及的常见赏玩昆虫，在实际产业应用中，创意性的元素和做法在很多景区都做得远远不够，这些昆虫的产业价值远没有发挥出来，所以，从某种程度上来说，赏玩昆虫产业最需要创意性思维，可称之为"创意赏玩昆虫产业"。

不同种类昆虫的生物学特性（含行为学特性）差别很大，所以，它们在休闲旅游产业上的应用模式和思路等都差别很大，不好总结统一性的规律。这里只能以蝴蝶和萤火虫为例，起到举一反三的作用，启发所有赏玩昆虫从业者要高度重视创意性开发和营销。至少，不能一提到蝴蝶，就只想到建个蝴蝶园，观赏蝴蝶，拍个照片，售卖千篇一律的蝴蝶工艺品，最多做个研学游就差不多算"蝴蝶旅游产业"了，其实，这还远远不够；同样，不能一想到萤火虫，就是放飞萤火虫，收一下门票，最多搞个晚餐、露营之类的就完了，其实，远远不够；也不能一想到要做昆虫主题研学游基地，就做个"昆虫王国"，把很多常见的昆虫养殖在那里，简单的科普就完了，其实，远远不够。

（一）昆虫创意主题乡村旅游的景观建造

由于昆虫种类和类型的多样性，若加上创意性思维，则可以打造出丰富多彩的昆虫主题乡村旅游景观和项目。

1. 观赏昆虫景观

这里的观赏昆虫主要是指外形漂亮、赏心悦目、适合欣赏的昆虫，如蝴蝶、萤火虫、蜻蜓、漂亮的甲虫等。当然，也有其他特殊的具有观赏价值的昆虫，比如，柞蚕幼虫的体色有绿色、黄色、蓝色、白色、红色等，极具观赏价值，可以利用相关科研院所保育的品种资源，推出以柞蚕文化为主题的休闲旅游精品线路，还能促进生态柞蚕场的建设，放大传统柞蚕产业的价值。

需要指出的是，发展这些昆虫旅游景观时要注意突出自身的特色，不能步人后尘，而且要与景区的固有文化有机融合，因地制宜，突出创意，打造特色；不能只是让游客看看就完了，还要深挖和研发具有创意性的体验活动，延长产业链。比如，蜻蜓除供游客"赏"外，还要让游客能"玩"，四川一带的"钓蜻蜓"就是一种能让游客参与体验的活动；另外，蜻蜓景观还能发挥它的文化底蕴和功能，比如与蜻蜓有关的诗词成语、蜻蜓仿生知识、各类蜻蜓标本等，特别适合应用在科普游和研学游上；同时，还要注意将蜻蜓的药用食用价值发挥出来，因为蜻蜓的稚虫（俗称"水虿"）具有丰富的营养和很高的药用价值。

2. 鸣叫昆虫景观

有很多昆虫可以各种机制发出各种声音，这类昆虫统称鸣叫昆虫。鸣叫昆虫分为昼行性和夜行性两种，那些螽斯（部分种类）、蝼蛄等夜间鸣叫的昆虫可以用来发展夜间旅游。并不是所有会鸣叫的昆虫都可以用来发展景观，有欣赏价值的主要是指螽斯和蟋蟀，是休闲和旅游的良好昆虫载体。蝈蝈是鸣虫的一大宗，与油葫芦的地位不相上下，喜养者极多。蟋蟀具有顽强无敌、勇决胜负的武士风采，被誉为"天下第一虫"。蟋蟀除了可以鸣叫还可以用来打斗，著名的"斗蟋"早就成为具有千年历史的文化活动。各地旅游景点可以在调查本地鸣虫资源的基础上筛选特色种类发展鸣虫景观，将这些善鸣昆虫采集或人工饲养，然后集中于一处，形成以听觉刺激为主的特色景观，打造立体旅游。

3. 昆虫迪斯尼乐园

近些年来，冠名为"昆虫王国"的昆虫主题科普乐园在多地悄然诞生，但多数的情况是常规传统的规划创意，千篇一律，很难突破，乏善可陈，产业效果可想而知。诸如"昆虫迪斯尼乐园"的创意思路可以为这种窘境的突破提供一定的参考。

昆虫迪斯尼乐园是一个运用各种道具、技术全面展示昆虫魅力的大型娱乐旅游景观。景观以昆虫城堡的外形，涵盖昆虫神话、昆虫故事、昆虫童话、昆虫仿生等，包含有鸣叫昆虫、观赏昆虫、打斗昆虫及各种有独特外形、机理和

本领的昆虫，让游客进入该景区就像进入了一个缤纷多彩、活灵活现的昆虫世界。比如：活体昆虫观赏展示蝴蝶是如何从丑陋的毛毛虫蜕变成美丽的蝴蝶的，让游客在获得昆虫知识的同时感悟人生，还可以让游客亲自参与，捉几只昆虫，学着制作标本，会延长游客在景区的逗留时间，还能让其感受到快乐和收获；模拟昆虫区展示昆虫的打斗、交配、取食、筑巢等有意思的生活行为；昆虫仿生区让游客配备上特制的各种道具，模仿昆虫在空中飞翔、大幅度跳跃、在水中仰泳等，感受昆虫生存智慧的同时能参与娱乐，还能健身；昆虫文化区是将与昆虫有关的各种诗词、故事、神话、童话中的情景用各类道具形象展示，让游客在其中游览和参与，丰富知识，获得乐趣，尤其适合儿童旅游。

4. 昆虫博物体验馆

科普旅游是通过对旅游地深层次开发，突出其科学文化内涵，以满足人们探索大自然奥秘的好奇心，提高自然科学知识普及的生态旅游精品项目。昆虫这一类物种的专业性和特殊性，使其成为生物学和生态学的活教材，其美丽奇特的外形、多样的生活习性、丰富的文化内涵，使得建立昆虫博物馆具有极大的可行性和必要性。因此，如果能在旅游景区建立一个昆虫馆，集昆虫趣味知识于一室，将会使游客在饱览自然风光的同时学到知识，增加景区的内涵和魅力。

但需要特别提醒的是，目前，从业者还是没有很好地打开思路，很多与旅游沾边的各类昆虫主题博物馆，没有摆脱传统博物馆的建设和运营思路、模式。殊不知，以知识科普为主、政府投资为主的严肃的传统博物馆，与以企业自主投资、重在市场效益的景区类博物馆差别很大，其规划、建设、运营思路和模式等都应该用创意产业的思维、从市场经营的角度重新考量。创造性地建设和运营，不仅要有知识科普的功能，更要把博物馆作为一个娱乐休闲旅游场所，在满足基本的知识性、专业性的同时，要显著地提高其互动性、娱乐性和体验性，提高内容和产业的丰富度，突破传统昆虫博物馆的范围，将"昆虫博物馆"至少升级为"昆虫博物体验/游乐馆"，从而提高市场欢迎度和产业效果。

5. 昆虫旅游延伸文创产品和文化产业

和其他旅游产品或业态一样，昆虫旅游要想释放最大的产业能量，必须要在昆虫旅游延伸文创产品上深挖，尤其是这种需要集昆虫知识、营销知识、创意知识于一体的特殊文创产品，更加显得珍贵。

目前，市面上最盛行的各类昆虫旅游产品，多是与昆虫相关的光盘、书籍、玩具、饰品等，或者是有些活体昆虫（如蝴蝶或各类鸣虫等），或者是各类昆虫标本，如虫草画、蝶翅画、蝴蝶书签、塑封贺卡、各类昆虫的人工琥珀

（树脂包埋工艺品）、塑料仿真昆虫、蝴蝶风筝、虫草剪纸艺术品、刺绣工艺品、珠宝装饰品、陶瓷制品和纺织品上的虫草花纹图案，及具蝴蝶图案的邮票、信封、硬币、纹章等艺术收藏品等，各个景区基本千篇一律。其实，这是一块蓝海市场，要大力开发观赏昆虫艺术精品，甚至衍生出昆虫绘画、诗文、音乐会等其他文化产业，提升现代旅游产业附加值。只要组建一个知识结构全面的团队，精心策划，一定能创造出非常有新意、有创意且受市场欢迎的昆虫旅游文创产品。例如，四川虫生生物科技有限公司联合广西涵洲文化传播有限公司推出的萤火虫系列文创产品，为昆虫创意旅游文创产品的制作做出了一定的探索。

6. 昆虫宠物及昆虫休闲赏玩

可作宠物饲养赏玩的昆虫主要是鸣叫类（如蟋蟀、蝈蝈等）和美观类（如锹甲、兰花螳螂等）观赏昆虫。比如，宠养蟋蟀和蝈蝈在我国有悠久的历史，古代在宫廷、贵族内还有以金笼玉器做饲养器具的，但更多的还是用竹笼、陶罐饲养。此类昆虫饲养在家中，带在身边，可随时观其斗，闻其鸣，怡情养志。

如上所述为已经出现、初露端倪或已经形成市场和具有较久历史的宠物赏玩昆虫，但其实，还有很多很多的宠物性昆虫没有开发。比如，很多的萤火虫幼虫甚至凶猛怪异的爬沙虫等都可以开发成宠物，关键是要创意性地开发产品和运营销售，再就是要创意性地引导消费者和拓展新市场。

除此之外，还有很多好玩的昆虫都可以作为休闲赏玩的载体。比如，可以将竹象虫或金龟子插上小竹棍做成"昆虫小风扇"，在四川等省份有用蜘蛛网等方法"钓蜻蜓"的休闲娱乐活动，在山东用面筋、在四川用蜘蛛网粘蝉等娱乐活动都是昆虫的休闲赏玩，甚至，还可以搞些更有创意和科研元素的新项目（蛙吃了萤火虫之后肚皮"发光"、磁场使得东亚飞蝗体色改变等）。当然，这些昆虫娱乐活动也可以作为昆虫科普或研学游的内容。

（二）昆虫创意主题乡村夜间旅游的打造

在乡村振兴的大背景下，各地也在探索适合自己的乡村"夜间经济"模式，以此延长游客的逗留时间，拉动乡村旅游业的发展。然而，多数乡村打造的"夜间经济"，还停留在灯光秀等"点亮乡村"的传统思路上，并没有产生多大的经济收益。发展乡村夜间经济，"点亮乡村"只是第一步，有了好看的夜景，还得有多元化的消费配套，才能做实、做足夜间经济。需要立足乡村资源特色，紧紧围绕消费需求和旅游要素，打造夜食、夜演、夜景、夜购、夜探、夜宿、夜养，才能玩转乡村夜间经济。与城市的不断扩大的夜间经济相

比，乡村夜间经济则是一块较新的"消费蓝海"，"任督二脉"处于相对堵塞的状态，有待进一步被打通，仍有比较大的提升空间。乡村在发展夜间经济中一定要实事求是，因地制宜，走"小而精"的路线，因为乡村的经济体量和投入量都不是很大，"品牌性""差异性""唯一性"应该是乡村夜经济追求的发展方向，提高游客的沉浸式体验感，沉醉在田园夜景里，才能提高"回头率"。

夜间经济尤其是夜间旅游，一直是各级政府和专家学者、企业家苦苦思考和探索的问题，尽管解决方案很多，但是鲜有人想到发展昆虫创意主题乡村旅游。其实，很多昆虫都是夜行性的，尤其是萤火虫等发光昆虫（不光是萤火虫，还有其他发光物种，再加上极度模拟萤火虫发光的萤火虫呼吸灯）是绝好的夜游素材和题材，夜间鸣叫昆虫也会给游客别样的感受，诸多夜行性昆虫"表演"的灯诱更是研学游中让学生甚至师长都热爱不已的科普体验项目，这些都应成为乡村旅游的崭新特色项目。

（三）昆虫主题住宿体验

昆虫创意夜经济的一个重要目的是让游客停留住宿，设置昆虫主题民宿、木屋、集装箱、营地等多元化的住宿设施，是吸引更多游客逗留、带动夜间经济发展、让游客爱上昆虫创意的重要手段。融合本地自然人文环境要素的同时，应增加创意和美学元素，从而满足中青年客群的居住偏好。在发展"夜经济"中一定要实事求是，因地制宜，具有当地特色，当地的文化品位，走个性化、差异化发展之路，避免业态雷同和同质化竞争，不能为了发展而发展。国内一些主题住宿只是简单的将主题内容在墙壁与陈设上进行简单的绘制，审美水平不高，所以基于昆虫美学来进行住所的设计一定不可简简单单对昆虫外形进行绘制与使用，而是需要更深层次的思考。

昆虫主题住宿的打造思路大概如下：根据昆虫习性，比如打造萤光星空木屋，在屋顶处设计可调节天窗，可以仰望星空，平躺观萤，十分美妙；根据昆虫外形，比如打造蝴蝶色彩美学民宿，通过设计师对蝴蝶翅膀花纹颜色进行提取与分析，并选取具有美学价值的房间进行色彩装饰，设计相关地毯、床单等，体验蝴蝶色彩美学；根据昆虫特点，比如打造蜂巢六边民宿，基于年轻人的习惯，可以对蜂巢六边进行改造，通过六边堆砌房屋的打造类似于胶囊房一样的 MINI 公寓给人带来全新的体验；根据昆虫住所，借鉴蚂蚁巢穴的设计，打造蚁穴地下民宿，冬暖夏凉，真正深度体验昆虫带来的生命美学乐趣；还有其他形式，如恐怖昆虫主题酒店、蛐蛐屋、蚕宝宝吐丝床屋等。

☞ 参考文献

曹成全，等，2021. 昆虫创意产业 [M]. 北京：中国农业大学出版社.

曹成全，等，2022. 昆虫创意产业助力乡村振兴 [M]. 成都：西南交通大学出版社.

曹成全，2023. 萤火虫文化及其产业化应用思路 [J]. 乐山师范学院学报，38（2）：76-84.

曹成全，舒代宁，陈申芝，等，2012. 昆虫资源在旅游上的开发应用 [J]. 山东农业大学学报（自然科学版），43（2）：220-222.

方玲，姚丹，邓珊伊，等，2023. 萤火虫主题亲子游发展现状及对策探讨 [J]. 旅游纵览（13）：163-166.

宋雨晗，曹成全，2023.《全唐诗》中的园林萤景研究 [J]. 乐山师范学院学报，38（1）：20-26.

宋雨晗，曹成全，卢雨莲，2024. 夜游经济发展模式的新探索——以四川省乐山市绿心公园萤火虫夜游为例 [J]. 乐山师范学院学报，39（2）：105-110.

LEWIS SM，THANCHAROEN A，WONG CH，et al.，2021. Firefly tourism：Advancing a global phenomenon toward a brighter future [J]. Conservation Science and Practice：1-18.

☞ 创商训练

1. 昆虫文化产业可以在哪些领域实施、如何实施？

2. 昆虫主题旅游可以融入哪些旅游领域，如何实施，相关延伸产品是什么？

3. 以"萤飞蝶舞"为例，阐述打造昆虫主题文旅景区的规划方案。

4. 搜集资料，从传统文学作品、电影、动画、电子游戏中寻找昆虫元素，分析昆虫元素在其中的权重和可替代性，分析作品出现的昆虫（类昆虫）是现实中的昆虫还是借助了昆虫的某些特点，分析这些个体是否可以被替换，作品中的使用是否严谨，有无改进余地？

第十章　昆虫创意产业与休闲康养

第一节　昆虫休闲康养概述

一、昆虫休闲康养简介

休闲康养与昆虫的结合，作为一种新兴的休闲康养模式，正逐渐走入人们的视野，为现代健康生活注入了新的活力。

许多昆虫体内含有特殊的蛋白质、酶类等物质，为昆虫疗法提供了物质基础。利用某些昆虫分泌的物质制作的药膏，可以缓解患者过敏症状或者皮肤炎症，这就是昆虫自然疗愈功能在康养方面的体现。蝴蝶、萤火虫等在视觉上带来的美妙感受在某种程度上可以影响人的神经系统，起到舒缓压力的作用。昆虫的文化象征在休闲康养中也扮演着重要角色，比如在中国传统文化里，蝉被视为高洁的象征，"蝉"与"禅"同音且意境相通，"金蝉脱壳"也蕴含着新生与蜕变的积极意义，当人们参与到与蝉或禅相关的文化活动中，不仅是对传统文化的深入领略，更是一种心灵的洗礼。这种文化内涵所带来的精神滋养，有助于改善人们的心理健康。举办昆虫文化节，展示昆虫相关的传统手工艺品、民俗活动等，可以让人们置身于浓厚的文化氛围之中，陶冶情操，改善身心健康。昆虫文化的融入则是从精神层面丰富了康养活动的内涵。

昆虫的互动体验更是昆虫生态康养中独特的一部分。想象一下，在一个充满自然气息的昆虫生态馆中，人们可以近距离地观察昆虫的生活习性。孩子们好奇地看着蚂蚁忙碌地搬运食物，感受着它们团队合作的力量；游客们轻轻触摸着温顺的巨型甲虫，感受着昆虫体表独特的质感。昆虫爱好者们还可以参与昆虫写生、制作昆虫标本等活动，在这些过程中，人们全神贯注地沉浸在昆虫的世界里，忘却了外界的烦恼和压力。每一次与昆虫的互动都打开了与大自然沟通的一扇窗口，这种互动体验能够有效地帮助人们从紧张忙碌的现代生活中解脱出来，缓解精神压力，提升人们内心的平和感，获得身心的放松，这样的生态教育还有助于人们更好地理解自然的多样性和平衡性的重要性，增强对保

护自然环境的意识。

二、昆虫休闲康养的主要模式

第一是昆虫生态疗愈。这一模式是借助昆虫生存的生态环境来为人们实现疗愈效果。例如，在一片宁静且生态丰富的森林中，这里有着各种各样的昆虫，它们在花丛间飞舞、在草丛里穿梭、在树木上栖息。人们置身于充满生机与自然之美的环境中，通过与昆虫生态环境的亲密接触，呼吸着清新的空气，感受着昆虫带来的活力气息，从而达到放松身心、减轻压力、舒缓情绪等一系列疗愈身心的效果。

第二是昆虫疗愈。昆虫本身具有独特的生物特性，比如一些昆虫分泌的物质或者它们的行为动作等元素，被合理地运用到疗愈过程中，可能对某些疾病或者身体不适产生缓解和改善的作用。

第三是昆虫声音的数字化疗愈。这是将现代数字技术与昆虫的相关元素相结合的一种创新疗法。如通过昆虫的形象、声音、生活习性等制作出相关的数字程序，人们通过使用这些程序来进行休闲康养，获得精神上的放松和愉悦，智能化养殖设备、生态模拟技术能提升体验感，但要解决前沿技术、生态保护和市场接受度等问题。

第二节 昆虫生态疗愈

在当今快节奏的现代社会，人们面临着各种各样的身心压力，亚健康状态日益普遍。与此同时，与自然疏离的"自然缺失症"也成为一个亟待解决的问题。昆虫生态疗愈作为一种新兴的疗愈方式，正逐渐受到人们的关注。昆虫的自然疗愈、生态教育和互动体验功能，无论是在舒缓压力还是在改善身心健康方面，都为现代的休闲康养模式开拓了一片新的天地。

一、昆虫生态疗愈的概念

(一) 定义

昆虫生态疗愈（Insect-based Ecological Therapy）是一种将昆虫及其自然栖息环境巧妙地构建或者充分利用起来，结合生态学、心理学和康养科学的多学科知识，促进人类身心健康的独特疗愈方式。昆虫生态疗愈的核心要点在于，鼓励人们去观察昆虫、与昆虫互动，或者沉浸在昆虫的生态系统之中。例如，当人们静下心来，认真地观察一只蝴蝶在花丛中翩翩起舞，或者聆听蟋蟀在草丛中发出的阵阵鸣叫声时，就能缓解自己的压力、改善情绪状态。昆虫还拥有很多独特的生物学特性，它们发出的声音、拥有绚丽色彩的视觉外观，以及特殊的产物等，人们借助这些特性，能够实现对健康的干预。以蜜蜂为例，它辛勤的飞舞觅食、采蜜的过程就是一种充满活力的画面，它的嗡嗡声在一定程度上能够成为一种调节情绪的背景音，其生产的蜂蜜也含有对身体有益的成分，可以辅助健康干预。

（二）理论基础

现代社会中，越来越多的人患上了"自然缺失症"，这种症状表现为人与自然的深度联系被隔断。昆虫生态疗愈强调自然连接，就是要试图恢复这种被破坏的联系。在都市的钢铁丛林中，人们整天面对的是高楼大厦、车水马龙，远离了大自然的怀抱。而昆虫作为大自然中微小却无处不在的生命形式，将成为重新连接人与自然的重要桥梁。当人们走进昆虫的世界，观察一只蚂蚁辛劳地搬运食物，或者看到一群七星瓢虫在菜叶上聚集时，那种对自然的亲近感会自然而然地回归，内心也会逐渐从喧嚣和疲惫中平复下来。

昆虫生态疗愈巧妙地利用昆虫的多种感官特性来实现身心的愉悦和疗愈。在视觉方面，像蝴蝶这种昆虫色彩斑斓，其飞舞时如同花朵在天空中飘动，那绚丽的翅膀在阳光下闪烁着迷人的光芒。仅仅是注视着蝴蝶在花丛间的翩跹舞姿，就能够让人们的视线得到舒缓和愉悦。听觉上，鸣虫如蟋蟀、螽斯的叫声此起彼伏，就如同大自然谱写的美妙乐章，这种自然的白噪声对于舒缓压力、改善睡眠具有独特的功效。触觉上，蚕丝的轻柔质感，当人们轻轻触摸时，能感受到一种温暖而细腻的触感，仿佛从指尖传递到心底的一种慰藉。这些来自昆虫的多感官体验就像一场与自然的温柔对话，悄无声息地治愈着人们的身心。

二、昆虫生态疗愈项目的实施

（一）前期规划与设计

1. 明确目标人群与定位

目标人群：昆虫生态疗愈项目的目标人群非常广泛，涵盖了亚健康人群、亲子家庭、自然爱好者及压力较大的都市人群等。亚健康人群由于身体和心理处于一种临界状态，急需一种温和而有效的疗愈方式来调整状态。亲子家庭则希望通过这样的项目，在增进亲子关系的同时，让孩子亲近自然、

接受自然教育。对于自然爱好者来说,昆虫生态疗愈项目提供了一个深度探索昆虫世界和生态系统的机会。而压力较大的都市人群,更是能够从这种与昆虫和自然相处的过程中得到身心的极大放松,从紧张忙碌的都市生活中暂时解脱出来。

功能定位:昆虫生态疗愈项目主要侧重于疗愈功能,如帮助人们减轻压力、改善睡眠质量等。现代社会的快节奏和高压力使很多人睡眠不足,或者睡眠质量低下,借助昆虫生态疗愈中的宁静氛围、舒缓声音等元素,可以起到良好的助眠效果。项目也侧重于教育功能,比如开展生态研学活动。在这样的项目中,参与者可以深入了解昆虫的生活习性、生态功能,以及昆虫与其他生物之间的关系等生态学知识,丰富自己的科学素养。

2. 选址与生态评估

选择昆虫多样性丰富的区域是打造昆虫生态疗愈项目的关键一步。比如,森林植被茂密,为昆虫提供大量的栖息场所和食物来源。森林里高大的树木像一把把绿色的巨伞,枝叶交错间形成一个个隐蔽而安全的空间,各种各样的昆虫如甲虫、蛾类等在此繁衍生息。湿地同样也是理想的选址,湿地水域、泥泞以及丰富的水生植物为众多昆虫提供了多样化的生存环境,像蜻蜓就喜欢在湿地附近的水生植物上产卵,而水黾则在水面上自如地滑行。农田也是昆虫集中的区域,有许多依赖农作物为生的昆虫,如吸食农作物花蜜的蜜蜂,以害虫为食的胡蜂、螳螂等。在这样的地方开展昆虫生态疗愈项目,可以让参与者更容易接触到各种各样的昆虫。

昆虫的活动很大程度上受气候的影响,因此,在选址时必须考虑气候因素。如萤火虫,这种自带浪漫诗意的昆虫需要温暖湿润的环境。如果气候过于干燥或寒冷,萤火虫的生存将受到威胁,甚至无法繁殖。而像蝗虫之类的昆虫则对干旱环境有一定的适应性,但在过于潮湿的环境中可能会面临生存挑战。所以在打造相关疗愈项目时,结合昆虫对气候的需求,选择合适的地点,避免极端天气对昆虫活动的影响是至关重要的。

避免过度开发破坏原有生态系统是可持续发展的要求。确定选址后,需要专业团队进行昆虫种群密度及栖息地需求的调研。每个区域都有其自身的生态承载力,也就是在该区域内,生态系统能够稳定承载的生物数量和活动强度。如果超过了这个承载力,如过度引入游客或者过度开发栖息地,就会破坏昆虫的生存环境,导致昆虫数量减少、种类灭绝等不良后果。例如,某个地区原本昆虫种群与栖息地处于一种平衡状态,合理的承载力是每天50名游客在此进行昆虫观察活动,但如果突然涌入200名游客,可能会踩踏植被、干扰昆虫正常的觅食和繁殖,从而对当地昆虫生态系统造成严重破坏。

3. 选择核心昆虫物种

视觉疗愈：蝴蝶和萤火虫是视觉疗愈效果非常明显的昆虫。蝴蝶有五彩斑斓的翅膀，翅膀上的图案精美绝伦，像是大自然精心绘制的艺术品。当它们在花园里飞舞时，那缤纷的色彩和轻盈的姿态就像一道道移动的画卷，带给人们无尽的视觉享受。萤火虫则在夜晚闪烁着神秘的微光，在黑暗中形成一个个绿色或黄色的小亮点，如同繁星落入人间，让人仿佛置身于童话世界中，给人的心灵带来一种宁静而美好的慰藉。

听觉疗愈：蟋蟀和螽斯的叫声是绝佳的自然白噪声来源。在夏夜，蟋蟀的叫声清脆悦耳，有节奏地此起彼伏，就像一场大自然的音乐会。这种声音能让人的内心平静下来，缓解紧张和焦虑的情绪。螽斯的叫声则相对低沉而悠扬，像是古乐器吹奏出的旋律，在静谧的夜晚聆听，别有一番韵味。

互动疗愈：蜜蜂和蚕具有很强的互动疗愈价值。养蜂体验可以让人们近距离了解蜜蜂的生活习性，如观察蜜蜂如何在蜂巢中忙碌地酿造蜂蜜。这种与蜜蜂近距离的互动可以让人们感受到自然界的神奇，增强对生命的尊重和敬畏。手工缫丝是与蚕互动的一种方式，人们通过从蚕茧中抽出蚕丝，制作丝绸制品的过程，能够体验到一种亲手创造的乐趣，同时也能感受到蚕这种生物的伟大。

易饲养且生态友好的物种：在选择昆虫物种时，优先选择本地物种是至关重要的原则。本地物种已经在本地的生态环境中经过了长期的适应和进化，与当地的其他生物及环境因子已经形成了稳定的关系。而外来物种一旦入侵，往往缺乏天敌的制约，可能会大量繁殖，抢夺本地昆虫的食物资源，破坏栖息地，甚至传播疾病，挤压本地昆虫的生存空间。

（二）场景构建与设施设计

1. 自然栖息地复刻

蝴蝶温室：为了让人们更好地体验蝴蝶的生态之美，蝴蝶温室的构建十分必要。模仿热带雨林气候是蝴蝶温室营造的关键，这意味着要控制好温室内部的温度、湿度和光照等环境因子。温度需要保持在一个相对较高且稳定的范围，湿度要能够模拟热带雨林的湿润环境，充足的光照则是满足蝴蝶活动和植物生长的必要条件。在温室内种植蜜源植物是吸引蝴蝶的重要措施，马缨丹花朵娇艳且花期较长，花朵中富含丰富的花蜜，对蝴蝶具有很大的吸引力。醉蝶花不仅名字富有诗意，且花朵形态独特，像是一只只翩翩起舞的蝴蝶，它也是蝴蝶喜爱的蜜源植物之一。同时，设置蝴蝶羽化观察区，人们可以亲眼目睹蝴蝶从蛹变态美丽成虫的神奇过程。在这个过程中，蛹的外壳逐渐破裂，成虫艰

难而又顽强地从蛹中挣脱出来，然后慢慢舒展着那湿漉漉的、还未完全展开的翅膀，这个过程充满了生命的力量和新生的希望，观者无不为之震撼。

萤火虫溪谷：对于萤火虫溪谷的打造，清洁水源的修复和湿地植被的保留是必不可少的。萤火虫的幼虫生活在水中，清洁的水源为幼虫提供了适宜的生存环境。而湿地植被则可以为萤火虫提供栖息地和遮蔽物，同时也是其他昆虫和小动物的觅食和休息的场所。为了保护萤火虫的繁殖，夜间必须进行限流措施。因为萤火虫是一种对环境干扰比较敏感的昆虫，过多的人类活动产生的灯光、噪声等污染会干扰它们的繁殖行为。当夜幕降临，点点萤火在溪谷中闪烁，犹如一条流动的光带，那梦幻般的场景令人陶醉。

鸣虫竹林：竹林本身有一种清幽宁静的氛围，是鸣虫理想的栖息地之一。通过种植竹子和灌木丛，营造出阴凉潮湿的环境，这种环境非常适合蟋蟀、螽斯的生存。竹子的高大挺拔和枝叶的茂密，形成了一个个相对封闭而凉爽的小空间，是鸣虫遮风避雨的好地方。灌木丛则为鸣虫提供了更多的隐蔽和栖息场所，同时也为其提供了丰富的食物来源。在竹林中漫步，听着鸣虫的叫声，仿佛闯进了一个与世隔绝的静谧世界。

2. 互动体验设施

疗愈步道：是让参与者深入接触昆虫生态疗愈的重要通道。在步道上设置昆虫观察点，如设置蜜蜂蜂箱观察窗，透过这个小窗口，人们可以看到蜜蜂忙碌的蜂巢内部，观察蜜蜂如何进行采蜜归来后的舞蹈交流、如何养育幼虫以及如何酿造蜂蜜等有趣的过程。

手工工坊：手工工坊提供与昆虫相关的手工体验区域。在蚕丝制作体验区，人们可以亲手从蚕茧开始，经过煮茧、缫丝等步骤，制作出一段段洁白的蚕丝。参与者在这个过程中不仅能够体验到传统工艺的魅力，更能深刻体会到蚕的伟大奉献。昆虫标本DIY教室也是一个有趣的设计，但需要强调伦理，因此只能使用自然死亡的昆虫。在这里，参与者可以学习昆虫标本的制作方法，通过摆弄昆虫的身体构造，更直观地了解昆虫的形态特征，但又不会伤害到活着的昆虫。

沉浸式展厅：利用VR技术打造的沉浸式展厅为参与者带来全新的昆虫体验。在展厅内，人们可以通过VR设备，身临其境般地观察昆虫的生命周期，从卵的孵化、幼虫的生长、蛹的变态到成虫的羽化，每个阶段都栩栩如生地展现在人们眼前。同时，还可以展示濒危物种保护故事，通过VR技术让人们感受到濒危昆虫的生存困境，如它们栖息地的缩小、生存面临的威胁等，从而唤起人们保护昆虫、保护自然的意识。例如，展示中华虎凤蝶的濒危状况，让人们感受这种美丽蝴蝶即将消失的危机。

第三节 昆虫疗愈

一、定义

昆虫疗愈（Insect Therapy）是利用昆虫或其衍生物（分泌物、毒液、虫体等）进行健康干预的疗愈方式，结合传统医学、生态学与现代科技，旨在通过昆虫的生物活性物质或互动体验改善人体生理与心理健康。常见昆虫疗愈有蜂疗、蚕丝疗法、蚂蚁疗法、蟋蟀蛋白疗法等。在休闲康养领域，昆虫疗愈中的蜂疗法占据着重要的地位。现在有蜜蜂蜂疗法和胡蜂蜂疗法，分别在人类机体各个系统的疾病治疗中具有重要的应用价值。

二、蜂疗

（一）蜂毒的治疗方式及原理

蜂针疗法：蜂针疗法是借助工蜂的蜂针蜇刺病患的机体，让蜂毒直接注入机体之中。当蜂毒作用于机体时，患者局部会出现血管扩张、充血、体温升高等症状，这样就起到了针、药、灸三者结合的治疗作用。这种方法操作简单而且疗效不错、副作用较小。但是，蜂针疗法存在蜂毒量无法定量、重复性较差的问题，并且其安全隐患不容忽视，如果操作不当放飞了活蜂，就可能导致其他人被蜇伤。

蜂毒注射：蜂毒注射液一般能治疗风湿病，但是需要遵医嘱用药，蜂毒注射液属于一种蜂毒粗提物，含有蜂毒肽等物质，有助于消炎止痛，能够改善血液循环，加强血液流动，活血化瘀，缓解由于类风湿性关节炎出现的关节肿痛等情况，可以缓解活动受限的症状，除使用药物治疗外，患者还可以通过热敷的方式减轻软组织损伤，缓解疼痛。

（二）蜂产品的不同功能

蜂疗不仅是蜂毒治疗，还包括其他蜂产品的功能保健作用。

蜂蜜对便秘、失眠、灼伤、皮肤溃疡、创伤等有一定的疗效。

蜂胶具有显著的抗菌、抗病毒的作用，对于咽痛、牙周炎等症状有一定的缓解作用。

蜂王浆能够增强抵抗力，具有降低胆固醇和性激素的作用。

蜂花粉富含人体所需的全部必需营养素,是自然界中营养最全面、最均衡的食物,可以说是人类天然食品中的瑰宝,它可以增强抵抗力、减缓皮肤老化、改善记忆力、重新激活缓慢的新陈代谢。

(三) 蜂疗的特点

1. 渐进性

由于患者机体对蜂毒量存在一个时间和剂量的接受过程,所以蜂疗是循序渐进的。这如同给身体逐步建立起一种应对蜂毒作用的能力,身体从缓慢适应少量蜂毒开始,逐渐过渡到可以承受更多蜂毒的量来达到治疗疾病的目的。

2. 后效性

蜂疗刚结束时,其疗效可能并不明显,往往需要数月后才能显现出来。

3. 反应期

在发挥疗效之前,身体会产生如皮温升高、发痒、乏力等反应,并且会在当天停止或者经过更长时间逐渐消失。这一现象说明病情在逐渐好转、症状得到缓解。但是,如果出现发热、肌肤发痒、心跳加快、荨麻疹等过敏症状,患者应及时就医或停止治疗。

三、蜂疗康养项目

(一) 项目定位

以蜂疗为核心,与自然生态、中医文化与健康管理完美融合,构建一个集疗养、休闲、教育于一体的高端康养场所。其核心价值就在于为顾客提供天然、科学且个性化的蜂疗体验,同时把蜂疗文化与健康理念进行广泛传播。

(二) 选址与规划

选址考量:在选址方面非常考究,需要有清新的空气和茂盛的植被,山区或者森林周围区域,保证蜂群的健康,让游客身心愉悦,且交通方面要求距离中心城市2~3个小时车程,方便目标客群前来。若周边有着温泉、湖泊、农田等自然资源则更能丰富康养项目内容。

功能区规划:功能区的规划细致入微。蜂疗体验区包含蜂疗室、蜂毒提取展示区、蜂产品体验馆,让游客近距离感受蜂疗。生态养殖区设置智能化蜂箱群,游客可以观摩学习。康养住宿区营造生态木屋或者帐篷酒店,给游客带来

安静的居住氛围。休闲娱乐区涵盖药膳餐厅、茶室、步道、观景台等多种休闲场景。文化教育区设置蜂疗文化馆、中医讲堂、DIY 手工坊（如蜂蜡蜡烛的制作等），满足游客在文化教育方面的需求。

（三）核心服务内容设计

蜂疗体验：蜂疗体验丰富多样，有专业蜂疗师操作的蜂毒疗法，如穴位蜂针、蜂毒注射、蜂毒贴敷等；还包括利用蜂毒精油、蜂胶面膜、蜂巢泡浴、蜂蜡敷膏等产品打造的蜂疗 SPA，加上根据客户体质与需求定制的 7 天或者 14 天等不同的蜂疗疗程。

健康管理：健康管理环节全面周到，有中医师提供的中医诊断（像体质辨识、经络检测等），还有包括蜂产品药膳（如蜂蜜炖雪梨、蜂蛹炒蛋）及定制营养餐在内的营养膳食，以及像蜂疗瑜伽、森林徒步等轻度运动项目的运动康复。

生态体验：游客能够穿着防护服参与养蜂体验，如蜂箱检查、蜂群观察等活动；还能进行自然疗愈，如参加森林浴、冥想课程，凭借蜂群振频来放松身心的蜂鸣声疗愈。

文化教育：文化教育这一板块通过蜂疗文化馆展示蜂疗历史、蜂产品功效、蜂群生态等知识；DIY 工坊，教授蜂蜡蜡烛、蜂蜜皂等手工制作；专题讲座，邀请中医专家、养蜂达人分享蜂疗与养生知识。

（四）风险控制

保障项目安全性方面，严格训练蜂疗师，配备急救设备和抗过敏药物，建立肾上腺素急救预案（0.1% 溶液肌注剂量 0.3~0.5 毫升）；应对市场风险方面，依靠多元化服务和精准营销降低客源波动情况；在生态风险方面，对蜂群规模进行合理控制，防止对当地生态造成不利影响；活蜂操作需符合《实验动物福利伦理审查指南》（GB/T 35892—2018）。

第四节　昆虫声音的数字化疗愈

在现代社会的快节奏生活中，人们不断探索各种方式来缓解压力、改善健康状况。其中，昆虫声音的数字化疗愈开辟了一条独特且充满潜力的路径。昆虫的声音，诸如蟋蟀的鸣叫、蝉鸣、蜜蜂振翅声等，天生具备节奏感和频率特性，当借助数字化手段进行提取、处理并应用于疗愈场景时，能在缓解焦虑、改善睡眠以及提升专注力等方面发挥意想不到的作用。

一、核心步骤与技术实现

（一）昆虫声音的采集与处理

1. 声音采集

在进行昆虫声音采集时，目标物种的选择至关重要。例如，蟋蟀的鸣叫可产生稳定的白噪声，其声音特质类似一种宁静的背景音，能够帮助人们放松；蝉鸣具有高频节奏感，独特的韵律如同自然的鼓点；蜜蜂振翅则发出低频振动声，这种声音犹如大地的低哼，给人一种沉稳、安心的感觉。

栖息环境直接影响采集的声音质量。自然栖息地如田野或森林是理想的采集场所，田野里一望无际的绿色作物间，昆虫们自由自在地歌唱，森林中茂密的树木遮天蔽日，各种昆虫交织出一首首独特的交响曲。不过，人工模拟环境如温室或实验室也可供选择。在采集过程中，为避免环境噪声的干扰，这些场所需尽可能保持安静。

采集设备的性能同样关键。高灵敏度的麦克风，如森海塞尔 MKH 系列，宛如灵敏的耳朵，能够精确捕捉细微的昆虫声音。便携式录音设备则方便携带至不同的采集地点，再加上防风罩，可以有效抵御外界环境因素如微风对声音采集的干扰，确保采集到纯净的昆虫之声。

2. 降噪与分类

为了得到纯净有效的昆虫声音，去噪技术必不可少。比如，利用 AI 算法中的频谱减法或深度学习模型，能够精准消除风声、人类活动等杂音。就像在一个复杂的乐章中，去除掉了那些纷乱的不和谐音符，只剩下纯净的昆虫旋律。而声音分类工作则像给每一个音符分类归档一样，通过卷积神经网络（CNN）识别出不同昆虫声源，构建出标签化的数据库。想象这个数据库就像一个装满各种昆虫声音宝藏的仓库，每一种声音都被清晰地标记，可以随时被提取使用。

（二）声音的数字化处理与增强

1. 频率优化

频率优化的重点在于提取对人类有益的频段并强化相应效果。拿蟋蟀声来说，其中 1 000~4 000 赫兹的频段具有舒缓效果，这个频段的声音就如同轻柔的微风拂过心灵，能够抚平人们心头的焦虑。而且，通过调整频率诱导 α 波（8~12 赫兹），这种诱导效果能够进一步增强声音的疗愈性。这就好比是为人们的大脑做一场温柔的按摩，让它从紧张的状态逐步放松下来。另外，依据心

理学研究调整声音强度与节奏也很关键，像蝉鸣的间歇性节奏，其独特的节奏变化就像是一把特殊的钥匙，能够打开身体放松的大门。

2. 声景融合

为了创造更加沉浸式的体验，声景融合应运而生。将昆虫声音与自然声景或人工音乐相结合是一种绝妙的创意。自然声景中的流水潺潺声、风声呼啸声与昆虫声音交织在一起，就像大自然亲自奏响的和谐交响乐。比如，将昆虫的鸣叫与潺潺的流水声融合，人们仿佛置身于宁静的溪边，感受着自然的美好与宁静。同时，人工音乐也能与之相结合，通过巧妙的编排，打造出独特的疗愈音乐篇章。而且，采用3D空间音效（如通过双耳录音技术），能够模拟野外立体声场，提升声音的真实感。听众就像亲临野外环境之中，声音从四面八方传来，这种真实感能够让疗愈效果更加显著。

（三）应用场景开发

1. 智能硬件与软件

在智能硬件与软件应用方面，App开发已成为昆虫声音疗愈的重要手段。如名为"Insect Sound Therapy"的App，犹如一个装满各种声音疗愈宝藏的魔法盒，它能够提供定制化播放列表。又如名为"深度睡眠蟋蟀声"的列表就是专为帮助人们进入深度睡眠而设，那持续而稳定的蟋蟀声就像黑夜中的宁静使者，赶走人们内心的烦躁和不安；"专注工作蜂鸣模式"则凭借蜜蜂振翅声的节奏，激发人们像蜜蜂一样专注有序地工作。这些App还能与各类智能设备联动，如与睡眠耳机（如Bose Sleepbuds）相连接，让用户在睡眠时在耳边享受到昆虫声音的温柔陪伴；与智能音箱（Amazon Echo）集成，借助智能音箱的优质音频输出以及语音控制功能，方便用户操作，轻松获得疗愈的声音体验。

2. 生物反馈系统

生物反馈系统的应用能进一步提高昆虫声音疗愈的个性化和精准性。通过可穿戴设备（如Apple Watch）监测用户的心率、脑电波等生命体征。在这个过程中，可穿戴设备就像一个精密的健康守护者，时刻关注着身体内部的微小变化。根据这些监测数据，动态调整声音频率，就如同调音师根据现场状况实时调整音乐弦音一样。同时，基于用户压力指数（HRV数据）进行个性化推荐，如当数据显示用户压力较大时，系统自动匹配最佳的声景组合。这就像是为每一个独特的个性化定制专属的疗愈套餐，最大程度地满足用户的需求。

二、应用场景

(一) 睡眠障碍干预

对于睡眠障碍患者，昆虫声音疗愈是一种有效的干预方式。在夜间，城市中交通声等环境噪声常常干扰人们进入睡眠状态。这时，播放蟋蟀声音就像是给城市竖起一道隔音的屏障，它的持续白噪声如同夜色中的安宁毯，覆盖城市的喧嚣，结合 α 波诱导频率，能够将人的大脑逐步引导进入放松状态，帮助用户快速进入深度睡眠。

(二) 焦虑缓解与冥想辅助

在缓解焦虑和辅助冥想方面，昆虫声音同样发挥着独特的作用。例如，蜜蜂振翅的规律低频声（200~500赫兹）像是一种无声的引导者，引导人们进行深呼吸。当人们专注于这种规律的声音并跟随它的节奏呼吸时，体内的皮质醇水平会逐渐降低，体内的紧张激素仿佛被这种声音的魔法一点点驱散。在冥想课程中，叠加蝉鸣节奏则有助于增强专注力。当人们闭上眼睛，沉浸在冥想中时，蝉鸣就像一位静谧的导师，用它富有节奏感的声音引导人们逐步排除杂念，让心灵更加专注于当下的宁静。如 Calm App 推出的"夏日蝉鸣"冥想专题，在这个专题里，结合正念指导与自然声景，为用户提供一个完美的焦虑缓解与冥想辅助平台。

(三) 办公效率提升

在办公场所，昆虫声音也能提升人们的工作效率。低强度的蟋蟀声类似于咖啡馆环境噪声，适度的环境声音能够唤起一种类似"咖啡因效应"的效果，在不知不觉中提升人们的注意力，就好像在一个充满活力但又不过于吵闹的氛围中，人的思维变得更加敏捷。此外，利用蜜蜂群体振翅的协作频率（约250赫兹），可以激发团队创造力。团队成员在这种声音的背景下，就像是受到蜜蜂团结协作精神的感染，思维更加活跃，创新的火花更易迸发。

(四) 儿童孤独症干预

对于儿童孤独症的干预，昆虫声音疗愈展现出其独特的潜力。蝴蝶翅膀振动的高频声（12 000~20 000赫兹）能够刺激孤独症儿童的听觉感知，像是为他们关闭的感官世界打开一扇新的窗户。在辅助感官统合训练方面，这种高频声音就像一把特殊的钥匙，唤醒他们对声音的感知能力。同时，通过设计互动游戏，如"跟随蟋蟀声寻宝"，可以改善孤独症儿童的社交互动能力。在游戏中，蟋蟀声成为一种引导元素，让孩子们围绕着声音进行互动、探索和交流。像日本的"昆虫声感教室"，就是利用数字化昆虫声音帮助孤独症儿童建立与外界的连接。孩子们在这个特殊的教室里，通过昆虫声音逐渐打开心扉，与外界环境和其他小伙伴建立起桥梁。

三、技术挑战与解决方案

（一）声音的真实性与伦理问题

昆虫声音疗愈面临着声音真实性与伦理方面的挑战。如果过度依赖合成声音，将会失去自然疗愈价值。毕竟，人们寻求昆虫声音疗愈是为了获取来自自然的纯正力量。同时，野生昆虫录音可能会破坏生态环境。例如，在一些珍稀昆虫栖息地进行过度的录音采集活动，可能会干扰昆虫的正常生活习性，影响它们的繁殖、觅食等活动。

针对这些挑战，提出了相应的解决方案。一方面，采用人工繁育昆虫录音的方式，如在可控的实验室蟋蟀农场进行声音采集。在这样的环境下，可以保证昆虫的生存环境优良，能够持续稳定地提供具有疗愈价值的声音，同时避免对野生种群的依赖和干扰。另一方面，利用 AI 生成与增强技术，如用 GAN（生成对抗网络）模拟自然声景。这种技术就像一位巧妙的画家，能够绘制出以假乱真的自然声景画卷，在保证声音体验具有自然感的同时，减轻对野外昆虫种群的压力。

（二）个性化适配与用户体验

不同人群对声音的敏感性存在很大差异。例如，蝉鸣对于部分用户来说可能会造成烦躁不安的情绪，这是在昆虫声音疗愈推广过程中需要解决的难题，需要采用用户画像算法和动态调节引擎。通过问卷或者监测生理数据（如皮肤电反应）来深入了解用户对不同声音的反应，构建用户画像。根据画像是为用户绘制量身定制的疗愈地图。而动态调节引擎则可以实时响应用户状态（如呼吸频率等）调整音效参数，根据用户当下的状态实时调整声音，确保声音疗愈体验始终处于最佳状态。

（三）商业化与可持续性

昆虫声音疗愈市场相对小众，需求分散，而且硬件开发成本较高，这给其商业化与可持续发展带来了挑战。

为应对这一挑战，可以采用订制服务的商业模式。例如，App 基础功能免费提供，这能够吸引众多用户尝试昆虫声音疗愈体验。对于高级声景库和生物反馈功能等更高级、个性化的服务则进行收费，这样既满足了不同层次用户的需求，又能获得收益，用于持续的产品研发和服务提升。此外，开展 B2B 合作也是一个有效的策略。向医院、康养中心等机构提供定制化声疗系统，如针对癌症患者的疼痛管理，开发出专门的昆虫声音疗愈方案。医院和康养中心等机构具有稳定的客户群体，通过合作不仅能够将昆虫声音疗愈推广到更广泛的群体，还能获得资金支持以维持业务的可持续发展。

四、未来发展方向

（一）元宇宙融合

随着科技的不断发展，昆虫声音疗愈与元宇宙的融合充满无限可能。在虚拟世界中构建"数字昆虫生态馆"，通过 VR 头盔，用户可以沉浸式体验声景疗愈。一旦戴上 VR 头盔，仿佛进入一个全新的昆虫生态世界。眼前是各种各样形态各异的昆虫在身边飞舞、吟唱，3D 立体声环绕的昆虫声音疗愈效果达到极致。在这个虚拟世界里，人们可以远离现实生活中的喧嚣和压力，全身心地沉浸在昆虫声音带来的疗愈之旅中。

（二）基因声学

基因声学是一个充满前瞻性的发展方向。通过编辑昆虫基因调控鸣叫频率，可以定向生产疗愈声源，如培育出"低频镇静型蟋蟀"。这种通过基因编辑技术对昆虫进行改造，使其声音具有更强、更精准疗愈效果的设想，如果能够实现，将把昆虫声音疗愈推向一个新的高度。就像人类对植物进行基因改良一样，对昆虫声音的基因层面的调控能够为疗愈领域带来更多革命性的突破。

（三）跨物种交互

开发昆虫声音与植物挥发性物质（VOCs）联动的多感官疗愈系统是另一个值得期待的发展方向。昆虫的声音与植物挥发性物质之间存在着某种微妙的联系，当二者结合起来作用于人体时，可能会产生一种超越单一感官刺激的疗愈效果。例如，当昆虫在某种植物附近鸣叫时，植物挥发的特殊香气与昆虫声音相互配合，从视觉、听觉、嗅觉等多方面对人体进行疗愈刺激，开启一种全方位、多感官的自然疗愈新模式。

昆虫声音的数字化疗愈是"自然声学+AI+生物科技"相互交叉融合的成

果，它为现代人提供了一种低门槛、高适配性的健康干预方式。其核心在于精准地平衡技术精度与自然真实性，同时必须关注生态伦理与用户隐私问题。在未来，随着脑科学研究的不断深入和硬件技术的日益普及，昆虫声疗有望成为"数字自然主义"健康生态的重要组成部分。这种独特的疗愈方式将继续探索自然与科技的深度结合，为人类的健康和福祉带来更多的可能性。

第五节　昆虫休闲康养实践

一、昆虫创意休闲产业

休闲康养产业是以满足人们休闲、健康、养生需求为核心的综合性产业，融合了休闲旅游、健康管理、养生保健等多个领域，为消费者提供全方位的身心健康服务。目前，全球休闲康养产业发展迅速，市场规模不断扩大。国内外的休闲康养项目形式多样，涵盖了温泉疗养、森林康养、海滨度假、养生度假村等多种类型。据统计，全球健康旅游市场规模已超过数千亿美元，且呈持续增长态势。中国的休闲康养产业也迎来了快速发展的黄金时期，消费者对高品质健康生活的需求日益增加。

1. 萤火虫休闲创意产业

作为一种世界著名的经典夜间发光昆虫，萤火虫被世界各地的人们所熟知，具有广泛和良好的民众情感基础，稀有性、特殊性、文化性等特性使其成为知名的观赏旅游昆虫和破解诸多社会热点问题的有力工具，尤其是具有特殊的"养心"和"疗愈"的特殊功能，成为休闲产业的新宠，更是夜间旅游、农业赋能、生物科普、生态康养等产业的素材，尤其是成为夜游经济和差异化旅游的绝佳题材，被誉为"夜游神器、吸客利器"，在多地成为旅游爆点。

由于萤火虫各虫态都不会产生任何污染源，甚至由于对环境的苛刻要求而成为优质环境的代言者，是"绿水青山就是金山银山"理论的绝好注脚和演绎；萤火虫不仅成虫能发光，卵、幼虫、蛹都能发光，展示时间其实很长；没有异味，没有噪声，不会咬人，对人没有毒性，对游客没有任何的危害，是一种综合得分很高的旅游昆虫，被誉为"昆虫界的大熊猫"。

萤火虫产业必须以昆虫创意产业思想为指导，加入创意思维，融合一、二、三产业，深入挖掘和延伸产业链，打造"萤火虫创意产业群"，最大化延长其产业链，最大化彰显其产业价值。四川虫生生物科技有限公司十几年来，逐步打造出了融合"农文旅教"一、二、三产业多个领域的萤火虫主题休闲创意产业链。

首先,萤火虫可以融入第一产业,发展"萤火虫农业"或"萤光六产农业"。由于陆生萤火虫幼虫可以取食蜗牛、蛞蝓等有害软体动物,水生萤火虫幼虫取食田螺等有害软体动物,因此可以作为天敌昆虫应用于生物防治,发展生态农业。在水稻田里养殖水生萤火虫发展"稻萤共生",在茶园里养殖陆生萤火虫发展"萤光茶园",依此类推,可以在诸多传统农作物中植入萤火虫,让对环境要求苛刻的萤火虫监测和代言农产品的安全性和高品质,打造一种崭新的农产品"虫检"技术和方式,发展"萤光六产农业"新农业产业业态,从而提升传统农产品的市场竞争力和高附加值,还能破解有机农业的信任难题。与此同时,养殖出的萤火虫还能吸引游客前来观赏和促进农产品销售,从而巧妙地为传统农业赋能,深度促进农旅融合和一、二、三产业融合。

其次,萤火虫还可以适度融入第二产业。可以推出"萤火虫"品牌的系列特色农产品,包括萤光稻、萤光米粉、萤光茶、萤里酒等;荧光素可以在医药上有诸多的用途;萤火虫的成虫在《本草纲目》中即有记载,可以医治多种疾病;有些萤火虫可以产生一种具有强心剂作用的毒素,可以用来治疗心脏病,萤火虫毒素是一种还没有被开发的生物活性物质,具有很大的产业价值。

最后,萤火虫最大的开发利用潜力是在旅游、教育、文化、康养等第三产业。作为公认的旅游"吸客利器",萤火虫可以显著促进包括传统景区旅游和乡村旅游的夜间经济,拉动住宿、美食、购物等诸多产业。打造"萤火虫主题校园""萤火虫自然学堂""萤火虫科普馆",推出"萤火虫主题研学游",研发线上线下教育资源包,深度挖掘萤火虫教育和科普产业。深度挖掘萤火虫深厚的文化底蕴,推出系列萤火虫文创产品、文化活动,甚至打造世界级的IP产业,结合萤火虫文化和精神,深度开发出有灵魂有内涵的文创产品和影视作品。由于赏萤具有缓解焦虑、释放压力等功能,还可以推出萤火虫"养心"特色康养业态。推出诸如"禅意萤光""人间萤河""萤飞蝶舞""大熊猫·小萤火"等特色主题萤火虫项目;注重萤火虫的"养心"功能和文化元素,逐步把萤火虫旅游从"观萤"上升到"赏萤"进而升华到"拜萤";萤火虫文化产品的开发,不能只停留在表象,还要结合萤火虫文化和精神,深度开发有灵魂、有内涵的文创产品和影视作品。

总体来说,萤火虫好似一棵大树,只要树基稳固,不知道发多少树丫,不知道长多高,只有打好了基础,萤火虫产业能挣多少钱,能做多大的产业,无人知晓;萤火虫是个翘板,可以撬动很多产业(包括地产、教育等);萤火虫是个黏合剂,可以把很多产业整合在一起,比如一、二、三产业的融合,以及萤火虫众多文创产业,萤火虫基本是"无孔不入",可以与很多很多的产业相融合而诞生创新性的产业,正所谓"萤火虫+""+萤火虫",要打开思路,将

第二篇 探索篇

萤火虫融入更多的传统行业,而且,"萤火虫+"的思路不是简单的"1+1=2",最好要有"1+1>2"的效果甚至乘积效应;萤火虫有"点石成金"和"画龙点睛"及各类赋能的功能,对很多商品都有溢价能力,很多普通的产业和商品,融入萤火虫元素后,吸引力显著提升,比如传统的小景区、农家乐、民宿、酒店、帐篷、餐厅等,只要加入萤火虫元素,就不一样了,本来普通的水稻田和茶园,加入萤火虫元素,就变成了"萤光稻"和"萤光茶",为传统农业赋能,经典的农旅融合和一、二、三产业融合——这在行业和产品越来越追求差异化和品牌性的当今市场背景下,显得尤为重要,只要有明星物种萤火虫的巧妙加入,很容易使传统的行业和产品出现差异化和品牌性。

综上所述,萤火虫产业链是结合"传统农业""有机农业""乡村旅游""夜间旅游""农旅结合""三产融合""乡村振兴""养心康养"等诸多产业,也是"绿水青山就是金山银山"的绝好注脚,是能取得显著的生态效益、社会效益、经济效益和文化效益,是值得深入探索的一条新路径。即使从投入产出比上来说,萤火虫产业的投入产出比一般是1∶10甚至更高,最差的也是1∶5左右,也是非常优质的投资项目。

休闲产业要重视赏玩昆虫(如萤火虫、蝴蝶、蛐蛐等)等物种的特殊作用,并以"昆虫创意产业"思维为指导,大力加入创意成分,拓展产业和业态范围,加强一、二、三产业和农文旅教等多个业态的融合,取得最大最多最综合的经济、生态、社会、政治、文化效益。萤火虫等赏玩昆虫主题的休闲创意产业不仅在农文旅教等产业发挥作用,还能促进乡村振兴的五大振兴,更是一种新质生产力。

萤火虫主题休闲创意产业不仅具有简单的休闲功能,还能解决多个社会问题,如城市和旅游景区的夜间经济有了新的素材,且自带流量,具有极大的吸睛能力;萤火虫具有"画龙点睛""点石成金""赋能"等作用,一旦融入萤火虫元素,普通的民宿、露营、饮食、夜游、农业等立即就有了新的生命力,尤其是能显著代言生态农业和有机农业,为传统农业赋能,显著提升附加值;萤火虫产业具有明显的技术壁垒和资源限制,具有显著的差异化和唯一性,产业优势明显,特色明显,不会泛滥,具有持久的生命力。

2. 蝴蝶休闲创意产业

随着城市化的进程,城市生态环境问题日益严重。为了应对这些问题,生态公园、蜻蜓公园等不同类型的自然场所被设计出来。而蝴蝶园作为其中的一部分,不仅有助于提高生物多样性,也为人们提供了在城市中观察和体验自然生物的机会。通过在这些场所中与自然互动,尤其是与蝴蝶互动,能够有效提升人们的身心健康和情绪调节能力。

在蝴蝶园中,参观者通过模拟的自然生态系统获得了人与自然亲密接触的机会,参观者可以观察蝴蝶的生命周期,如化蛹、孵化、飞行等过程,这种互动过程不仅局限于静态观赏,也能增加人与昆虫及植物的动态互动。这种动态的自然过程对心理健康的恢复具有潜在的积极作用。研究结论指出蝴蝶园不仅是环境保护和生态教育的场所,还能通过与蝴蝶和植物的互动,帮助缓解参与者的情绪压力,促进他们的身心健康。例如,蝴蝶可能会飞落在观赏者身上,给予一种独特的与自然生命互动的体验。这种互动带来的心理感受非常独特,能够增强个体的幸福感、提升情绪,缓解焦虑,甚至具有促进免疫系统的功能。在许多心理疗法中,冥想与自然观赏结合被用来帮助患者放松和舒缓情绪。在蝴蝶园中,许多访客通过观察蝴蝶的飞行、花朵的绽放,以及植物间的自然互动,能够达到类似冥想的效果。这种结合有助于减轻情绪压力,增强个体的专注力和情感的平衡。色彩心理学家指出,明亮的颜色如蓝色、橙色、黄色等能够唤起愉悦和积极的情绪。蝴蝶园中,各种色彩鲜艳的蝴蝶自由飞舞,不仅为观赏者带来视觉的享受,还通过色彩刺激心理上的放松和快乐情绪。不同颜色的蝴蝶翅膀与自然景色的和谐结合,可以帮助观赏者体验情感上的愉悦和精神上的振奋。

蝴蝶园等昆虫观赏场所对心理疗愈具有显著的积极作用。通过观赏昆虫、接触自然环境,观赏者能够缓解焦虑、抑郁等负面情绪,获得心理上的放松与满足。蝴蝶等昆虫的优雅飞舞、丰富色彩,以及与自然环境的和谐互动,为现代生活中的人们提供了一种恢复性体验,帮助他们更好地与自然和谐共存,同时促进心理和生理的健康。这种疗愈体验在日益忙碌和压力增大的现代社会中尤其宝贵,不仅为人们提供了一种简单有效的心理放松方式,还展示了自然的美妙与治愈力量。

二、昆虫创意康养产业

近年来,随着健康与养老需求的日益增长和市场供不应求的现状,康养产业迎来了前所未有的发展机遇,诞生出无限的市场空间。可以通过食用昆虫和药用昆虫进行养身,可以通过昆虫疗愈和昆虫宠物进行养心,从而实现昆虫创意康养产业。

目前,中国是世界上应用药用昆虫最多的国家,主要是将昆虫干体入药或者深加工提取药用成分后作为药物治疗疾病,或者是作为某种保健品滋补身体。近期,随着人们对饮食营养和滋补的重视,药用昆虫又日益在"药膳"中广泛应用。因此,从上述应用领域和范围来看,"药用昆虫"的概念也不尽完善,其实"药用昆虫"里也包含了很多"保健昆虫""康养昆虫"等。因

第二篇 探索篇

此,本书建议把"药用昆虫"修订为"康养昆虫",把所有"养生""养身"或"养心"的昆虫都纳入进来,统称"康养昆虫"或者"大健康昆虫"。类似"资源昆虫"和"昆虫资源"两个词语的关系,专业术语概念的转变和完善就决定了思维、思路的转变和完善,这样就会从纵向和横向进一步拓展出更多更大的市场,从而让昆虫产业效益最大化。目前康养昆虫在中国的使用还停留在传统昆虫产业思维模式上,最多是在产品研发和营销上有一些创新性的举措,但总体来看,没有深度加入创意产业的思维,在产业研发、业态拓展和市场营销等方面还有很大潜力。

昆虫宠物是指那些既能满足快乐和好奇心,又能带来情绪稳定或心情愉悦的昆虫。可作宠物饲养赏玩的昆虫主要是鸣叫类(如蟋蟀、蝈蝈等)和美观类(如锹甲、兰花螳螂等)观赏昆虫。比如,宠养蟋蟀和蝈蝈在我国有悠久的历史,古代在宫廷、贵族内还有以金笼玉器做饲养器具的,但更多的还是用竹笼、陶罐饲养。此类昆虫饲养在家中,带在身边,可随时观其斗,闻其鸣,怡情养志。已经出现、初露端倪或已经形成市场和具有较久历史的宠物赏玩昆虫如上述。但其实,还有很多很多的宠物性昆虫没有开发,比如,很多的萤火虫幼虫甚至凶猛怪异的爬沙虫等都可以开发成宠物,关键是要创意性地开发产品和运营销售,再就是要创意性地引导消费者和拓展新市场。

韩国学者还提出了"宠物学习昆虫"的概念,是指人们在身边饲养,不仅感到快乐,而且在理解和学习自然的过程中,有助于稳定心理的昆虫,也就是说,宠物学习昆虫是能给人们带来"心情快乐+自然理解+心理稳定"三重体验的昆虫。

幼儿阶段就与宠物昆虫接触是个好主意。昆虫可能是孩子可以独立照顾的第一种动物,当孩子从小就和父母一起外出时,昆虫是孩子最容易找到的东西。与成人不同,儿童的眼睛水平较低,因此他们相对容易接触到昆虫。对于儿童来说,昆虫也非常干净、有教育意义且饲养安全。一个5岁的孩子就可以养昆虫了。

以下是昆虫适合宠物的一些原因:第一,昆虫是很容易被照顾的动物,适合儿童作为宠物饲养。与需要整理、抚摸、运动的狗不同,饲养昆虫时只要具备正确的饲养桶和食物、水 就可以。满5岁左右就可以给宠物昆虫喂食,并提供必要的水分供给。另外,与照顾其他宠物相比,昆虫的饲养价格也相对低廉。第二,通过饲养昆虫,可以让人们自己认识到生命体的诞生和死亡。昆虫的生命相对较短,大多数寿命不超过3年,有些寿命约为30天。通过饲养宠物昆虫,孩子们可以了解生命的开始和结束。每个生命都拥有独特的生命轨迹。第三,小虫子激发孩子的好奇心。如果父母能告诉他们昆虫从卵到成虫的

本性，就能进一步激发他们的好奇心，甚至可以通过后院的一群蚂蚁来教导合作和分工的价值。孩子们将能够在抚养宠物的同时获得问题和答案。第四，让孩子饲养宠物昆虫可能是从父母的角度教会他们责任的最有效方法，定期喂养和补充营养就像教孩子对其他生物感兴趣。它可以让孩子们从小就了解其他生命，让孩子们意识到其他生物可以通过自己的双手活得很好。当孩子们享受这个过程时，责任感和生活方式就会自然而然地灌输给他们。这将是一个培养孩子责任感的好方法，并且不会让他们感到无聊或严厉。

除此之外，还有很多好玩的昆虫都可以作为休闲赏玩的载体。比如，可以将竹象虫或金龟子插上小竹棍做成"昆虫小风扇"，在四川等省份就有用蜘蛛网等方法"钓蜻蜓"的休闲娱乐活动，在山东用面筋、在四川用蜘蛛网粘蝉等娱乐活动都是昆虫的休闲赏玩，甚至，还可以搞些更有创意和科研元素的新项目（蛙吃了萤火虫之后肚皮"发光"、磁场使得东亚飞蝗体色改变等）。当然，这些昆虫娱乐活动也可以作为昆虫科普或研学游的内容。

（一）创意性产品

昆虫康养保健创意性产品的研发，至少包括纵向和横向延伸两个方面：康养昆虫传统开发虫态系列产品的创意性延伸，属于纵向深度延伸，是较容易想到和做到的。比如，若开发爬沙虫产品，将其做成爬沙虫饼干、辣酱，乃至胶囊、口含片等，都是有一定创意的产品纵向延伸。康养昆虫创意性新型产品的研发，属于横向拓展延伸，很多时候被从业者忽视。这类产品又分为以下几种情况：

（1）不同虫态的产品。比如，爬沙虫的产品，不仅是做幼虫，还可以做蛹、卵做成卵酱、成虫整体或其翅膀做成标本等。

（2）不同产品之间的混杂。这种情况又分两种，一种是同类产品的混杂，包括简单的虫体混杂或初加工后的混杂等。比如，将几种不同的具有大致康养效果的昆虫混在一起组合成"康养昆虫套装"；另外一种情况是不同类产品之间的混杂，这种情况下又有两种情况，要么是具有大致康养效果的昆虫和其他保健品（动植物中药材等）混杂在一起组合成"康养套装"，要么就是关系不大的产品之间的有机混杂。比如，将美洲大蠊的提取物融入口香糖里，做成治疗口腔溃疡等的创意性康养产品，或者把爬沙虫的粉剂和茶混在一起，做成新型的康养"虫·茶"，爬沙虫泡在酒里做成康养泡酒等。

（3）最后一种情况是康养昆虫的文化创意产品。比如，很多爬沙虫幼虫的前胸背板的花纹都像两个面对面的"龙头"，可以将其提炼做成 LOGO 式的各类精神文创产品；巨齿蛉的成虫是被吉尼斯评为"世界上现生的翅展最大

的水生昆虫",利用这个由头可以将其成虫或翅膀制作成各类文创产品,从而反向拉动爬沙虫其他产品的销售。再如,人工培育虫草的过程中,菌丝体非常漂亮,稍加装饰,完全可以作为既有食用价值又有艺术价值的大众产品(家庭或办公室的观赏品和食品)。

(二)创意性业态

拓展了产品,还要创意性地拓展业态。上述产品的拓展会带来一些较新业态的拓展,比如,美洲大蠊的提取物还可以做成口香糖、面膜、牙膏等,显著拉长了产业链,发展康养药膳也拓展了业态。还可以不同产业之间交叉,产生一些新的业态或理念。比如,在稻田里养殖爬沙虫,发展一种新型的"稻虫共生"模式;在养殖盒里养殖爬沙虫的同时用器具养殖水生蔬菜和其他植物,发展一种新型的"虫菜共生"模式;在贫困山区的清澈小溪沟里或小型水电站的下游水域里发展爬沙虫生态养殖,在监测水质的同时发展一种"昆虫溪沟经济"的新型产业形态,能带动百姓致富,促进乡村振兴,同时也是"绿水青山就是金山银山"理念的生动诠释和成功实践。

除此之外,还可以将业态拓展到文化教育等产业领域。比如,基本所有的康养昆虫养殖基地都可以同时作为研学游基地,在普及宣传康养昆虫知识的同时,也对消费者进行了教育,为将来的市场开拓做了铺垫;很多的康养昆虫都可以做成文创产品,甚至开设博物馆,发展文创产业,上述中的虫草菌丝若装饰后售卖,则又是一个新型产品带来的蓝海新型业态。

昆虫的声音,如蟋蟀和蝉的鸣叫,常常被归类为一种自然的白噪声。这类声音具有节奏性、重复性和相对温和的频率,能够在一定程度上对人体的神经系统产生放松和舒缓的效果。这种效应及其在自然疗法中的应用是一个有趣的研究领域,涉及生物声学、心理学和自然疗法等多学科的交叉。昆虫鸣叫的声音,特别是当它们与自然环境紧密结合时,会唤起人们与大自然联系的感觉。这种联系可以减轻压力、焦虑,并促进内心的宁静。研究显示,昆虫的鸣叫声有助于减缓心率、降低血压,并减少皮质醇等压力激素的分泌。许多人报告说,夜间听到蟋蟀鸣叫的背景音能够帮助他们放松,进入冥想状态或快速入睡。其中蝉和蟋蟀的鸣叫声频率一般处于较高的频段,这些频率可以引导大脑进入特定的脑波状态,如 α 波(放松、冥想)或 θ 波(轻度睡眠)。这使得昆虫声音在冥想和放松疗法中具有潜在的应用价值。总的来说,昆虫的声音作为自然界的白噪声在声音疗法中有着广泛的应用潜力,尤其是用于缓解压力、促进睡眠和冥想。这种自然声音不仅是一种听觉体验,更是一种与大自然共鸣的方式,使人在现代快节奏生活中能找到一片内心的宁静。

宠物学习昆虫是指人们在身边饲养不仅感到快乐而且在理解和学习自然的过程中有助于稳定心理的昆虫，昆虫宠物是指既能满足快乐和好奇心又能带来情绪稳定的昆虫，学习昆虫是指帮助理解自然、学习科学的昆虫，昆虫疗愈是指用萤火虫、蝴蝶、鸣虫等昆虫疗愈人们的心理和缓解人们的情绪。

（三）创意性营销

在营销这些康养昆虫产品的时候，不能将其作为普通的药物或保健品，按照常规的套路去营销，要瞄准昆虫特性，加入创意性思维，进行创意性营销。

例如，爬沙虫可以和萤火虫搭档销售，推出"养生·养心"康养套餐，在萤火虫景区、酒吧、迪厅等作为特色夜间小食出售；爬沙虫可以针对年轻人群打出"轻养身，朋克保健"等新颖概念，并在产品包装、营销渠道等方面更加体现创意；在专卖爬沙虫的高档餐厅包间里，悬挂很多寓意"广翅飞翔"的爬沙虫标本或文创产品（还可以售卖这些产品），播放爬沙虫宣传片，提高消费者对爬沙虫的产品认知和文化认同；爬沙虫产品的名字也可以冠之以"虫参"等，以提升爬沙虫的档次、品味和价值；与日本的"孙太郎虫"（也是一种在日本使用了几百年的爬沙虫）文化融合推出爬沙虫国际化形象，还可以把爬沙虫按照品相和虫态等分成"黄金虫"等级别和品名，甚至还可以成立爬沙虫的文化馆、博物馆，全面普及爬沙虫等康养昆虫文化，从而提升大众对康养昆虫的认识和接受，最终促进产品销售和产业发展。

☞ 参考文献

曹成全，等，2021. 昆虫创意产业 [M]. 北京：中国农业大学出版社.

曹成全，等，2022. 昆虫创意产业助力乡村振兴 [M]. 成都：西南交通大学出版社.

陈申芝，陈呈涛，付晓东，等，2007. 昆虫在医药和保健品领域的应用 [J]. 河北农业科学（5）：94-96.

梁世伟，王洪凯，2023. 蝉花研究进展 [J]. 浙江农业学报，35（8）：2013-2022.

肖潇，梁贵秋，陆春霞，等，2018. 蚕丝蛋白在抗衰老类化妆品中的应用进展 [J]. 蚕业科学，44（6）：958-961.

杨琦，李兆云，李绍绒，等，2020. 蜂产品在不同领域中的应用探究 [J]. 南方农业，14（5）：112-113.

SON J, KONG M, KANG D, et al., 2015. A study on selection of butterfly and plant species for butterfly gardening [J]. Journal of Korean Society of Rural Planning, 21 (4): 1-12.

☞ 创商训练

1. 你认为昆虫疗愈馆应该如何打造?如何用昆虫最大程度地进行心理干预?
2. 如何用昆虫进行综合性的身心休闲?
3. 阐述综合性昆虫康养的实施内容和打造路径。
4. 阐述昆虫康养产业的创业计划。
5. 阐述昆虫宠物及其相关产品的研发和营销。
6. "银发经济"背景下,昆虫创意产业对休闲康养可以发挥哪些作用?
7. 阐述昆虫创意产业的大食物观、环境保护、昆虫疗愈等对"月子经济"的作用和产品。

第十一章　昆虫创意产业与研学科普

近年来，随着时代的发展、国家的重视和群众的需求，研学旅行和科普活动蓬勃发展，越来越多的家庭鼓励并支持孩子利用节假日、寒暑假参加专业机构组织的研学旅行、自然科考活动等。从事科普活动的主要有社会科普馆、科研单位或科研基地、学校科普室等，科普的重点是科学原理，而对于农业科普、昆虫科普则较少。即使偶尔有昆虫主题的科普馆，也主要是以观赏类的标本为主，形式单一，甚至千篇一律，鲜有全面的昆虫科普基地，更缺乏高质量的自然生态昆虫科普基地，无法提供完整、深刻、生动、自然、系统的昆虫科普教育。目前很多机构的昆虫主题研学科普质量参差不齐，鱼龙混杂，很多的内容都是浮于表面，甚至是外行"专家"讲授，只是让孩子学到皮毛或耍得高兴而学不到太多的知识，还有很多的科普活动太侧重展览，形式大于内容，多数都是让游客观看，或者简单的昆虫知识讲授，其实，真正高级的研学科普活动是内容大于形式，而且是深度的科普。

研学旅行和科普活动很多时候都是紧密结合、不好分割的，因此，本书统称"研学科普"。

一、昆虫研学科普概论

在各种各样的主题项目中，自然教育以其独特的魅力成为研学旅行和科普活动的宠儿。自然主题的研学科普活动多以大自然为场所，而昆虫是大自然中进化最成功、分布最广，孩子们最容易接触到、熟悉却又陌生的动物类群，它们具有五花八门的生存策略和令人匪夷所思的独特外貌，留给孩子们的都是无尽的发现和探索；而教育可以通过与自然环境和奇妙生物的接触，激发孩子对自然界周围事物的好奇心和探究欲望。此外，昆虫研学科普活动具有其他自然主题活动不可比拟的优势：不同于大部分要求保持绝对安静的观鸟活动，昆虫户外探索活动具有更强的趣味性和自由度；不同于大型兽类或其他动物主题户外活动，昆虫户外探索活动具有相对更高的安全性；昆虫种类众多，生物学现象多样且丰富，选择面广，课程设计素材广；昆虫分布广，无处不在，很容易找到活动场所和素材；昆虫的繁殖周期短，适合在短期内观察到多个世代；昆

虫能动有趣,比静止的植物或地质等研学科普题材更容易引起孩子的兴趣;昆虫体型小,易携带,且不易传播各类人畜共患病,很多都对人体无害,安全可靠;昆虫可拓展的产业领域广,很容易延长相关产业链;昆虫的饲养成本低,实验设备简单,为基层学校和社区开展科普活动提供了可行性;昆虫的生命周期和行为特征易于观察和展示;等等。因此,以昆虫作为自然教育的入门启蒙最合适不过。随着人们对自然教育的重视程度不断提高,昆虫研学活动将越来越受到欢迎。学校、家庭和社会将更加注重培养孩子们的自然观察能力和科学素养,昆虫研学作为一种生动有趣的教育方式,必将得到更广泛的推广。

昆虫主题的研学科普,主要是通过讲座、体验、游戏等形式,让学生从视觉、触觉、听觉、嗅觉等各个层面全面认知昆虫,感受昆虫世界的奥妙,培养观察昆虫的能力、对大自然和生命的感知力、对事物的好奇心,提高动手实践能力,拓展孩子的兴趣,让孩子从城市樊笼和电子屏幕中走出来,让孩子们热爱生命、热爱大自然、保护环境,增加对昆虫的了解,从而正确地对待和利用昆虫资源。同时,还要将互动体验、亲子游戏、创新创造、情感励志等元素融入,并研发科普文创产品,探索全新的昆虫科普模式。昆虫研学还可以与学校的课程相结合,丰富教学内容,提高学生的学习兴趣。昆虫研学活动还可以结合实验室研究、科普讲座等形式,让学生们更加深入地了解昆虫的奥秘。在实验室中,学生们可以亲自动手制作昆虫标本,学习昆虫分类和鉴定的方法,感受科学研究的乐趣。科普讲座则可以邀请专家学者为学生们讲解昆虫的进化历程、生存策略等知识,拓宽学生们的视野。虚拟现实、增强现实等技术的应用将为昆虫研学带来更加沉浸式的体验,3D打印技术可以用于制作更加精美的昆虫模型和文创产品。

昆虫主题的研学科普,与昆虫旅游、昆虫文化等产业都有交叉融合,难以进行严格的界限划分,其产业形式也不仅限于研学旅行、科普教育等,还可以与更多的行业灵活有机融合而产生各类新型的科普模式:可以与很多中小学或幼儿园联合打造昆虫主题的"校园科普农场/课堂",在社区建立"虫宠乐园",与科技馆和商场等合作开展题为"科普嘉年华"的室内科普,与一些英语培训机构等联合开展"英语·昆虫剧",在各类灵活的平台上举办"昆虫文化节",联合建立萤火虫主题幼儿园,或蝴蝶主题幼儿园,在城市绿道等公共场所建立"昆虫课堂"发展城市昆虫休闲产业,在抖音等平台上直播萤火虫等明星昆虫科普,建立昆虫主题商业街,建立昆虫宠物店,在大城市大型商场等场所建立"昆虫主题咖啡馆"或"萤火虫主题情侣馆"等新型商业模式,与媒体联合打造"爸爸/妈妈/爸妈去哪儿"之昆虫科普版栏目,利用各类自媒体发展线上网络科普,等等。

二、昆虫研学科普的要素

昆虫研学科普是一个完整的闭环产业链，至少要包括基地设计、课程设计、师资培训、衍生产品4个要素。

（一）基地设计

不管是野外生态还是室内人工研学科普基地的设计和打造，都要因地制宜，精心设计，同时要注意与课程设计紧密结合，相互呼应。

野外生态研学科普基地的设计，重点是充分发挥野外自然生态环境的优势，利用好地理地势和植被生态，尤其是溪沟和山谷等特殊地形，放养丰富多彩的昆虫物种，为设计多样化的课程和体验奠定物质基础。比如，可以把池塘、溪流甚至水田等作为水生昆虫的科普区，开阔和肥沃的地方作为土壤昆虫科普区，禾本科植物茂密的地方（适合螽斯等直翅目昆虫）和树林处（适合蝉）可以作为鸣虫科普区，还可以因地制宜开辟若干专题昆虫区，比如，竹林昆虫、授粉昆虫、农业害虫等。

室内人工研学科普基地的设计，根据是否新建可以大概分为在原有基地（比如科技馆或某些室内设施）上改造或者建设新的专业性的室内科普基地，根据使用时间可以分为临时性的和长期性的，根据市场定位可分为偏专业性的新型博物馆性质基地和专业与游乐兼有的研学游乐馆性质基地。若是在原有基地上改造且为临时性的，那就最大化地利用好现有条件，比如，若原地有玻璃走廊，那就可以设计"萤火虫镜面走廊"这种新型的体验方式。若是专门新建或者长期运营的改造项目，那就要根据场地、区位、资金、运营、定位等因素充分论证，精心设计，确保市场收益和长期运作，尤其是投资较大的博物馆类项目建设，一定要用昆虫创意产业的思维，跳出原有的传统甚至千篇一律的"昆虫王国"或普通博物馆性质的设计，结合研学旅游和新型科普的要求，在科普和研学的基础上，更多地融入体验、互动、文化、亲子等元素，增加基地的魅力和功能，拉长产业链，才能长期持续发展。值得一提的是：四川虫生生物科技有限公司探索的"移动式昆虫研学科普馆"和在校园、湿地、公园、绿道等设置"昆虫学校"，为更灵活地市场化运作昆虫主题研学科普提供了新的思路和模式，值得深入探索和实践。

要把昆虫主题研学科普基地当景区来设计和打造，比如，建造类似"昆虫主题迪斯尼"的景区，将大量的昆虫科普知识转化成各种喜闻乐见的娱乐设施和形式，设置昆虫造型屋、卡通人物扮演等，营造浓厚的昆虫体验娱乐氛围，迅速吸引学生的注意力，让学生先喜欢这个基地，研学科普的组织和效果

就有保证了。

(二) 课程设计

课程设计是非常重要的一个环节，直接关系到研学科普的质量。高水平的课程设计者，首先，需要非常熟悉所设计课程所涉及的系统知识，以保证课程的权威性和专业性；其次，要有丰富的延伸知识，以拓展课程的丰富度和灵活性；最后，要让课程设计符合教育学规律，符合课程受众的年龄特点等。另外，研学科普活动一定要有自己独特新颖权威专业的课程和路线，不能走"红海"战略，一定要做唯一性的产品（比如萤火虫主题），这样才能迅速拔得头筹，打开局面，赢得主动。

需要特别强调的是，专业课程的设计，一定要防止出现两种极端的情况：一种就是"玩"的成分太多，学生在活动中表现出极高的参与热情，但没学到足够的专业知识，甚者还出现了一些不严谨甚至错误的知识点，严格意义上说，这是"伪研学"；另外一种情况就是"学"的成分太多，成了"野外的教室"，就是刻板地讲授专业知识，只是把课堂搬到了野外而已，授课内容也比较刻板，没有或基本没有专业知识之外的拓展，更缺乏体验互动游乐性的东西，严肃有余体验不足而导致学生参与的积极性不高。因此，要力戒出现上述两种情况，最好是中和一下，既有专业性、知识性，又有知识拓展和体验性、互动性，而且一定要注意加入创意，创新性地设计精彩的课程（比如"昆虫运动会"系列课程和项目的设计），而不是抄来抄去，千篇一律，浮于表面。昆虫主题研学科普课程设计和活动落脚点，一定要帮助学生全面认知昆虫所代表的自然界，树立正确的生态观、世界观，进行生命教育，引导学生认真对待生命、对待大自然，保持对大自然的敬畏，还可以引导学生通过昆虫科普理解诸如人生的"生态位"等哲学思考，这样就会显著提升研学科普的深度、高度和质量；同时，还要适当加入创新创业教育，引导学生对昆虫的生物学现象尤其是行为进行深入研究（如萤火虫幼虫的取食行为和发光行为），并对昆虫资源和昆虫产业有初步的认识和探索（如寻找各地尤其是高海拔地区能处理有机垃圾的资源昆虫），在上述这些过程中，还有可能产生很多发明专利和科技论文等研学科普的显性成果。

若要设计昆虫主题课程，首先，要掌握全面系统的昆虫学知识，才能因地制宜地设计出专业性的课程；其次，还要根据教育学规律，加入相关的昆虫文化、昆虫游戏，昆虫英语和文学，并融入感恩教育、生命教育等内容，不仅让学生学到知识，还要有情商和心智的提升。同时，要多开发一些有趣的昆虫科普体验游戏，如粘蝉（既了解了蝉的知识及其发声机理，还启发了各种创新

的粘蝉方式，还让孩子体会到了昆虫游戏的乐趣）、钓蜻蜓（将一只雌性蜻蜓用细绳子拴在一个小棍上当引子，牵着被拴的蜻蜓专往空中蜻蜓成群的地方走，雌雄就"相恋"而纠缠在一起，这时，人们慢慢地将线绳收回，就能捉住雄性蜻蜓）、金龟子"风扇"（把金龟子或竹象虫等用竹片或木条插在两头，做成"风扇"，既有趣，又能动手实践，又能深入了解甲虫的行为习性）、各类昆虫主题的亲子游戏（比如模拟负子蝽的背卵习性而开发的"父背子"亲子感恩游戏）、举办"斗蟋"等打斗昆虫比赛项目、昆虫"电影"（灯诱昆虫），开发"鸣虫争霸赛"或"昆虫音乐会或演唱会"，寓教于乐，在娱乐中学习和体验鸣虫、昆虫主题音乐、乐器研发等综合性知识。

若在野外自然生态环境中，可以充分利用自然条件，加入生态体验理论的精髓，设计水生昆虫、土壤昆虫、陆地昆虫、飞行昆虫、资源昆虫、农业害虫、拟态昆虫、鸣叫昆虫、食用昆虫及其他特色昆虫等主题的课程，白天可以加入粘蝉等有趣的科普体验活动，晚上可以加入观萤、灯诱昆虫等体验性和趣味性很强的科普项目，不仅要关注白天的课程设计，还要关注开发晚上的特殊课程。还可以根据基地的不同特征而设计出相应的延伸课程，比如，若是在农场，则可以延伸讲授"稻虫共生"，加入农业科普和劳动教育，还可以将水生的负子蝽作为父爱感恩教育的题材。在野外昆虫科普课程设计过程中，要特别注意那些有特殊科普价值的昆虫：比如，直翅目蚤蝼特殊的水上跳跃和筑巢习性、蜻蜓特有的"心"形交配行为、水生萤火虫的发光行为、石蚕的筑巢行为、蚁狮捕食行为观察等，都可以成为科普教育课程中的精彩内容。另外，需要提醒的是：在设计课程的时候，很容易忽略掉水生昆虫和土壤昆虫（其中一个原因就是研究和熟悉水生昆虫和土壤昆虫的人很少），其实，水生昆虫和土壤昆虫是很容易出彩、很容易受学生喜欢、体验度非常高、知识性非常强的课程题材，值得重视，比如，常见溪流水生昆虫幼虫/稚虫的捕捞、鉴定及其文化讲解（"朝生暮死"的蜉蝣等），土壤动物的采集、分离、鉴定和科普（蝼蛄的鸣叫及开掘足、蛴螬及其产业价值、土壤中一些非昆虫的"小虫"科普）。

萤火虫主题研学科普的课程设计，不是简单地介绍萤火虫的科普知识，让大家看看萤火虫就结束了，其实，萤火虫的科普课程可以深挖。比如邀请学生或游客参与萤火虫栖息地的打造（脱鞋后踩泥为水生萤火虫幼虫养殖打基础等）并为萤火虫投食，亲手制作灯笼、鸡蛋壳、豆荚、发囊等盛放萤火虫的器具，既能宣传萤火虫文化，又能增加体验性和提高授课效果，还可以邀请学生或游客参观各种萤火虫造型，参与拍照，设计萤火虫科普知识问答，举办萤火虫歌曲或诗词比赛等。即使是观赏萤火虫，也有"萤火虫镜面走廊""火树

萤花""囊萤夜读""萤光拼字""天女散萤"等多种有趣的方式,在让游客体验萤火虫的同时还能更全面和深刻地学习萤火虫知识。

室内研学科普项目的课程设计则很受基地硬件的限制,而且活体昆虫养殖和展示(尤其是那些飞翔和空间要求大的种类)受到一定的影响。这种情况下,课程设计可能更多的是偏向知识科普,但也要力所能及地多设计一些互动体验活动,尽量增加趣味性和参与性,比如,活体动物观赏和体验、昆虫标本制作体验、昆虫显微观察、昆虫打斗等类型的娱乐活动、昆虫主题游戏、昆虫工艺品制作(包括蝶翅画、昆虫琥珀制作、昆虫泥塑、昆虫剪纸、亲子昆虫陶瓷彩绘体验等)、朋克昆虫、昆虫集市、昆虫剧场、寻虫记(尤其是夜间循声捉鸣虫等)、昆虫美食、蚂蚁迷宫趣味体验、昆虫摄影作品竞赛、昆虫写生等。

(三)师资培训

对于高质量的研学科普来说,师资是核心要素,也是研学科普机构的核心竞争力,但却是很容易被忽略且是目前很多研学科普机构最大的短板,市场上严重缺乏高质量的研学科普专业化人才,导致研学科普的授课水平参差不齐。

上述问题与高质量的师资要求有关:不仅要求研学科普授课老师具备全面丰富的专业知识,而且还要有一定的文学、英语等知识,以及拓展知识的能力和手工制作等技能,还要有一定的师范和导游素养如很好的口才和仪表,还要有一定的组织管理能力等。同时具备上述所有能力或多数能力的人才罕见,而且也没有相关的学校和培训机构在培训或能培训这样的师资,以至于成为目前研学科普的硬伤,极大影响了研学科普的质量。

在科普材料的制作和研学基地的打造过程中,尽量增设一些科普知识的介绍,最好配发教材读物,让游客和学生自己就能阅读掌握最重要的知识点;多设置一些互动性、体验性、娱乐性设施;多设计一些体验性、互动性、DIY的活动,让游客沉浸其中,也能学到东西且自得其乐,减少对讲解师资的依赖;此外就是与城市的专业研学游机构或高校合作,聘请一些专业师资来培训村民,或者直接让专业人士以志愿者或付费等形式讲授研学课程。

(四)衍生产品

研学产品的研发和销售目前基本是研学科普产业的空白,主要原因如下:首先,很多研学科普机构以为把基地建好、课程设计好、学生来了找人把课讲好,最多加入一些总结提升就结束了,没有对研学产品引起足够的注意或重视;其次,要研发高品质专业性的研学科普产品,要求拥有知识结构合理的足

够强大的研发和营销团队，能做到这一点的研学科普机构很少。比如，萤火虫主题研学科普活动，可以推出萤火虫系列IP产品、各类活体萤火虫（幼虫和成虫）产品、萤火虫养殖人工饲料、系列萤火虫科普读物等，这些都是研学产品；蝴蝶主题研学科普活动，不仅只推出各类大同小异、没多少创新的蝶翅画产品，或者售卖一些蝴蝶成虫或蛹等，还可以研发更有科技含量且有科普、创新、教育等意义的高质量研学产品。编设一些科研创新小课题，让学生自行去探索，在丰富课程内容和提高课程质量的同时，还能产生一些科研成果和开发产品。比如，将磁石放入东亚飞蝗养殖笼，会使得蝗虫体色发生多种变化，由此变成孩子的宠物，这既是科研成果，又是一个衍生产品。

除此之外，昆虫科普的书籍、视频，昆虫主题扑克、五子棋，昆虫卡片、书签、衣服、学习用品、生活用品、小饰品等都是研学产品（当然了，其中有一部分会与昆虫主题旅游产品重合）。同时，需要说明的是，除要研发销售给游客或学生的研学科普产品之外，还应当配合中小学教学研发符合昆虫研学科普的各类特殊教具；另外，研学产品的重要工作是研发，但产品的营销也很关键。

研学科普的过程可以记录下来，通过剪辑、添加字幕、添加动画等将其制成一集集以学生本人为主角的科普纪录片，作为学生的纪念品，也可以线下建立基地，线上通过自媒体制作"研学科普短片"，并与相关的视频播放平台合作推出这些纪录片，比如创建抖音科普账号，定时发布不同主题的研学科普短片，吸引粉丝，扩大影响力。

需要强调和推崇的是，可以与昆虫主题研学科普一起推出昆虫主题餐厅。比如萤火虫或蝴蝶主题餐厅，不仅在餐厅的外部装修设计上体现萤火虫或蝴蝶的科普文化，还可以在餐具和桌凳设计以及菜品上体现萤火虫或蝴蝶元素，在餐厅里还可以设置一些科普、文创及网红点。

这些衍生产品的研发和营销，不仅拉长了研学科普的产业链，挖掘了产业潜力，增加了收入，而且，还可以让学生和游客将研学产品（实际上也是研学材料）带回家，继续深入地研学科普，拓展延伸了研学科普的空间、时间和内容，也是对传统研学科普的突破和完善。

三、昆虫主题科普馆的建设

（一）综合昆虫科普馆

综合性的昆虫科普馆是最早且最正宗的场馆类型，可以大概分为高校（或科研单位）学术型和社会市场型两大类型，基本都是全科性综合性昆虫主

题博物馆或科普馆,既有科普的功能,又有学术研究价值,同时还有一定的昆虫标本馆藏功能,多是由权威性昆虫学专家指导建成。

前者以西北农林科技大学昆虫博物馆、中国农业大学昆虫博物馆等高校昆虫博物馆,以及中国科学院上海昆虫博物馆为代表。其中,西北农林科技大学昆虫博物馆是 1987 年在国家专款的支持下创建的第一个国立昆虫博物馆,包括生态区、昆虫生命厅、昆虫家族厅、昆虫与人类厅、昆虫学家周尧教授厅、昆虫文化厅及大型的活体蝴蝶园等;中国农业大学昆虫博物馆展览区域分为多个主题,包括昆虫的形态结构、生活习性、分布与演化等,每个主题区域都配备了详细的文字说明与图片展示,以及生动的多媒体互动体验;中国科学院上海昆虫博物馆的历史非常久远,它的前身是筹建于 1868 年的上海震旦博物院,目前收藏昆虫标本 100 万件,是我国收藏量居前的昆虫馆之一。昆虫博物馆集科学研究、标本收藏和科普教育于一身,是目前中国科学院中唯一一个昆虫学科普博物馆,分为昆虫生命厅、昆虫世界厅、昆虫与人类厅(鸣虫厅)、昆虫文化厅。

后者以成都华希昆虫博物馆和南京紫金山昆虫博物馆为代表。其中,成都华希昆虫博物馆展出昆虫标本 2 万余件、馆藏则超过 100 万件,在亚洲各国昆虫博物馆中首屈一指,展出重点为按照科学分类系统展示的中国蝴蝶和观赏昆虫种类,包括世界最大与最小的昆虫种类、各国评选的国蝶等,来自 6 大洲 50 余国的世界蝴蝶和观赏昆虫数万种,以及大量昆虫化石、文物、艺术品、文献资料等,其中属于世界之最的昆虫达 70 余种,共获得 3 项吉尼斯世界纪录证书;南京紫金山昆虫博物馆坐落于江苏省南京市钟山脚下,是一个集昆虫研究、生态展示、科普教育为一体的自然主题博物馆,共有 10 个室内昆虫展区,在这里,不仅可以见到呆萌的甲虫、绚丽的凤蝶、隐身的飞蛾、会搬家的小蚂蚁,还有超多世界珍稀甲虫,可以通过昆虫形态、生活环境、主要类群以及与人类的关系 4 个不同角度近距离观察昆虫,这里更有 3D 打印模型及沉浸感的视频影像环境。

(二) 专题昆虫科普馆

专题性的昆虫科普馆是指为单一物种或少数几个关联性物种建设的主题性科普馆,有时候这类昆虫馆很小,可以称之为"微博物馆"或其他更艺术化的名称。比如,萤火虫主题博物馆,可以叫"萤火虫微博物馆""竹里萤光艺术馆""萤里馆",抑或艺术点的名字"萤火驿站""追光驿馆"等;蝴蝶类的科普馆很多,多数就叫"蝴蝶馆""蝴蝶主题馆""蝴蝶科普馆",抑或艺术点的名字"蝶舞飞扬""追蝶记"。还有一些相关联的叠加主题的馆,比如,

"萤飞蝶舞馆",即指该馆主要科普和展示萤火虫和蝴蝶,两个昆虫类群都是明星物种、著名观赏昆虫,且都与浪漫和爱情有关,都是情侣和孩童的最爱,且"(幼虫)一个吃荤一个吃素""一个白天一个黑夜",相得益彰,最佳搭档。还有其他的大类主题,比如"鸣虫馆"或"听虫舍"、"甲虫馆"或"'甲'天下",甚至配合昆虫美食而建设的"昆虫美食科普馆"或"食虫族"等。

这类科普馆也可以是由政府单位建设,但更多的是私人投资建设。这类馆舍更强调的是主题性,因此,一定要找这类昆虫领域的权威专家指导,要把科普做深做细做透,更不能出现知识性硬伤,同时,要注意场馆内容展示的逻辑性,尤其是科普性、互动性、体验性、趣味性,甚至还要加入很多衍生服务和产品,注意体现市场性,受客户欢迎,且能为投资者带来商业利益。

(三) 社区昆虫科普馆

在社区建设昆虫科普馆,多数都是为了配合社区的昆虫科普活动,既有直接由社区或政府投资建设的纯公益性昆虫科普馆,也有为了配合科普活动而建设的市场性场馆。前者一般都是长期持续性的昆虫科普馆,一般多为微缩版简易版的综合昆虫科普馆,且多为简单的标本陈列和科普资料;后者一般都是短期临时性的场馆,因地制宜,大小皆可,简繁均有,投资灵活,内容多样,要配合科普活动的开展,根据市场反应和民众意见不断更换和完善。此处的"社区"也包括普通的农村,因为,有些农村也建设有各种形式的昆虫科普馆,既有综合性的,也有专题性的(如蚕桑馆或桑蚕馆,还有萤火虫科普馆)。

由于这类科普馆落地在基层一线,且多配合研学科普活动或游客需求,因此,建议不管场地大小和投资额度,都要多增加一些趣味性和互动性内容,而不仅仅是简单的昆虫标本展示,增加客户的吸引力且能产生消费力,同时要注意整体环境的生态性、美观性和立体性、多维度打造,营造最佳的科普环境。注意事项或科普内容介绍如下。

(1) 最好是有一些活体昆虫养殖,包括养殖缸内的小型昆虫养殖以及大型纱网笼内的活体蝴蝶展示等,会极大增加互动性、科普度和吸引力,尤其是人们可以进入蝴蝶养殖棚,近距离与蝴蝶嬉戏、拍照,效果很好,但要注意选择好养殖、低成本的种类,同时要布置好蝴蝶棚的生态景观,确保养殖和美观效果;另外,这些活体昆虫若死掉之后,可以作为消费者 DIY 制作昆虫标本或人工琥珀的素材,不浪费且能带来利润,当然了,这些活体昆虫本身就可以装入小型器具后作为昆虫宠物销售;若有条件的地方(比如有个小暗室等),

还可以建设微型萤火虫养殖和展览室,甚至加入镜面设施,增加赏萤效果,可以与萤烛合影,可以带来夜间流量,有效弥补非周末白天的时间学生没时间的缺憾。

(2)昆虫科普内容要十分有趣,要站在客户的角度去科普昆虫知识,科普和展示手段要多样化、亲民化,让客户在轻松愉快中学习了解昆虫知识,而不是站在专家的角度,一本正经地系统学术地科普,最好还不时地穿插各类可以互动的体验性活动或小游戏等。

(3)尽量增加昆虫文化之类的内容,能拓展民众对昆虫的了解,感受传统文化且能拓展知识面,同时可以配合销售琳琅满目的昆虫文创产品,以及畅销的昆虫科普书籍。

(4)要注重讲解的师资水平,一定要做到深入浅出、通俗易懂、要有亲和力、科普讲解不能有硬伤,同时,最好加入一些与昆虫主题有关的家长沙龙、家庭教育之类的内容,或者多设置一些孩子和家长都能参加的昆虫主题亲子活动,根据昆虫习性举办与父母有关的节日(在父亲节举办象征父爱的"负子蝽"主题活动,在母亲节举办若干象征母爱的昆虫主题活动,活动现场还能制作祝福内容的蝶翅画赠送给父母),以提高家长的参与度。若社区氛围好,还可以择机举办昆虫文化节、昆虫美食节等节日,举办萤火虫或蝴蝶及其他昆虫的摄影大赛等活动,还可以邀请家庭参加"昆虫葬礼",用节日和活动带动昆虫科普,也增加传播力和影响力。

(5)若社区场地较大,还可以适当加入扩大活虫和玩赏的区域,以发现小型的灵活的社区"昆虫疗愈",让孩子在本社区便捷频繁玩耍昆虫的同时,能加入心理教育的内容,促进孩子的身心健康、情绪调节和心理疗愈,将会更加受到家长的青睐,提升昆虫科普的内涵、价值及吸引力、认可度。

(6)可以在社区昆虫科普的基础上,延伸增设昆虫研学或科学研究的内容,筛选部分对昆虫十分感兴趣且有研究潜质的孩子,针对性培养,推动科研成果产出或竞赛能力提升,以产生显性成果。

(7)可以将社区科普与其他昆虫基地或赏萤基地等结合起来,互动联动,扩大科普范围和内容,突破场地限制。

(四)公共场所昆虫科普馆

所谓的"公共场所"主要是指大型商场和公园。近些年来,越来越多的商家热衷在商场和公园中举办各类昆虫科普展,最简单的是各类蝴蝶和高颜值昆虫标本展,也有很多活体昆虫(甚至其他宠物)展览,更受欢迎;多数为综合性昆虫科普展,也有些是萤火虫或蝴蝶或甲虫等的专题性昆虫科普展。

在大型商场举办昆虫科普展，优点是场地相对固定，因是在室内，不受天气影响，而且可以借用商场的流量，缺点就是由于是纯商业区，自然生态的环境背景不够。商场科普展也分为几种类型：①长期固定化驻店营业，②临时短期移动式展览；③品牌性连锁运营，④散打式试验性展览；⑤在核心区小面积营业，⑥在地下车库大面积展览；多数是综合性昆虫展，少有萤火虫、蝴蝶等主题展，还有的是在商场做大型的动物博物馆，其中含有昆虫专题科普区。

在大型公园举办昆虫科普展，优点是场地面积大，能容纳大量游客，接待能力强，周边生态环境好，且能同时举办萤火虫露营和昆虫美食节等大型活动，缺点是需要投资搭建展览场所，且一定程度地受到天气等影响，周边的配套不如商场，客流量也不太好保证。

不管是哪种形式的科普展览，都要注意不能跳不出"门票"思维，堆放一些内容，甚至都没人讲解，收取一定的门票，游客自己进来看看转转，就万事大吉了，这是几十年前的最落后的商业思维，已经被市场淘汰了。要想有生命力和有最大的利润收入，就要注意以下几个方面。

（1）选址。十分重要，不仅是选择的商场或公园的位置和流量，还要看你想举办展览所在城市的人口量、消费力等市场价值，选对位置，就成功了一半。

（2）选题。非常关键，是综合性科普展，还是专题性科普展（是萤火虫，还是蝴蝶，还是其他），决定了投资量和师资要求以及吸引力。

（3）内容。核心要素，是标本展，还是活体展，还是兼而有之；除了科普，有没有体验性、互动性、趣味性的活动，有没有拍照、打卡、DIY等网红元素，有没有活体昆虫宠物、文创产品售卖等，直接决定了展览的含金量、吸引力和利润率。

（4）人力。决定因素，科普展中是否有专业人士讲解，讲解人员的知识水平、人格魅力、亲和度等，还有营销人员和管理人员的水平，甚至还有活虫养殖人员的技术水平等，都决定了活动质量和市场持续度。

（5）市场。附加影响，经济形势、疫情等突发事件、展览的时间是否符合客户的作息、所展览城市和业主方的各类支持，等等，也会从外围影响展览的最终效果和收益。

以"萤火虫进城计划""虫宠乐园""昆虫超市"为例，大致可以按如下内容运作。

（1）设计。在商超围起一片区域，简单布置一下，打造成一个较为生态的乐园，之后用一些器具养殖萤火虫、蝴蝶、甲虫、螳螂、蟋蟀等观赏昆虫，发光昆虫，鸣叫昆虫，触摸昆虫，然后引进活虫和标本，再适当引进金鱼、蜥

蜴、仓鼠、乌龟等低成本、易维护的小型宠物，研发系列文创产品（尤其是可以养殖和互动体验的产品和项目），再添置一些可以拍照打卡、互动体验的区域和项目。

（2）功能。休闲放松、亲子陪伴、研学科普、生命教育、心理疗愈、单身交友、网红打卡；不仅是给孩子玩的，还能给很多情侣和单身青年提供场所；即使玩，也不是玩各类没有生命、没有温度的玩具，而是带有心理疗愈、生命教育、开发智力、增进感情等功能的活体昆虫；在这个构思，不仅能抓住3~5岁的孩子，还能极大引起5~15岁孩子的兴趣，甚至能引起父母和年轻人的青睐，延长了产业链，延伸了客户群，是一个多功能、广覆盖的综合体。

市场和规划是灵活的，可以有更加多样化的商业模式。比如，不仅可以利用商场和公园，还可以在很多网红商业区、古镇等处的门店中灵活融入昆虫展的商业元素，以小博大。比如，在一些昆虫主题酒店、昆虫疗愈馆中也可加入昆虫科普和文创等元素；反之，很多昆虫科普馆也可以转成或加入昆虫疗愈、昆虫文创等元素，甚至加入昆虫创意美食、昆虫主题减压、昆虫时光机、昆虫声音库等新奇元素，馆舍外形的昆虫拟人化设计，都可以加入昆虫科普产业中。另外，还有一些幼儿园和中小学校园也正在探索结合昆虫疗愈打造各种形式的昆虫科普馆，还有一些农业园区内也正在结合天敌昆虫、传粉昆虫等的养殖融入昆虫科普的元素。

四、研学科普中的昆虫摄影

昆虫摄影尤其是昆虫生态摄影可以作为研学科普中的一个重要环节。通过在农业生态园、家庭农场、自然风景区等组织户外昆虫摄影活动、传授昆虫摄影技术、优秀昆虫摄影作品评选和宣传等系列活动，打造举办单位特色品牌，逐步形成一定规模和影响力的昆虫摄影艺术节，使参与者在亲近大自然、锻炼体质的同时，发现自然之美，在不知不觉中传播了生物多样性保护意识。此外，昆虫生态摄影活动中涉及的户外装备、器材，甚至是优秀作品等，均可以作为卖点和对外宣传的素材。

根据拍摄目的和使用器材的差异，昆虫摄影也可以细分，比如昆虫局部细节摄影、昆虫生态摄影、昆虫元素摄影等，也可以分为数码相机摄影、手机摄影、显微摄影等，其中，手机拍摄是最便捷、最常用的手段；随着手机拍照功能的日益完善，夜景、慢动作、延时摄影、微距模式、专业模式等多种拍照模式集合一部手机于一身，部分手机还有AI加持，这给昆虫摄影带来极大便利，在精湛的操作技术下，对昆虫尤其是体型较小昆虫的拍摄效果甚至优于数码相机；市面上见到的智能手机大多具有微距拍照功能，但不同品牌实现微距功能的方式有差异，一种是通过软件进行微距算法实现变焦，即在手机照相机功能菜单中有"微距模式"，另一种是通过硬件，即后置微距镜头，它可以直接改变手机镜头对焦的距离、景深的深度，在实际应用中，后一种的微距拍摄效果要好很多。

自然光是昆虫摄影的首选，虽然每种昆虫都有其自身的活动规律，但结合大多数昆虫活跃程度和最佳拍摄时间，一般选择早晨和傍晚，此时的光线柔和、色调美丽。阴雨天光线柔和，没有过多强烈的阴影，而晴天由于昆虫所处位置光线不均匀或有较大对比度的阴影，较难把控。对于初学者来说，早晨气温较低，许多昆虫飞翔能力有限，更容易拍摄。而地点的选择具有较强的针对性，如拍摄访花昆虫就要到鲜花多的地方，拍摄水生昆虫就需要到溪流或水洼地。构图方面可以选择俯拍、仰拍、平拍等，但不能过分呆板地把昆虫放置中央，要注意发现昆虫的形体细节形成的特别有趣的构图方式；也可以把昆虫的动作或姿态与人进行联想。

对于微小型昆虫或昆虫局部细微结构，使用普通数码相机和手机微距很难获得满意的拍摄效果。这时就可以借助其他工具，比如在珠宝鉴定和电路板检测等领域使用的便携式数码显微镜，可以拍摄到人眼难以观察到的昆虫细节，而利用便携式数码显微镜，放大50倍就可以较清晰地看到触角各节的形状，放大500倍可以看清楚触角上的刚毛。把观察目标移动到头部，可以看到它的复眼不是通常认为的圆形，而是可以兼顾上下方向，视野更加开阔的反"C"形，也许这种结构更能适应其所生存的环境。如果对中型或大型昆虫的局部进行拍摄，在500倍的放大倍率下，更能使人们发现昆虫界的"新大陆"。通过对微小昆虫或昆虫的局部特征进行细致入微的观察和拍摄，不但可以激发人们探索大自然秘密的兴趣，还可以激发不同领域人们的创造灵感。各种显微设备的引入，可以为研学科普提供更加丰富的、令人耳目一新的猎奇类硬件装备，如果再配合3D打印输出，把观察到的奇特形状制作成纪念品，或从中设计出日常用品等使用性产品，将会是一个具有发展前景的领域。

五、研学科普中的昆虫绘画

昆虫绘画在研学科普活动中可以作为一个亲子活动，或开设由基础、提升、进阶等不同层次的培训课程。对于低龄儿童，可以开设卡通昆虫绘画，包括昆虫卡通简笔画和各种类型的昆虫卡通彩色画。针对高龄儿童和青少年可以开设昆虫钢笔画、水彩画、水墨画、彩墨画，甚至是各种类型的昆虫科学画。更高阶段可以开展计算机辅助上色昆虫卡通设计，甚至昆虫科学图绘制。根据所用画笔和作画材料等性质的不同,广义的昆虫绘画可分为彩色图与黑白图。在彩色图中,有国画中的工笔重彩、西画中的水彩画、透明水色画等。在黑白图中,有国画中的工笔素描、水墨画、西画中的钢笔画、钢笔简图、炭精画等。还有利用显微镜绘图臂进行的昆虫绘画,相当于借助工具进行起稿和临摹,也有利用计算机绘图软件进行创作昆虫图画。而面对初学的低龄青少年和儿童,最简单的是卡通简笔画。

以昆虫为题材的"写生"活动通常被称为昆虫绘画,包括昆虫科学画和各种形式的昆虫艺术画。昆虫科学画是一种以昆虫学科所研究的昆虫为对象,对它的外部形态、内部解剖结构及特征等,按照科学的要求进行写生,并如实描绘出来的以供科学研究和科学普及用的绘画形式。昆虫科学画以科学性和知识性为主,兼顾一定的艺术性,对昆虫分类特征等细节进行严格描绘,以追求客观真实的效果;而普通昆虫绘画追求的是艺术性和思想性的表达,只要抓住昆虫外部形态特征的重点传神之处,就可以极力描绘,或可以用夸张的手法突出其动态美或外形美,追求一种源于生活而高于生活的艺术境界,具有艺术上的审美价值。昆虫绘画作品除应用于科学研究外,还广泛应用于科普书籍、科普宣传当中,如《昆虫记》《十万个为什么》等著作中均有大量的昆虫元素画作。

六、昆虫科普讲座

科普讲座是以科学知识普及为目的,利用室内演讲的形式,让大众接受自然科学知识、社会科学知识、推广科学技术的应用、倡导科学方法、传播科学思想、弘扬科学精神的活动。以昆虫为主题进行的科学知识普及活动称为昆虫科普讲座。通常情况下,昆虫科普讲座还与昆虫标本、工艺品等相关产品的展示相结合,以提高互动性,增强听众的直观感受。

通常情况下,一次性的昆虫科普讲座是让人们初步了解昆虫与人类的关系为主,如昆虫的起源与演化、昆虫与人类的利害关系等。专题性的昆虫科普讲座是以昆虫学中某一方面,或只对某一个领域进行较深入的讲解,比如拟态昆虫、仿生昆虫等。此类活动一般以公益性为主,用时较短,大众较容易接受。而针对特定人群,如对昆虫有一定兴趣的小学生、中学生,可以设置成连续性课程。内容从六足崛起、利弊之争、昆虫之最、美虫赏析,到昆虫文化、昆虫医学、昆虫美食、昆虫仿生、昆虫影视、昆虫创意等,形成内容完整又相对独立的课程。

对于从未公开举办过昆虫科普讲座的地区,存在缺少与公众沟通的渠道。一方面,举办方不清楚大众的需求;另一方面,公众不知道哪里有此类

活动。因此，前期需要借助有较大影响力的宣传平台。比如，河南省信阳市创建了"两个更好"书屋品牌，具备了开展活动的硬件基础；通过"信阳文旅"等政府官方公众号进行宣传，信息覆盖面广。也可以通过影响力较大的企业进行线上和线下宣传，在固定客源的基础上，扩大举办活动的知名度。

一次性和专题性的昆虫科普讲座以公益性为主，目的是吸引一定规模人群的关注。通过公益性活动组建兴趣群，筛选出对昆虫真正感兴趣的群体，开展连续性课程，同时与昆虫手工艺品制作、标本制作、昆虫绘图等互动性强的活动相结合，形成兴趣课堂。课堂活动的照片、视频等是对外宣传的重要材料，做到每次有提升、每次有更新，以达到理想的效果。

昆虫科普讲座活动与昆虫相关产品相呼应，在讲座场地及周边设置讲座内容相关的昆虫产品。比如，在讲昆虫美食时，现场提供现做和品尝环节，并设置有产品展示与销售区。在讲昆虫文化时，把融合有昆虫元素的创意产品进行展示，还可以设置创意产品自主设计与制作环节，将会进一步提高科普讲座的体验感。同时，根据客户心理需求，设置免费体验区，包括纪念品制作与发放。比如，利用打印机或激光雕刻机制作一些创意品等。

七、昆虫科普实践

（一）几个国家的昆虫科普案例

英国伦敦自然历史博物馆针对不同年龄段的学生推出多样化的研学课程。例如，针对小学生的"昆虫探险家"课程，孩子们在专业讲解员的带领下参观昆虫展厅，通过趣味游戏和简单的观察任务，认识昆虫的基本结构和常见种类。对于中学生，则设有"昆虫生态与进化"课程，结合博物馆内的化石标本和现生昆虫标本，深入讲解昆虫的进化历程、生态位分化以及昆虫与其他生物的相互关系。这些研学活动注重互动体验，学生们可以亲手触摸昆虫模型，使用显微镜观察昆虫微观结构。博物馆基于其昆虫资源开发了一系列文创产品。从印有珍稀昆虫图案的丝巾、领带，到昆虫造型的金属书签、钥匙扣，还有以昆虫为主题的拼图、桌游等教育玩具。这些文创产品不仅在博物馆商店内销售火爆，还在线上商店推广到全球，为博物馆带来了可观的经济效益，同时也传播了昆虫知识。

日本有多个昆虫主题乐园，其中位于静冈的一处昆虫乐园颇具特色。乐园内设置了多个昆虫观察区，根据昆虫的生活习性模拟自然环境，如热带雨林区、湿地昆虫区等。学生们在这里进行研学旅行时，可以参与"昆虫饲养员

一日体验"活动,亲自参与昆虫的饲养、喂食过程,详细记录昆虫的生长变化。乐园还会定期举办昆虫知识讲座和竞赛活动,邀请昆虫专家与学生们互动交流,激发学生对昆虫研究的兴趣。园内的餐厅提供昆虫主题餐饮,如用巧克力制作成昆虫外形的甜品,或是将昆虫元素融入餐具设计。在纪念品商店,有各种昆虫创意商品,比如用昆虫翅膀制作的独特艺术品(翅膀来源为自然死亡的昆虫)。这些创意举措不仅增加了游客的体验感,还使昆虫主题乐园成为当地旅游的热门景点,吸引了大量国内外游客。

中国云南省西双版纳热带雨林地区是昆虫的天堂,当地的研学机构联合保护区管理部门开展昆虫研学活动。学生们可以在热带雨林中跟随专业的昆虫学家进行实地考察,学习如何在复杂的雨林环境中寻找昆虫,了解昆虫的栖息地特征。同时,还开展"昆虫与民族文化"的主题课程,因为在当地少数民族文化中有很多与昆虫相关的元素,这样的课程将自然科学与人文知识相结合,丰富了研学内涵。西双版纳的生态旅游中融入了大量昆虫创意元素。如一些生态旅游度假村推出昆虫主题的住宿体验,房间的装饰、床上用品等都带有昆虫图案或造型。此外,当地还开发了昆虫主题的手工艺品,如用竹子和藤条编织昆虫造型的摆件,利用昆虫的鸣声制作独特的音乐盒等,这些手工艺品在旅游市场上大受欢迎,促进了当地昆虫创意产业与研学旅游的协同发展。

(二) 本书著者团队昆虫科普案例

1. 将昆虫科普送进校园,与教育教学结合起来,提高学生科学素养

江苏省南京市栖霞区迈皋桥幼儿园丁家庄第二分园近十年来坚持开展"昆虫主题幼儿教育",将昆虫科学普及与幼儿教育教学紧密结合,取得了斐然的成绩。除此之外,四川省乐山市和成都市的若干幼儿园和小学都在校内专门建立"萤火虫养殖园",在校内开展以萤火虫为特色的生物和自然教育,举行"萤火虫毕业季"活动,还打造了"萤火虫"自然科学俱乐部和"小昆虫·大世界"自然科学课程,举办了"'未来科学家'培养计划"暑期特训班;乐山市市中区通江小学在校园内以蝴蝶为主题的昆虫自然科普教学基地,将昆虫科普融入科学、艺术等教育教学中去;乐山市夹江中学在校园内建设"昆虫疗愈馆",将昆虫科普与中学生的心理教育结合起来;乐山师范学院连续多年,结合资源昆虫课程举办昆虫文化节、昆虫美食节、昆虫服装节等,用喜闻乐见的形式进行科普宣传,取得了良好的效果。如此,实现了"幼儿园-小学-中学(含初中和高中)-大学"全教学段的科普覆盖,完成了一个最重要的全链条的科普教育,提高了学生群体的科普素养。在此过程中,团队还穿

插举办了多期"家长沙龙",提升家长素质,提高家长对教育的认知。昆虫科普与学校教育教学相结合,不仅激发了学生对自然科学的兴趣,还在不同教育阶段逐步提升了学生的科学素养。通过构建从幼儿园到大学的全链条式科普教育体系,昆虫科普在学生群体中取得了显著成果。

2. 将昆虫科普送到景区,与旅游发展结合起来,提高游客科学素养

本科普团队在四川省成都市邛崃市天台山景区成立专门的萤火虫主题科普项目及其运营公司,结合萤火虫研究院和萤火虫微博物馆进行专业的萤火虫等昆虫科普,举办了2022天台山国际萤火虫主题夏令营,通过丰富多彩的活动增加游客对萤火虫等昆虫的认知,尤其是重点讲授萤火虫种群受到环境污染的威胁的现状,在欣赏萤火虫之前,举行"保护萤火虫承诺"仪式,对广大游客尤其是孩子进行生动直观的环保教育和生命教育,融入了生态文明建设和保护生物多样性及"绿水青山就是金山银山"等理念,促进了人与自然和谐发展。与此同时,科普团队还将科普工作深入到广大景区居民和旅游工作者,让他们了解萤火虫科普知识,成立民间志愿组织自觉地保护萤火虫,向游客宣讲萤火虫,做到"全民皆萤",并指导他们利用这些科普知识建设萤火虫酒店、萤火虫民宿、萤火虫餐厅、萤火虫集市,开发出了系列玩偶、手机链、杯垫、背包、明信片等文创产品,创作了插画绘本、歌曲等萤火虫主题宣传品,全面开发推进萤火虫主题景区夜游。在本项目中,科普工作深入民心,不仅促进了游客的科学知识提升和环保意识增强,还促进了景区产业发展和百姓增收,一举多得,取得了经济效益、生态效益、社会效益、文化效益等的综合收益。除此之外,本团队与成都大熊猫繁育研究基地联袂推出"大熊猫·小萤火"主题科普活动,受到了多家主流媒体争相报道。通过将昆虫科普与旅游业的结合,科普团队不仅促进了游客的科学素养提升和环保意识增强,还有效推动了景区经济的发展,实现了经济、生态、社会和文化等多方面的综合收益。这种模式为旅游产业的可持续发展提供了有益的借鉴和启示,进一步丰富了乡村振兴和生态文明建设的内涵。

3. 将昆虫科普送到社区、场馆、基地,与基层建设和科普载体结合起来,提高民众科学素养

本科普团队在四川省乐山市拥有最大居民数量的滟澜洲社区建立"虫宠乐园",放入多种活体昆虫和多种昆虫标本,以"萤飞蝶舞"为主题,每周末开展形式多样的昆虫科普活动,将科普送到社区居民家门口,极大丰富了社区居民的业余文化生活,增进了亲子关系,提高了市民科学素养,取得了良好的效果。本科普团队多次在四川省科技馆、学校报告厅和标本馆、景区博物馆等场馆内进行科普活动,比如,2019—2022年,团队承接了四川省科学技术协

会和四川科技馆主办的"酷虫世界·萤火飞舞"系列昆虫科普活动及"自然与我"之昆虫研习营活动,引起了很大反响;同时,团队还结合在四川省乐山市建立的院士工作站,打造附属科普基地,发挥院士影响力,大力加强昆虫科普,宣传科学家精神。

4. 将昆虫科普送到农村,与乡村振兴结合起来,提高农民科学素质

本科普团队2019年指导国家级贫困村四川省乐山市峨边彝族自治县新场镇星星村举办"蝶舞萤飞"旅游文化周,发展蝴蝶和萤火虫产业,开展昆虫主题科普研学活动,极大促进了该村的脱贫致富,被72家媒体采访报道;自2022年开始,指导峨边彝族自治县杨河乡举办萤火虫文化节,推出萤火虫科普和保护行动,用萤火虫助力乡村振兴。昆虫科普在乡村振兴中的应用,不仅丰富了农村的产业结构,还通过科普教育提高了农民的科学素质,激发了村民对科技和创新的兴趣,为乡村高质量发展注入了新动能。

5. 将昆虫科普送到政府,与科学决策结合起来,提高公务员科学素养

昆虫产业作为一种新兴的朝阳产业,成为促进传统产业转型和地方经济发展的有力载体,尤其是对政府科学决策抓生态保护和产业发展、乡村振兴等工作大有裨益。因此,本科普团队十余年来,在四川、云南、海南、河南、天津、合肥、浙江、江苏、贵州等近十个省份的产业发展座谈会、党校干部培训班、乡村振兴培训班等场合进行昆虫科普和昆虫产业介绍,拓宽了政府的知识面,有利其作出科学决策。

6. 将昆虫科普送到企业,与产业发展结合起来,提高企业家科学素养

本科普团队还主动或受邀赴各种企业及其团体或协会进行昆虫科普和产业介绍,助力昆虫产业发展,为企业发展提供更多的选择。比如,团队进入四川省绿色发展促进会、四川省智慧农业科技协会等邀请做科普报告,并主导成立了乐山虫业协会,以此为载体大力宣讲昆虫科普知识和产业理念。

7. 充分利用网络和媒体,做"云上科普"

除了各类线下的科普活动,本科普团队充分利用网络,结合学生创业,支持学生建立"玩转昆虫"网站;作为中国科学院下属科普平台"科普中国"主讲嘉宾和"互动科普"特邀轮值专家,多次参加线上的科普讲座;同时,还利用各种电视等媒体加强对昆虫知识和昆虫产业的宣传,做"线上/云上科普"。在网络和媒体的支持下,团队有效地通过数字平台为高质量人口发展注入了更多的创新动力,特别是在教育、健康、环保等领域,进一步促进了科学知识的普及和实践。

（三）其他作者团队昆虫研学科普活动的设计与案例

1. 瓢虫的体色变异与遗传

用户画像：主要面向中小学生及其家长，关注自然科学教育的家庭。目标群体对基因遗传及自然知识具有初步兴趣，乐于参与互动活动。

活动设计：活动地点为学校实验室或社区科普中心。参与者将亲自动手进行瓢虫体色遗传实验，观察瓢虫的不同体色和斑点模式的变化规律，论证镶嵌显性遗传规律。提供实验平台，演示如何通过 RNAi 技术调控瓢虫体色基因，获得基因调控后体色变化的瓢虫。对基因改造过的昆虫进行封胶制作文创产品，进行售卖。

运营渠道：与学校及社区组织合作，通过微信公众平台和小程序推广。在线预订线下活动，并提供后续线上资源包。

风险管控：活体瓢虫需妥善饲养，避免因环境不适导致活动效果降低。加强实验过程中设备的安全管理，确保未成年参与者的操作安全。变异后的昆虫需要妥善处理，基于生物安全规范防治不必要的种群泄露和生态风险。

2. 双叉犀金龟（独角仙）大角形态的发育与基因功能探究

用户画像：针对高中生及大学生，尤其是生物学兴趣浓厚的学生群体，对昆虫发育生物学及遗传调控有初步理解的科学爱好者。

活动设计：活动内容为展示不同形态的独角仙个体及其发育过程。显微观察独角仙幼虫，讲解 HOX 基因如何控制其体节发育。通过游戏化环节，让参与者模拟遗传因素对独角仙形态的影响。参与者将亲自动手进行独角仙的基因调控，观察独角仙大角的形态变化。对基因改造过的昆虫进行封胶制作文创产品，进行售卖。

运营渠道：与高校生物协会合作，利用实验室设施进行推广。通过抖音短视频展示实验亮点，吸引年轻受众参与。

风险管控：活体独角仙需提前饲养至适合展示的阶段，保证活动顺利。活动中强调操作规范，避免参与者误触实验装置。

3. 蝴蝶翅斑变异的生态与遗传学解读

用户画像：面向博物馆观众及家庭参观群体，对昆虫生态与遗传学感兴趣的公众。

活动设计：设置蝴蝶标本展区，展示不同种类的翅斑变异。虚拟模拟软件让参与者体验翅斑颜色与捕食者行为的动态交互。引入环保教育，强调蝴蝶栖息地保护的重要性。

运营渠道：与自然博物馆及昆虫研究所合作，作为常设展览活动。开发主

题文创产品（蝴蝶标本饰品等），提升观众参与度。

风险管控：定期检查标本展示区的环境条件，防止标本损坏。加强软件系统的运行维护，确保虚拟模拟环境稳定。

4. 蜜蜂社会行为的生态系统功能科普

用户画像：针对农业从业者及关注生态系统保护的公众，包括中小学生及家庭群体。

活动设计：观察蜂箱中蜜蜂的社会行为，如采蜜、筑巢和舞蹈交流。设置农业应用展示区，讲解蜜蜂授粉对作物生产的作用。提供动手实践环节，如制作蜂蜡产品。

运营渠道：与农产品企业合作，在农业展会中推广。开展线上科普课程，结合蜂蜜产品销售。

风险管控：确保参与者观察蜂箱时的安全，避免发生蜂蜇伤害。活动现场安排专业人员处理突发情况。

5. 跨平台的在线互动科普

用户画像：针对互联网活跃用户，特别是年轻人群体，以及喜欢短视频和互动内容的科学爱好者。

活动设计：通过短视频展示蜜蜂筑巢、竹节虫伪装等昆虫行为。设置线上互动环节，回答观众问题并引导深入学习。开发互动小游戏，如"寻找伪装大师"，玩家需在复杂背景中找出伪装的昆虫。

运营渠道：利用抖音、快手等短视频平台推广。通过专属微信公众号发布深度内容，吸引关注。

风险管控：确保内容科学准确，避免误导观众。定期监测用户反馈，根据数据优化内容策略。

6. 聚焦遗传学与基因编辑的科普

未来的昆虫科普应突出基因编辑技术在遗传学中的应用，如通过CRISPR-Cas9技术探索昆虫基因功能。利用果蝇、瓢虫或独角仙等模型昆虫，设计教学实验，展示特定基因敲除对形态和行为的影响。结合基因操作与生物性状变化，帮助公众理解基因如何控制生物特性，强化遗传学知识的传播。

7. 新技术在昆虫科普中的创新应用

结合虚拟现实（VR）和增强现实（AR）技术，开发沉浸式科普体验。例如，通过VR创建昆虫视角的生态世界，展示昆虫在其栖息地中的行为与生态角色；利用AR让公众观察蝴蝶翅膀微观结构的色彩形成机制。这些技术能够突破传统科普的空间限制，为参与者提供更直观和互动的学习方式。

8. 针对社会热点问题的专题科普

将昆虫科普与社会热点问题相结合，如蜜蜂数量下降对生态系统的影响及授粉保护措施，基因编辑技术如何减少蚊子传播疾病的风险，蝴蝶翅斑变异如何揭示自然选择和适应性进化。

9. 跨学科融合推动生命科学教育

昆虫科普与其他学科结合有助于提升内容深度。如通过分析蜘蛛丝的力学特性，展示遗传学如何推动仿生材料的发展；利用蝴蝶翅膀纳米结构讲解光学现象在材料科学中的应用。跨学科的科普活动既能体现生命科学的重要性，也能拓宽公众的科学视野。

10. 科学实验与虚拟实验平台结合

开发虚拟实验平台，让公众在线完成模拟实验。如"果蝇遗传交配模拟实验"可以让用户选择不同性状的果蝇亲本，观察后代性状分离规律。虚拟实验平台能够降低实体实验的成本和时间限制，扩大科学教育的覆盖面。

11. 可持续科普运营模式的探索

通过商业模式支持科普活动的长期发展。如开展以昆虫基因编辑为主题的科学展览，收取门票费用支持运营；开发昆虫相关教育文创产品（如基因模型拼图、遗传学教学套件）；与科技公司合作推出 AR 昆虫观察工具，为用户提供持续更新的知识和互动体验。这些策略可以为科普活动提供稳定的资金来源，确保活动的可持续发展。

12. 长期化和社区化的科普模式

将昆虫科普融入社区活动，如建立社区昆虫观察站，鼓励居民参与昆虫多样性调查；定期举办"昆虫科普日"，通过公开讲座、户外实验和互动游戏，让公众感受到生命科学的魅力，有助于形成深远的社会影响。

参考文献

曹成全，等，2021. 昆虫创意产业［M］. 北京：中国农业大学出版社.

曹成全，等，2022. 昆虫创意产业助力乡村振兴［M］. 成都：西南交通大学出版社.

曹成全，等，2021. 萤光探秘——萤火虫主题研学手册［M］. 四川师范大学电子出版社.

陈敢清，2014. 论蝴蝶生态摄影创作与作用［C］. 北京：2014 中国科学摄影高层论坛.

高松，2024. 昆虫摄影要点攻略［J］. 照相机，7：32-35.

李琦，李明，曾嶒，等，2007. 昆虫科学画钢笔技法［M］. 北京：中国农业出版社.

☞ 创商训练

1. 设计一份昆虫主题的研学科普课程,并写一份昆虫科普解说稿。
2. 研发若干昆虫主题的研学科普延伸文创产品。
3. 总结各类昆虫主题科普馆的设计思路和注意事项。
4. 昆虫科普可以与哪些其他科普领域进行有机深度融合?
5. 结合自媒体时代的互动性和即时性设计一项时长约20分钟的科普直播活动,撰写大纲和反馈脚本。
6. 昆虫创意产业在亲子科普教育中如何发挥作用?以亲子踏青科普活动为例,设计科普活动方案。

第三篇 实践篇

第三篇 实践篇

第十二章 昆虫创意产业的教学实践

昆虫是教育教学的良好素材,学科交叉的昆虫创意产业适合包括研究生、本科生、中学生、小学生、幼儿园等各层面的教学改革。

一、昆虫创意产业的研究生教育

鉴于研究生有较高的知识积累和研究能力,且更趋近于昆虫创意产业的科研和就业,因此,在研究生(尤其是农科)教育教学中,可以适当加入昆虫创意产业的内容,同时,要针对学术型研究生,特别重视学科交叉性科学问题的研究,针对专业型研究生,要特别加强以昆虫创意产业思路为指导,结合地方特色和学术优势,研究最有创意和价值的应用型课题,从学术和应用两个层面加强昆虫创意产业在研究生教育教学的推广和促进。

昆虫创意产业的显著特征之一是学科交叉,昆虫创意产业研究生培养的要素和亮点之一也是学科交叉,因此,要努力探索学科交叉培养昆虫创意产业研究生的教学改革思路。其中,南京农业大学植物保护学院"交叉协同"团队式农科研究生培养模式就是其中的优秀路径。

打通学科交叉融合的壁垒,突破资源共建共享的边界,让学科交叉成为创新的"策源地"之一。主体协同是根本,以导师为代表的多主体要改变过去单兵作战的状况,不再把教育视为一种依靠个人来协调有效学习的孤立实践;相反,应将教育重整为一项协作性专业活动,使团队合作成为学生进行有意义学习的保障。概言之,交叉学科、科创团队及协同主体是重塑研究生培养模式的核心要素。

团队式研究生培养模式并非对既有资源的简单叠加,而是基于更广交叉学科、更多协同平台、更高效率资源整合,构造科研创新团队统领、内部有序分工协作的组织架构,充分发挥导师集体指导优势互补的作用。科研团队的存在是前提,缺乏科研团队这一关键师资队伍支撑,团队式研究生培养模式就无法运行。

一是"2交叉",即学科交叉与团队聚合。针对单兵式导学培养模式存在的研究思路固化、知识结构单一、学术视野局限及学术交流不足等问题,打破

原有二级学科间壁垒，充分融入前沿交叉学科，聚焦行业发展重大需求，构建汇聚高端学术人才和行业专家的科研创新团队，组建学科优势互补的研究生导师团队，在聚合团队的科研创新中培养研究生。

二是"6融合"，即融合研究生培养全过程要素。通过优化课程知识结构、强化创新能力培养、加强国内外学术交流、搭建以学生为主体的交流展示平台、结合产业问题凝练论文选题及组建导师团队等一系列举措，在各培养环节充分发挥团队指导作用。

三是"4协同"，即校地、校企、校院及校校协同。通过与科研院所、行业企业等协同合作，吸纳优质社会资源，促进培养主体逐渐从分散性合作走向规模化、组织化和制度化的团队合作，是对研究生培养技术手段单一、学术资源分散及服务产业能力不足等难题的有效应对。

四是"6提升"，通过上述举措提升研究生六大能力，即拓展学术研究视野、强化科研创新思维、提升探索科学前沿能力、服务产业需求能力、开展学术交流能力和自主发展能力，全面提升农科人才培养质量。

二、昆虫创意产业的本科生教育

（一）高等院校昆虫类公共课

诸多高等学校相继开设昆虫相关的公选课，如中国大学 MOOC 等平台已正式面向学生推出了福建农林大学开设的邮票上的昆虫世界、奇妙的昆虫世界，东北林业大学开设的普通昆虫学之昆虫脉动，黑龙江生态工程职业学院开设的昆虫记，江苏科技大学开设的蚕丝智慧与农桑文化，中国农业大学和西北农林科技大学、海南大学等开设的资源昆虫学，乐山师范学院开设的昆虫创意产业，河北农业大学开设的走进昆虫世界，信阳农林学院开设的魅力虫族，浙江理工大学开设的魅力昆虫等多个课程。

1. 昆虫类公选课的特点

（1）课程吸引力大，学生选课率高。昆虫是人类生活中常见的动物，课程内容侧重科普性、趣味性和探索性，再加上昆虫仿生等新兴交叉学科的兴起，激发了学生的求知欲，因此，昆虫类公选课在学生中十分受欢迎。

（2）学生参与课堂积极性高，利于教学方式多样化的实施。不少同学对昆虫或多或少有认识和接触，部分来自农村的同学对昆虫有着更加直观的切身体验，这为课堂提问和讨论、问题探究式教学、翻转课堂等多样化授课方式的实施提供了有利契机。

（3）选课同学专业多样，课程精细化设计有挑战。公选课的受众是全校

学生,因此授课对象是来自不同学院、不同专业的学生,选课学生在专业背景、现有基础知识、侧重的兴趣点等方面存在很大差异,学生专业背景和昆虫学基础知识掌握程度的不同无疑增加了昆虫类公选课课程精细设计的难度。

(4) 知识领域要求广,教师知识更新快。由于公选课的授课对象是不同专业的学生,多数选课学生是非生物学科出身,授课教师可增加交叉学科知识的讲解来激发学生的兴趣和共鸣。而授课教师在进行交叉学科知识讲解时,要巧妙地抓住切入点,精准地将昆虫学与相关学科的知识融合讲解。授课教师不仅要掌握昆虫学的知识,还要熟悉跨学科的相关知识要点,才能将交叉学科知识融会贯通地讲授到昆虫学公选课中。

2. 昆虫类公选课的教学改革探索

(1) 课程内容趣味化,激发学生求知欲。课程主要介绍昆虫的千姿百态、神奇的行为、多样的生存策略、对人类发展及科技进步的重要启示等内容。例如,以昆虫界的"摇滚巨星"——猫王巨盾虫、昆虫界的"Hello Kity"——稻眼蝶幼虫、昆虫界的"四不像"——蜂鸟蛾等趣味现象来导入新课,介绍昆虫的外部形态和结构;以会喷射"生化炮弹"的甲虫、会"轻功水上漂"的水黾、昆虫界的"直升机"蜻蜓、昆虫界的"建筑大师"白蚁等为基础,介绍昆虫的生物学特性和生存策略。将深奥的知识通俗化,乏味的知识趣味化,更利于缺乏专业背景的学生理解和掌握,提高学生的昆虫学文化素质,激发学生的学习兴趣和求知欲望。

(2) 课程设计精细化,培养学生创新意识。在科普昆虫的有趣现象和行为激发学生兴趣的同时,授课教师应注重公选课对大学生创新意识培养作用的发挥,针对选课学生的专业进行分析,使课程设计更具针对性和精细化,巧妙融入交叉学科知识,促进学生的主动思考,拓展学生的思维广度,增强学生多学科知识运用的意识。结合选课学生专业寻找合适的切入点,进行跨学科知识融合,以此激励学生多维度、辩证思考和解决问题,培养学生的创新意识。

(3) 授课方式多样化,引导学生深入教学活动。同学们可以通过多种途径了解到昆虫的相关知识,因此,教师掌握和获取的知识内容、广度很难百分之百满足学生需求。因此,除了传统的教师讲授,还可以针对授课内容的特点采取翻转课堂讨论、问题探究、观看视频等多元化的授课方式。采用灵活多样的授课方式,不仅有利于活跃课堂气氛,增加学生的课堂参与度,也有利于不同专业学生接触自身不熟悉领域的知识。

(4) 评价指标多元化,注重过程考核。在平时成绩、期末考试(课程总结)的考核基础上,增加过程性考核指标,使评价指标多元化,激励学生参与教学全过程。考核指标依据"平时出勤情况、课堂讨论参与情况、翻转课

堂综合表现、问题探究过程参与度、课程总结"来制订。课程总结的考核内容可以为：按照个人兴趣，以一种昆虫或者昆虫的一种行为为主线，描述昆虫世界的有趣现象及给人类的启示，或结合所学专业谈谈昆虫学交叉学科的创新发展等，教师依据学生课程总结中对所学知识的分析、归纳、总结给出成绩。

（5）课后延展立体化，搭建实践平台。首先，授课教师可在课后通过QQ学习群分享日常见到的昆虫，或者与昆虫学相关的时事、趣闻、社会热点事件，提升学生课后对昆虫类知识点的关注度，激发学生的学习热情。其次，搭建课程实验、实践平台，组织学生采集校园昆虫，观察有趣的昆虫现象，将收集到的昆虫进行标本制作或昆虫艺术品制作。最后，搭建自然教育等实习平台，鼓励学生参与自然教育志愿服务，还可以尝试通过科研项目、创新比赛等课后延展形式使昆虫类课程从平面的理论教学通过课后延展变得更加立体饱满。

3. 昆虫类公选课存在的问题

很多农林院校昆虫学科基本全设为"农业昆虫与害虫防治"专业，非农林院校没有昆虫学专业，偶有昆虫学课程则被作为生物技术等传统专业的选修课程，基本没有把昆虫当作一种"资源"和"产业"来对待和开发，偶有高校开设"资源昆虫学"之类的课程，也是选修课程，只是简单地就虫论虫，或讲述一些有趣的科普性内容，多数没有进行多学科交叉融合，再加上从事昆虫产业的企业很少，所以更没有校企合作联合推动；更重要的是，多数昆虫类公选课都是选用传统的资源昆虫学教材，鲜有创新和创业的内容，再就是多数授课教师都没有从事昆虫产业的实践经历，因此，多数都是结合授课老师的个人兴趣爱好和特长等要素来实施教学，参考书籍、教学内容、教学过程、教学质量等都参差不齐，不好考核。

很多高校包括昆虫学在内的很多专业隔离和同质化倾向较为严重，培养方案陈旧保守，学生知识面狭窄，创新创业思路打不开，高质量的实践训练少，毕业生的素质与社会企业的要求严重脱节导致毕业生就业难和就业质量低，更遑论创业。市场和产业对学科交叉融合综合素质高、创业就业和实践能力强的高质量人才需求很旺盛，但来自人才培养的供给侧不能有效满足，学科结构和专业设置的动态调整优化也没有跟上。

（二）昆虫创意产业的学科交叉教学改革——以乐山师范学院为例

1. 整体教学改革情况

在AI的冲击下，很多行业和工作会陆续被取代，使大学生就业和创业难上加难，大学生在校期间的创业很浅层，传统的高校教育尤其是创新创业教育并未为大学生的就业和创业提供应有的贡献度。大学生就业难和创业浅的深层次原因之一就是核心素养——"创商"不高，"五商"训练不够。

教学改革以昆虫创意产业为实践训练抓手，以实验班（为主）和教学班（为辅）为教学组织抓手，以项目和比赛为载体进行创新创业路演训练，通过师生同创和跟班训练进行创业就业实践锻炼，五商并举/突出创商+科教融汇/产教融合+学科交叉/打破专业，全面培养"五商"，着力提高"创商"，实现供给侧改革，最终提高大学生的就业创业能力，同时提高教师的创新创业水平。

2. 新农科学科交叉产教融合实验班教学改革

乐山师范学院以教育部新农科教改项目为依托，于2023年成立了"新农科学科交叉产教融合实验班"（以下简称"实验班"），打破常规教学班级和课程设置，探索一套具有学校特色的新农科创新创业人才培养模式，并作为持续培养"三创（创新创业创意）"人才的基地和摇篮。

实验班采用"导师引领、项目驱动、成果导向"的培养模式，打造多学院多专业协同的"人才培养共同体"，通过"三段式"（课堂实训—师生共创—独立就业）和"四打破（打破专业、打破年级、打破时间、打破空间）"培养实训，突出提升学生的"五商"（创商、情商、智商、德商、逆商），提高学生就业和创业的能力及将来持续发展的潜力，培养适应社会需求的创意创新创业类精英人才。

三段式："课堂实训—师生共创—独立就业"三段递进式培养学生的创新创业能力。校内正常的课堂上通过课程论文、项目路演、举办昆虫文化节等方式了解产业信息和训练双创技能，作为面向全体学生的普适性训练；再挑选部分优秀学生通过课余时间的创业项目或组建创业公司等形式，由本身就在做同类型创业的教师带领学生进行辅导性地低风险创业，作为一个过渡性措施进一步训练学生"试飞"，目前已经成立一家学生创业公司，有3个项目和团队参加全省和全国各类创新创业大赛，带动几十人参与双创训练；最后，通过上述两层训练，学生就能基本掌握行业讯息，能较好满足多数企业所需的人才技能，显著提高学生就业能力和持续发展能力，甚至能独立创业，从而很好地促进高校大学生就业创业的供给侧改革。

四打破：打破专业、打破年级、打破时间、打破空间。实验班面向全校自由报名，面试后选拔来自十多个学院/专业、各个年级的40名左右的学生（图12-1），按照融合发展的理念，设置"创新创业基础课程+学科特色系列课程（项目课程）"等不同的课程模块，由学生自由选择创新创业项目课题，实践实训时间和场地自由，可以在校内实训基地，也可以跟随教师外出深入企业和行

图 12-1　实验班开班情况

业一线,不仅是参加双创比赛或创业项目路演,还要亲自创业或做出显性成果,以项目和成果为考核和导向,充分体现"学科交叉"和"产教融合"。

五个商:创商、情商、智商、德商、逆商。实验班的各类创业创新活动和项目,显著提升了学生的创商和情商,提高了学生适应社会就业的能力,同时,在创新创业过程中,还将家国情怀和大国"三农"等德商及思政教育融入,更是锻炼了吃苦耐劳和百折不挠等逆商。这些更是决定一个学生就业创业能力和持续发展能力的重要技能和素养,而不仅仅是学生的学业成绩和显性成果等所谓的"智商"。

3. 专业选修课的教学改革

乐山师范学院生命科学学院多年来将《昆虫创意产业》作为生物技术、动植物检疫、林学等专业的专业选修课,并进行了大量的教学改革。

(1) 课堂教学改革。

专业辩论进课:师生共同确定有趣的辩题,以专业辩论的形式让学生深刻掌握所学内容,在辩论赛过程中,所有的学生都要参与,教师负责点评和考核。

校外灵活开课:带领学生到野外赏萤并研讨萤火虫产业,到中药店学习常见药用昆虫及其开发利用,在实验室烹饪昆虫食品并讨论昆虫美食创业路径。

多位教师授课:不仅由多学科的教师轮流上课,有时还会由若干位教师甚至企业家同台授课,一起辅导学生对昆虫产业进行创意性开发。

前沿知识入课:及时补充介绍相关领域的最新研究进展,尤其是昆虫产业中的最新技术和产业信息,提供丰富的线上资料,让学生"离开课本",把握前沿,自主学习,同时,将教师的最新科研成果和成功创业经验带入课堂。

学生主角站课:最后的考核主要是昆虫创意产业创业路演,所有的学生必须制作成熟精美的项目PPT,并脱稿在讲台上定时阐述路演,极大地训练学生的创新创业能力和口头表达能力,且诞生了很多极具创意和产业价值的路演项目(图12-2)。

图12-2 学生结课项目路演

(2) 课后作业改革。

课后作业基本全是与提高创商有关的思维拓展式的题目，要么是锻炼创新性思维，要么是训练创业性思维。前者比如"如何让蝴蝶或萤火虫能呈某种形状地从容器中飞出或展示"，后者比如"阐述食用昆虫创意产业的发展路径及其在乡村振兴和文化旅游中的作用"。

(3) 课程考核改革。

举办展览活动综合考核：让学生自主策划组织"昆虫文化节"（图12-3），内容包括食用昆虫现场烹饪制作、昆虫文创产品制作展示、环保昆虫等资源昆虫活体展示、昆虫标本展示及科普讲解、昆虫服装设计及表演等，将课堂延伸到了产业中，也训练和提高了学生的综合能力。

图12-3　昆虫文化节举办情况

实验课现场操作和养殖训练：课期末考试时，不仅是现场操作时教师当场逐个提问打分，还将学生平时养殖的昆虫及其观察研究成果作为加分项目，每个同学要以自己制作研发的各类昆虫创意产品作为结业考试的主要指标，提高学生的创新创业和动手实践等能力。

（4）培养过程创新。

导师辅导：学生从大二开始就要选择导师，进行"准研究生"的科研训练。

预科培养：建立"研究生预科班"，制定选拔、培养、结业等一系列的制度，定期举办各种讲座和科研活动，让学生在本科期间就接受到研究生预科培养。

学科交叉：组建"大学生学科交叉乡村振兴智力服务团"（图12-4）和多学院学科交叉创新创业团队、举办"昆虫文化节"等方式提高学生创商。

图12-4　大学生学科交叉融合乡村振兴智力服务团下乡

开放实验：实施"实验室开放项目训练计划"，学生根据自己的创新创业需求，选择指导教师，填写申请书，学院组织评审，推荐参加"实验室开放项目"。

师生共创：教师和学生一起科研研究，一起共享成果，共同发表论文、申报专利，甚至共同创业，教学相长，互相支持，共同进步，降低风险。

外来师资：邀请来访合作的国外名校学者及国内权威专家登台授课、做学术讲座或指导学生科研，聘请外籍师资为研究生预科班的英语教学主讲教师，特别注重引进企业家进课堂传授创业经验和分享行业情况。

个性培养：教学团队筛选了多位喜爱并擅长昆虫分类、养殖等的学生进行个性化培养，针对性制定培养方案，多加担子，多个机会，多出成果，取得了可喜的成效。

参加竞赛：积极鼓励指导学生参与"挑战杯""互联网+""创青春"等

各级各类学科竞赛和其他创新创业比赛，让学生在比赛过程中获得全面的锻炼和成长。

举办活动：学院组织了"动植物标本大赛""科技创新制作大赛""萤火虫展览""昆虫文化节"等一系列专业特色活动，学生作为主角，全面参与举办。

三、昆虫创意产业的中学生教育

中学生具有一定的知识基础和理性思考能力，且学业和心理压力较大，同时也需要一些显性的比赛成绩等指标，因此，在中学教学中，可以采取建立昆虫疗愈馆/科普馆、融入正常课程教学、参加各类科技比赛等方式融入昆虫创意产业教育内容。

1. 建立昆虫疗愈馆

四川省夹江中学校的昆虫疗愈馆是全国首家在校园内建成的以昆虫为主题的心灵疗愈馆（图12-5）。昆虫疗愈旨在通过观察和接触昆虫等自然元素，建立一个多感官刺激的空间，通过视觉、听觉、触觉等的体验，促进学生与自然世界的互动，激发他们的好奇心和学习能力。昆虫疗愈馆是一个综合性的心理疗愈场所，为学生提供安全舒适和丰富刺激的环境，帮助学生提高情绪调节和心理疗愈能力；该馆同时也是一个昆虫科普馆，将会成为全校学生科学教育的场所，为学校心理辅导和科学教育等工作增加一个新的亮点，为广大学生增添

图12-5　四川省夹江中学校的昆虫疗愈馆

一个调节情绪、治愈心理甚至研学科普的新场所。

昆虫疗愈馆为学生提供了一个五育融合的场所，学生在这里与昆虫亲密互动，可以学习，可以探索，可以解压，营造了一个与大自然亲密接触，舒缓身心的绝佳场所，这会为他们的生活增加一抹独特的色彩，是学校心理健康工作创新的又一重要举措。这个独特的昆虫疗愈馆会成为学生跨学科学习的重要场所，能让学生从中感受大自然的魅力，以更加积极健康的心态去面对学习和生活，成为学生们一块放松心灵、释放压力的宝地，将为他们提供源源不断的疗愈能量，帮助他们提高情绪调节和心理疗愈力。

2. 融入正常课程教学

一本八年级语文必读书目《昆虫记》的学习可以怎样延伸？在娄山中学"博物馆中的昆虫记"跨学科项目化课程中，学生在校内阅读《昆虫记》，依托学校生境花园探索并感知昆虫；在校外，他们来到上海自然博物馆，沉浸式了解昆虫知识，并在东华大学教授的指导下学习策展知识，最终自主编写制作微信小程序、绘本和盲盒等，完成线上线下展示。

同学们围绕大问题"完成《昆虫记》主题一平方米博物馆策展"进行任务驱动，并在各科老师的带领下将大问题拆解成一个个小问题，"逐个攻破"，建立起一个娄山学子的"昆虫宇宙"。《我最喜爱的昆虫》写段、昆虫主题的小报、昆虫自然笔记、配乐朗诵《昆虫记》、绘制 AI 昆虫图片……在囊括了语文、数学、英语、音乐、生命科学、信息技术、美术等多学科的小任务中，学生接触多个学科的知识和技能，从而培养起跨学科交叉和综合能力。

"西瓜虫原来不是虫，蟪竟然是特别爱笑的昆虫，太奇妙了！""制作昆虫图谱笔记既要严谨又要美观，不容易""我最喜欢绘制 AI 昆虫图片，制作成的昆虫都非常'萌'。"历时近一学年的项目化学习点亮了娄山学子满满的"技能点"，让娄山学子走入一个更加生动的昆虫世界。

"当前，我们的课堂迫切需要解决的是把'知识为本'的教学转变为'核心素养为本'的教学，把'讲授为中心'的课堂转变为'学习为中心'的课堂。这个转变的关键在于培养和发展学生面对复杂问题的解决能力、社会和情感能力、批判性思维和创造力。"娄山中学语文教师、昆虫记项目指导老师王荣介绍，学校的"博物馆中的《昆虫记》& 未来策展人"跨学科项目化课程正是基于这一背景下融合而生。

3. 其他教育教学方式

学校可以邀请昆虫专家进行科普讲座，聘请专家担任科技辅导员，成立学生昆虫爱好者社团，将昆虫科普融入研学活动，指导学生参加各类科技竞赛等方式。2024 年，乐山市实验中学的学生作品《三类萤火虫幼虫的取食和发光

器结构研究》荣获第三十八届四川省青少年科技创新大赛最高奖项——"四川省科协主席奖",这就是中学教育与高校师资结合而诞生的典型成果。

四、昆虫创意产业的小学生教育

(一)实施构想

1. 指导思想

将昆虫教育全面融入小学教学改革,探索以昆虫为主题载体的"五育融合""五商共举""生师校""三位一体"发展模式,其中,"五育"为"知识教育+科学教育+思政教育+心理教育+劳动教育","五商"为"智商+创商+情商+德商+逆商";"生师校""三位一体"是指不仅促进学生成才,还要助力教师发展,推动学校建设。同时,打造"萤飞蝶舞"校园,举办若干昆虫主题节日,丰富校园文化和育人特色。

2. 硬件建设

打造"萤飞蝶舞"棚(也可将其打造成"昆虫疗愈馆"),因地制宜,大小皆可,作为昆虫养殖、赏玩、疗愈、科普、授课的主要场所。打造屋顶昆虫乐园,选择屋顶若干养殖池,每个班养不同的昆虫,打造昆虫乐园。打造"昆虫科学坊"之类的昆虫主题研究室,结合科技教室,融入昆虫元素,作为学生研究和手工制作的专门场所。打造"萤飞蝶舞"雕塑和文化墙,在校园主要点位加入蝴蝶和萤火虫元素,成为校园文化打卡点。打造其他昆虫元素的校园文化点位,比如,厕所改造成"雌雄萤火虫标识",校门口和校园适宜处加入昆虫雕塑或其他设施。

3. 软件建设

锤炼昆虫元素的校园文化,如"破茧成蝶,追光少年"等。打造融入昆虫元素的系列学科交叉课程。推出系列昆虫特色活动,包括"虫虫嘉年华""虫虫运动会""萤火虫晚会""萤飞蝶舞毕业季""昆虫科普展""昆虫文创产品义卖""昆虫美食"等。成立昆虫特色学生社团("小小虫""毛毛虫""萤小乖"之类)。设立"班虫",班级名字也可以与昆虫有关。推出"萤飞蝶舞"家长沙龙。让学生撰写自然笔记等锻炼成长,组建"昆虫小科学家"之类的冬令营或夏令营。

(二)实践案例

四川省乐山市通江小学在2024年一年级学科素养测评活动中,以"虫虫嘉年华"为主题,集庆祝元旦、学科素养测评、昆虫科普日为一体,探索在

昆虫世界的真实情景中，将学校的品格课程和昆虫课程相结合，在主题性、综合性的实践中真正助力学生的素养提升和综合发展（图12-6）。

图12-6　四川省乐山市通江小学的"虫虫嘉年华"活动

从昆虫的习性入手，把品格代入：蝴蝶——破茧成蝶的坚持，瓢虫——智慧的伪装者，蜜蜂——勤奋的采蜜员，螳螂——充满创意的猎手。再结合语文、数学、音乐、美术、劳动、科学、体育科目设计素养测评项目。数学项目中，孩子们要运用智慧的大脑，"昆虫标本数数赛"中考察了学生们的数数能力和反应速度。"昆虫大派对"则是考察学生对位置和加减法的理解。"昆虫大变身"培养了学生的数学思维和计算能力。蜜蜂是勤奋品格的象征，在语文学科里,"虫虫识字小能手""虫虫拼音大冒险""虫虫最会背"都需要孩子们在日常的学习中,"勤"动口,"勤"动脑,把汉字、拼音、课文统统装进自己的大脑里。在音乐和美术的项目里,学生要发挥自己的创意才能突破关卡,赢得印章。蝴蝶教会我们坚持才能"破茧成蝶",所以孩子们要结合自己在昆虫课程中所学知识,分清蝴蝶的种类。在昆虫趣味运动会上,孩子们能根据昆虫的不同特征练习相关动作为自己的班级争得荣誉。最后,学生们还观看了以昆虫为主题的动画电影。

五、昆虫创意产业的幼儿园教育

江苏省南京市栖霞区迈皋桥幼儿园丁家庄第二分园近十年来坚持开展"昆虫主题幼儿教育",将昆虫科学普及与幼儿教育教学紧密结合,取得了斐然的成果(图12-7)。校园内建设了"昆虫记""虫虫谷""蚕丝馆"等专门的昆虫主题场所,教学楼之间的天井缝隙处建"虫虫社区";在昆虫主题教学活动中,根据昆虫的生活和行为习性,设置了一些游戏和情景式教学及主题性教学;开展实验型、模仿类、创造类游戏,在春分、秋分、惊蛰等与昆虫习性相关的重要节气时,组织幼儿开展寻虫、捕虫等相关体验活动,还可以通过说文解字等形式进行昆虫主题教学,开展"昆虫手工品义卖"等综合实践活动;教师还借助多媒体资源来丰富活动内容,展示精美的科普绘本,用图文并茂的方式向孩子们介绍生命体的知识和科学原理;让学生多观察昆虫的生物学习性,并做好自然笔记,学校还创办了《我发现》的园内杂志。

图12-7　江苏省南京市栖霞区迈皋桥幼儿园丁家庄第二分园的昆虫主题教育

(一)兴趣驱动昆虫饲养,实现与生命互动

适时捕捉到幼儿对昆虫的兴趣,引导幼儿开展昆虫饲养活动,把神奇美妙的小昆虫留在身边,像照顾朋友一样与它共处、亲近、互动。

首先,通过喂食,让幼儿了解不同昆虫的生命特征和生活环境,看到自然留给不同生命的基因镌刻,蚕宝宝爱吃桑叶,蚂蚁偏爱甜食,甲虫爱吃水果,

蝴蝶吮吸花蜜,通过每天提供不同食物的爱意,孩子和昆虫之间建立了良好的生命交互。

其次,给昆虫宝宝营造适合的家园。不同的昆虫宝宝有自己适合的生活环境,或是绿草成堆的花园,或是沙质松软的平地,或是干燥枯萎的木屑,昆虫宝宝也和孩子们一样在自己喜欢的家园里嬉戏玩耍。孩子们通过自己生活场景的迁移,把自己的经验、习惯、喜好也带给小昆虫,给昆虫宝宝的家里构建不同的场景和环境,增加躲避屋、攀爬的枝丫、鲜艳的小花甚至还有小家具的摆设,"昆虫宝宝的家"不断构造、丰富起来,孩子们和昆虫宝宝一起驻足、歇息,两个不同生命共同打造、布置和生活的地方,久而久之,孩子知道昆虫宝宝的喜好和习惯,生命之间形成默契。

最后,给昆虫宝宝清扫房舍,定期记录,形成观察档案,孩子们的兴趣如何驱动、延伸、拉扯后续的探究活动,需要坚持对生命的观察,昆虫宝宝弱小的生命让孩子们大有怜爱之意,为它们清扫家园是孩子们力所能及也颇为乐意的小劳动,看见窗明几净的"家园环境",心里满满的小得意,付出是牵动生命之间最牢靠的形式,孩子们为昆虫宝宝们付出劳动,互动之间建构起对生命的关爱、照顾和责任。

(二) 虫趣链接昆虫游戏,实现对生命探究

除去只是简单借鉴昆虫形象的传统游戏,根据孩子们对昆虫宝宝特性的探究和发现,昆虫游戏可以简单分为三类。

第一类是实验型游戏:在这类游戏中,孩子们亲身亲历不仅对神奇的小昆虫有了进一步认识,而且科学素养、解决问题的能力和品质都得到提升,对生命的探究和思考多了一个角度。孩子们的昆虫实验型游戏内容主要集中在昆虫分类、卵的孵化、蛹的羽化、取食行为和爬行痕迹等。

第二类是模仿型游戏:昆虫宝宝有很多自己的本领、习性和特征,孩子们可以通过模仿进行游戏,如模仿蜜蜂筑巢,合作搭建稳固的六边形结构;模仿蜘蛛结网捕食,利用多种材料编织;模仿昆虫宝宝拟态进行隐蔽和捉迷藏,把自己隐藏在环境中,还可以进行服装设计。模仿类游戏建立在孩子们对于昆虫有一定的了解和认知的基础它是最直观地把人类的生活和昆虫的特殊性结合的活动形式,能够让孩子们真正看到昆虫行为的趣味性。

第三类是创造型游戏:艺术创作的方式和方法有很多,孩子们以自己和昆虫、昆虫和昆虫间的故事为蓝本来进行创作,或是讲述故事,或是话剧表演,亦或是歌舞表演,所有的内容都是孩子们亲身经历的情节,他们不再是道听途说看绘本里的昆虫们喃喃细语,而是自己参与到故事之中,成为导演、编剧和

主人公，这种来自艺术创享的"虫"趣，链接了昆虫和幼儿能力的发展，让我们对生命的探究有了落地的意义。

（三）智趣赋能昆虫资源，实现为生命实践

自然里的昆虫资源可以让孩子们自己去发现，园所、小区、公园、山川湖海等都是发现昆虫的宝藏地点，孩子们自己准备工具和装备，就像探险家一样投入到自然的怀抱，用智慧的眼睛发现小生命的踪迹。随着不同季节、不同环境发现的昆虫不同，启迪了孩子们对周围环境的改变和生命适应的思考，当孩子们自己在棉花植株上发现大量栖息的瓢虫，他们会惊讶于瓢虫的行动为什么那么统一；当孩子们在昆虫旅馆里发现蝉蜕，他们会好奇蝉的成长方式。除自然资源外，幼儿园还通过组织研学实践，引领孩子们参观多种昆虫博物馆、昆虫展览、爬宠家、科技馆等，丰富孩子们的见识和认知。

（四）亲趣传承昆虫文化，实现爱生命体验

节气文化与幼儿生活联系紧密，除了春夏秋冬，二十四节气的轮回也是古人智慧的结晶和对生活的观察：惊蛰时春雷响，万物生，小昆虫也爬出蛰居的巢穴，活动身体；看到螳螂破壳而出，就知道芒种时节已经到来，连绵的雨水不断，既灌溉万物也要知防霉防潮；秋分时节，天气渐冷，蛰虫坏户，知道躲藏自己保暖入冬，孩子们也要多穿衣物，保重身体。中医文化博大精深，以虫入药更是其中精妙之法。孩子们也惊讶于不同的昆虫还有不同的疗效，自己尝试晾晒、研磨、分装，了解昆虫不同的功效和价值，回溯古人发现虫药的过程，亲自体验制药的趣味。孩子们亲自摘桑叶、养蚕、煮茧、抽丝、开棉，制作蚕丝被、缠花簪、蚕丝皂等，还设计开发了丰富多彩的蚕丝文创产品，并举行各类义卖活动，让孩子们不仅深刻感受到了中华悠久的桑蚕文化，还极大地锻炼了他们的动手能力和社会责任感。

☞ 参考文献

陈晓胜，2020. 新农科背景下"昆虫分类学"课程教学改革探讨 [J]. 教育教学论坛（28）：163-164.

耿书宝，侯贺丽，杨晨飞，等，2019. "新农科"建设背景下《资源昆虫学》课程教学改革 [J]. 安徽农学通报，25（23）：134-136.

姚志友，邹雪，王源超，2024. "交叉协同"团队式农科研究生培养模式改革与探索 [J]. 学位与研究生教育（1）：9-17.

张北红，肖祖飞，另青艳，等，2023. 高等学校昆虫类公选课教学改革研究

[J]．陕西教育（高教）（1）：51-53．

张方梅，陈磊，乔利，等，2024．新农科背景下普通昆虫学课程智慧教学模式探索与构建[J]．安徽农学通报，30（19）：111-114．

张悦，金国良，陈登洪，等，2025．基于校企合作的农业昆虫学课程教学模式改革实践[J]．安徽农学通报，31（1）：135-138．

☞ **彩图二维码**

☞ **创商训练**

1. 假设你是大学、中学、小学或幼儿园教师（任选一个），你如何将昆虫创意产业融入相应教学中去？
2. 你认为昆虫创意产业大学教学应该如何实施？
3. 设计"家庭昆虫观察指南"或"校园昆虫旅馆搭建方案"。

第十三章 昆虫创意产业的创新实践

一、创新概论

(一) 创新的内涵

创新是一个具有广泛含义的词汇，通常指通过创造性的思维和实践活动，产生新的或显著改进的想法、方法、产品、服务或实践的过程，是以现有的思维模式提出有别于常规或常人思路的见解为导向，利用现有的知识和物质，在特定的环境中，改进或创造新的事物，并能获得一定有益效果的行为。

创新的本质是突破，即突破旧的思维定势，旧的常规戒律。创新活动的核心是"新"，它或者是产品的结构、性能和外部特征的变革，或者是造型设计、内容的表现形式和手段的创造，或者是内容的丰富和完善。广义的"创新"其实还可以包括"创意""创造"甚至"创业"等。

经济学上，"创新"概念的起源为美籍经济学家熊彼特在 1912 年出版的《经济发展概论》中提出的：创新是指把一种新的生产要素和生产条件的"新结合"引入生产体系。它包括五种情况：引入一种新产品，引入一种新的生产方法，开辟一个新的市场，获得原材料或半成品的一种新的供应来源，新的组织形式。熊彼特的"创新"概念包含的范围很广，如涉及技术性变化的创新及非技术性变化的组织创新。

创新理念和创新精神是指企业或个人打破常规，突破现状，敢为人先，敢于挑战未来，打破思维定势，谋求新境界。创新的前提是对现状的不满足，同时，创新是建立在对市场规律和本行业发展前景正确把握的基础上。创新要求具有新颖性，具有独特性和原创性；要有实用性，能够实际应用并产生积极效果；要有价值性，能够创造经济、社会、文化或环境等方面的价值。

创新涵盖众多领域，包括政治、军事、经济、社会、文化、科技等各个领域的创新。因此，创新可以分为科技创新（涉及新技术或新产品的研发和应用）、文化创新（推动文化发展和丰富的新表达形式和内容）、艺术创新（艺术家在创作中融入新元素、新手法或新技术，以产生独特、新颖且具有艺术价

值的作品)、商业创新(包括商业模式、市场营销策略、管理方法等创新)、社会创新(指为解决社会问题而设计和实施的新方案和新方法)等。创新突出体现在三大领域：学科领域，表现为知识创新；行业领域，表现为技术创新；职业领域，表现为制度创新。

创新的步骤一般如下：界定问题，识别需要解决的具体问题或需求；调研分析，收集信息，研究现有解决方案；创意生成，产生多种可能解决问题的想法或方案；方案评估，筛选和评估创意，选择最佳方案；实施执行，将方案转化为实际的产品、服务或实践；评估反馈，对实施结果进行评估，进行必要的调整和优化。

综上所述，创新是一个复杂而多维度的过程，涉及多个领域和方面。在快速发展的世界中，创新能力已成为竞争力的重要组成部分。

(二) 创意的内涵

"创意"这一词汇在当下社会被频繁提及，其内涵丰富且多维。从名词形式来看，创意指的是那些具有创造性、独特性的想法或构思，它们能够打破常规思维的束缚，为人们带来全新的视角和解决方案。这些想法往往源于对生活的深入观察、对问题的独特见解以及对未来的无限遐想。而从动词形式理解，创意则是指提出或产生这些富有创新性想法的过程，它强调的是个体或团队在思维活动中的主动性和创造性。

创意与创新虽然紧密相关，但两者在概念上却有所区别：创意更多地强调想法的独创性和新颖性，是思维层面的产物；而创新则侧重于将这些创意转化为实际的产品、服务或流程改进，是实践层面的成果。简而言之，创意是创新的源泉，而创新则是创意的落地和实现。然而，创意与创新又相辅相成，缺一不可。没有创意的支撑，创新就会失去动力和方向；没有创新的实践，创意也只能停留在空想阶段，无法产生实际价值。因此，在推动社会进步和经济发展的过程中，我们需要同时注重创意的激发和创新能力的培养，实现两者的有机结合和相互促进。

创意的应用范围广泛，几乎涵盖了人类社会的每一个角落。在艺术创作领域，创意是画家笔下色彩斑斓的画作、音乐家指尖流淌的旋律、作家笔下引人入胜的故事；在科技研发领域，创意则转化为一项项颠覆性的技术发明、一款款便捷智能的产品应用；在商业营销领域，创意更是成为了吸引消费者注意力、提升品牌影响力的关键所在。以广告行业为例，创意广告往往能够打破传统广告的枯燥和单调，以新颖有趣的方式传递产品信息，从而在消费者心中留下深刻印象。比如某品牌推出的"逆生长"广告，通过逆向思维展现产品抗

衰老的效果，不仅让人眼前一亮，更成功激发了消费者的购买欲望。这样的创意应用不仅提升了品牌知名度，也为企业带来了可观的经济效益。

创意的产生并非一蹴而就，而是需要经历一个复杂而微妙的过程。一般来说，创意的产生可以分为以下几个阶段：准备阶段、酝酿阶段、灵感闪现阶段和验证完善阶段。在准备阶段，创作者需要广泛收集信息、深入研究问题，为创意的产生奠定坚实基础；在酝酿阶段，创作者会进入一种相对放松的状态，让思维自由飞翔，寻找灵感的火花；当灵感闪现时，创作者需要迅速捕捉并记录下来，形成初步的创意构想；最后，在验证完善阶段，创作者需要对创意进行反复推敲和修改，确保其具有可行性和实用性。有时候，一个好的创意可能就是一瞬间的灵感或直觉，不需要按照这些步骤来实现。因此，要重视直觉和灵感，许多创意都来源于直觉和灵感。

在创意产生的过程中，有许多方法可以帮助创作者激发灵感。比如头脑风暴法，通过集体讨论的方式激发思维碰撞，产生新的想法；再比如思维导图法，通过绘制思维导图来梳理思路、拓展思维；还有联想法，通过关联不同的事物或概念来激发新的创意。这些方法各有千秋，创作者可以根据自己的实际情况和需求选择适合的方法。

创意在企业服务领域的应用非常广泛，包括产品研发、市场营销、品牌建设、客户服务等多个方面。通过创意，企业可以创造出具有差异化竞争力的产品和服务，满足客户的需求和期望，提高企业的市场占有率和品牌影响力。同时，创意也可以帮助企业发现新的市场机会和增长点，推动企业的可持续发展。

创意的价值和重要性不言而喻。首先，创意是推动社会进步的重要动力。在人类历史的长河中，每一次重大的科技进步、文化创新都离不开创意的推动。其次，创意是提升个人竞争力的关键。在职场竞争中，拥有独特创意和创新能力的人往往能够脱颖而出，成为行业的佼佼者。最后，创意也是企业发展的重要支撑。在激烈的市场竞争中，企业需要通过不断创新来保持竞争优势，而创意正是创新的源泉和基石。

评估创意的价值和重要性时，我们可以从多个维度进行考量。比如创意的新颖性、独特性、实用性以及潜在的市场价值等。同时，我们还需要结合具体的行业背景和市场环境来判断创意的可行性与前景。只有经过全面客观的评估，才能更准确地认识创意的价值和重要性，为其后续的转化和应用提供有力支持。

创意的来源非常广泛，可以来自个人的经验、观察、学习、思考，也可以来自团队的合作、讨论、交流。此外，创意还可以从其他领域借鉴和转化而

来，如艺术、音乐、文学、科技等。无论创意来自何处，都需要具备开放的心态和创新的思维方式，勇于尝试和探索新的可能性。

创意不是天生就有的，而是通过学习和训练培养出来的。首先，要保持好奇心和探索精神，勇于尝试新的事物和观点。其次，要善于观察和思考，从日常生活中发现灵感和机会。再次，可以通过参加创意工坊、团队讨论、交流分享等活动，拓宽自己的思维方式和视野。最后，要敢于冒险和失败，从失败中汲取经验和教训，不断改进和创新。

培养和提升个人及团队的创意能力是一个长期而系统的过程。首先，需要保持开放的心态和好奇心，勇于尝试新事物、接受新观念。只有这样，才能不断拓宽自己的视野和思维边界，为创意的产生提供广阔的土壤。其次，需要注重知识的积累和技能的提升。通过不断学习新知识、掌握新技能，我们可以为创意的产生提供丰富的素材和工具。最后，还需要培养敏锐的观察力和洞察力。通过对生活、市场和行业的深入观察和分析，可以发现隐藏的问题和机遇，为创意的产生提供有力的支撑。

对于团队而言，培养和提升创意能力同样重要。团队可以通过组织定期的头脑风暴会议、开展创意培训活动、建立激励机制等方式来激发成员的创意潜能。同时，团队还需要注重成员之间的沟通和协作。通过搭建良好的沟通平台、促进成员之间的信息共享和思维碰撞，可以形成更加开放、包容的团队氛围，为创意的产生和转化提供有力的保障。

（三）昆虫创意产业与创新和创意

在昆虫创意产业创新创业实践中，创意内涵体现在对昆虫资源独特价值的深度挖掘与全新诠释。它不仅仅局限于对昆虫形态、结构等表面特征的简单模仿，更在于理解昆虫在生态系统中的核心作用、在进化历程中形成的精妙适应机制，并将这些生物学特性转化为具有市场竞争力和社会价值的产品或服务概念。这种创意要求创业者具备跨学科知识体系，汇集生物学、生态学、材料学、设计学等多学科智慧，打破传统行业思维定式，以全新视角审视昆虫资源的潜在用途，从而催生前所未有的商业机会和创新解决方案。

狭义的"昆虫创意产业"主要是指昆虫产品加工和营销过程中要加入创意的思维，延伸产业链，提高附加值，从而把昆虫产业做大做强，但广义的"昆虫创意产业"则还包括昆虫养殖过程中的一些创意性改造做法，以及与其他产业的嫁接融合（如稻虫共生、虫菜共生、萤火虫农业、昆虫溪沟经济等）。昆虫创意产业的内容，狭义来说，主要包括创意产品、产业业态、创意营销等；广义来说，还至少包括创意养殖（创意养殖基地、创意养殖器具

等)。昆虫创意产业的本质是"跳出昆虫(产业)看昆虫(产业)",是用创新、系统、综合的思维来重新审视昆虫产业,充分挖掘昆虫产业的产品形态、技术研发和销售模式等。

昆虫创意产业特别需要系统思维和融合思维。

(1) 系统思维。在打造嵌入昆虫的新型生态循环创意农业过程中,用昆虫处理农业废弃物,生产出昆虫蛋白作为饲料,虫砂作为有机肥,加入传粉昆虫和天敌昆虫,发展绿色循环农业,还可以延伸出虫子鸡(蛋)等产品,若加入萤火虫、蝴蝶等文创昆虫,还可以发展"虫宠乐园",打造"萤光六产农业",从而实现一、二、三产业联动,提升传统农业和昆虫产业,这些都是系统思维的体现。在规划昆虫养殖产业时,不仅关注养殖技术和产量提升,还结合当地生态承载能力、下游产品加工需求、废弃物处理和循环利用等因素,构建可持续发展的产业生态闭环。系统思维有助于创业者因避免局部优化而忽视整体效益的陷阱,确保创新实践在经济、社会和生态多方面的可行性和可持续性。

(2) 融合思维。即"昆虫+"和学科交叉,昆虫放入溪沟即可创新"昆虫溪沟经济",昆虫放入水稻、中草药、茶园中即可创新"稻虫共生""药虫共生""萤光稻""萤光茶",萤火虫与大熊猫融合即可创新"大熊猫·小萤火"的文旅新IP,萤火虫还可以与白酒、香水等结合而诞生新的品牌,萤火虫与民宿、餐饮融合即可创新萤火虫主题酒店和餐厅,昆虫与心理学交叉融合即可创新昆虫疗愈和昆虫宠物,与仿生学结合即可创新各类昆虫仿生业态和产品,与教育学结合即可创新昆虫研学、科普、教育,从而诞生很多创新业态和产业。

二、昆虫创意产业的实施路径

(一) 创新成果的产生

1. 深入研究昆虫生物学特性

对昆虫的形态、结构、生理、行为和生态等方面进行全面深入的研究是寻找创新点的基础。例如,研究昆虫的翅膀微观结构,发现其表面的纳米级纹理和特殊的角质层成分在减阻、抗菌和自清洁方面具有独特性能,从而启发在航空航天、医疗器械表面涂层等领域的创新应用;观察昆虫的觅食行为和化学通讯机制,开发出基于昆虫信息素的新型害虫绿色防控技术和精准农业监测系统,提高农业生产效率和生态安全性。创业者可与昆虫学家、生物学家合作,利用现代生物学研究手段,如基因测序、电生理技术、微观成像技术等,挖掘

昆虫尚未被充分认识的特性和潜在应用价值。

2. 密切关注市场需求与痛点

紧密跟踪市场动态,了解消费者对环保、健康、个性化产品和服务的需求变化,以及各行业在可持续发展、资源利用、技术升级等方面面临的问题。例如,随着环保法规日益严格和消费者对塑料污染问题的高度关注,市场对可降解包装材料的需求急剧增长,创业者可针对这一痛点,利用昆虫外壳、丝等天然材料开发高性能、低成本的生物降解包装产品;在医疗保健领域,针对慢性疾病治疗和康复需求,探索昆虫源生物活性物质的药用价值,开发新型药物或功能性食品。通过市场调研、用户反馈和行业分析,精准定位市场需求与现有产品或服务之间的差距,将昆虫资源的优势与之结合,确定具有市场潜力的创新方向。

3. 鼓励跨学科交叉融合

鼓励不同学科背景的专业人员合作,促进昆虫学与材料学、工程学、信息技术、设计学等学科的交叉融合。在材料科学领域,结合昆虫外骨骼的力学性能和生物相容性,运用纳米技术和复合材料制备工艺,开发新型仿生结构材料,用于汽车制造、建筑工程等行业的轻量化和高性能部件设计;在信息技术方面,利用昆虫的视觉、嗅觉和触觉感知原理,与传感器技术、人工智能算法相结合,研发新型智能监测设备和环境感知系统,应用于环境监测、智能家居、安防等领域。跨学科交叉融合能够打破学科壁垒,整合各方优势,产生全新的创新点和解决方案,拓展昆虫创意产业的应用范围和创新深度。

(二) 知识产权保护与创新激励

1. 论文发表

优质学术论文的要素首先是学科交叉而产生的创新的研究思路,其次才是写作和发表技巧。比如,研究磁石对蝗虫体色的影响,某些特殊昆虫对地震的感应,某些蛇或鸟取食萤火虫的行为规律,等等,再就是横向纵向交叉而产生的"稻虫共生""药虫共生"的系列研究等。不仅要有常规学术论文的撰写,还要有产业综述或产业模式类的文章,全面透彻地研究和阐述昆虫创意产业的学术成果。论文应详细阐述创新的背景和研究的目的,准确描述研究方法,确保实验设计合理、数据采集可靠、分析方法科学,使研究结果具有可重复性和说服力,最后,总结研究结论,深入讨论研究结果的意义和应用前景,为后续研究和产业应用提供参考和启示,也为专利申请和技术转化奠定理论基础。选择合适的学术期刊投稿,关注期刊的专业领域、影响因子和投稿要求,提高论文发表的成功率和影响力。

2. 专利申请

专利是保护创新技术和产品的有力法律武器,昆虫创意产业中产生的新技术、新工艺、新方法、新产品等,应及时申请专利。专利分为3种类型:发明专利、实用新型专利和外观设计专利。根据申请和保护范围的不同,可以分为国际专利和国内专利,其中,国际专利是指一种在多个国家或地区获得专利保护的机制,允许发明人在多个国家同时保护其发明创造的权利,与国内专利在申请流程、保护范围、法律效力、申请成本与维护等方面均有不同。专利权的内容包括独占实施权、进口权、转让权、实施许可权、放弃权和标记权。专利申请文件包括说明书、权利要求书、附图等,其中权利要求书是核心部分,需精确界定专利的保护范围。在撰写专利申请文件时,建议寻求专业专利代理人或律师的帮助,确保申请文件的质量和法律有效性。同时,要注意专利申请的时机,避免因过早公开技术而丧失新颖性,或因延迟申请而被他人抢先。积极参与专利审查过程,与审查员进行沟通和解释,争取获得有利的审查结果,确保专利的授权和有效保护。最后,还要注意专利年费的及时缴纳,以免专利失效。

3. 商标申请

商标是企业品牌形象的重要标识,对于昆虫创意产品和服务的市场推广和品牌建设具有关键作用。商标应具有独特性、显著性和可识别性,能够准确传达企业的核心价值观和产品特色。在设计商标时,可以融入昆虫元素或与昆虫相关的文化符号,增强品牌的关联性和记忆点。例如,采用昆虫的轮廓、翅膀纹理、色彩等作为商标设计的灵感来源,结合现代设计手法,创造出简洁美观、富有创意的商标图案。在申请商标时,要按照商标法的规定,进行商标查询、申请文件准备和提交申请等程序,确保商标的注册成功。同时,要注重商标的使用和维护,防止商标侵权和淡化,提升品牌的市场价值和竞争力。

4. 组建研究机构

昆虫创意产业具有较强的创新性,因为,要重视组建研究机构,加强科学研究,是推动昆虫创意产业创新发展的重要举措。比如,与高校、企业、景区或政府等共建"院士(专家)工作站""昆虫创意产业研究院""萤火虫(或爬沙虫)研究院""萤火虫养心研究院""萤火虫旅游研究院""萤火虫文创研究院""昆虫康养研究中心""昆虫资源工程研究中心"等。在组建过程中,首先,要明确研究机构的研究方向和目标,聚焦昆虫创意产业的关键技术和前沿领域,确保研究工作的针对性和前瞻性;其次,要汇聚多学科专业人才,包括昆虫学家、生物学家、文旅专家、材料学家、工程师、信息技术专家等,打

造一支具有创新能力和团队协作精神的研究队伍;再次,要配备先进的实验设备和仪器,建立完善的科研管理制度和运行机制,保障研究机构的高效运行。最后,积极开展国内外学术交流与合作,与高校、科研机构、企业等建立紧密的合作关系,促进资源共享和协同创新,提升研究机构的学术水平和行业影响力。

5. 建立激励机制

为激发科研人员和创业者的创新积极性,应建立健全创新激励机制。在企业内部,可以设立创新奖励基金,对在技术研发、产品设计、市场开拓等方面取得突出创新成果的团队或个人给予物质奖励和荣誉表彰;制定合理的绩效考核制度,将创新能力和成果纳入考核指标体系,与薪酬分配和职务晋升挂钩,激励员工积极参与创新活动。在产业层面,政府和行业协会可以设立昆虫创意产业创新奖项,如科技创新奖、创业优秀奖等,对优秀的创新项目和企业进行奖励和宣传,提高其社会知名度和行业地位;通过政策扶持和资金支持,鼓励企业加大研发投入,开展产学研合作,促进创新成果的转化和应用。此外,还可以举办创新创业大赛、学术论坛、技术交流活动等,为创新者提供展示平台和交流机会,营造良好的创新氛围和文化。

三、昆虫创意产业的创新实践

以主著作者带领的创业团队所取得的创新成果为例,阐述昆虫创意产业在思维理念、技术产品、商业模式、品牌创建等方面的创新实践。

1. 思维理念创新

在前辈们之前相继提出"资源昆虫"和"昆虫资源"概念的基础上,提出"昆虫创意产业"理念,倡导在传统昆虫产业中加入创意元素,"跳出昆虫看昆虫",不能把昆虫产业简单地看作养殖产业,扩大思维,延伸业态,交叉融合,从而进一步激发和释放产业威力,也为新农科教学改革提供了崭新的思路。

针对很多热门的昆虫产业民众扎堆研究和创业的现象,提出"不争第一,只做唯一"的学术和产业"生态位"观点,让昆虫产业的科学研究和创业项目不造成"红海"局面,而是要根据各自的特质和资源,找到最适合自己的最好是创新甚至唯一的研究和创业项目,错位发展,蓝海发展。

在全国乃至世界昆虫产业的研究和创业项目基本都是以陆生昆虫为主的背景下,全面系统开启了爬沙虫和水生类萤火虫等水生昆虫的人工繁育与产业化研究,从生物学研究、行为学研究到养殖器具、饵料、疾病防控、水质控制,以及高效化蛹、羽化,最终到交配产卵、孵化,尤其是低龄幼虫的高成活率繁

育,再到产品加工和产业化路径,都进行了系统探索。

在将陆生昆虫养殖作为"微家畜养殖"理念的基础上,提出可以将水生昆虫的养殖作为"特色水产养殖",从而拓展了传统农业院校对"养殖"和"水产"专业的界定,拓展了大学生就业和创业的领域。也就是说,提到"养殖"(学习或就业、创业),不仅是养鸡养猪,还可以养殖(陆生)昆虫;提到"水产"(学习或就业、创业),不仅是养鱼养虾,还可以养殖水生昆虫。

探索昆虫创意产业同时助力乡村振兴的产业、生态、文化、人才、组织五大振兴的路径,尤其是提出以"萤光村落"作为萤火虫助力乡村振兴五大振兴的总 IP 和提纲,可以将昆虫创意产业可以作为"小而美"的特色且精致的项目推广到"一带一路"国家,走出乡村振兴和"一带一路"的新路径。

2. 技术产品创新

提出"昆虫溪沟经济"的全新技术模式,作为"河道资源综合开发利用"的崭新探索,用以破解"溪沟保护和开发"难题,也探索出了爬沙虫等水生昆虫"室内育苗和溪沟养殖"结合的最佳养殖模式,更探索出了利用溪沟助力地方经济和百姓增收的路径。

提出"稻虫共生""稻萤共生""虫菜共生"等系列思路和技术,解决了袁隆平的"曲线致富"等棘手问题,也提升了传统农业的品牌溢价,提高了综合效益。

推动萤火虫幼虫用于生物防治,将陆生萤火虫幼虫取食蜗牛、蛞蝓等有害软体动物,还可以将幼虫身上黏附杀虫真菌后自身在大田里活动的同时传播了这些致病菌以杀死其他害虫,用半水生萤火虫幼虫取食很多陆生或水生有害软体动物及其他动物尸体,用水生萤火虫幼虫取食田螺、福寿螺、钉螺等有害软体动物,广泛用于蔬菜园、石斛园、果园、茶园、湿地、稻田、荷塘等场所。

提出了"新型立体林业昆虫经济",充分利用林下(包括地下和溪沟)、林中、林上的多种昆虫资源,全面发展立体昆虫经济,充分发挥昆虫的食用、药用、旅游、文创、研学科普、监测环境、心理疗愈等的综合功能,为林业资源全面开发寻找新的路径。

提出"昆虫疗愈"概念,系统探索了萤火虫、蝴蝶、蛐蛐等多类昆虫在各个年龄人群中的情绪调节及心理疗愈的作用,并在幼儿园、中小学、大学及社会精神卫生中心中推广应用,同时,推出昆虫宠物、昆虫科普等产品和业态,拓展开发了昆虫的综合产业价值。

探索爬沙虫等水生昆虫的仿生价值,揭示了蚕蟆独特的"前足-中足"四

足行走行为并初步发现蚤蝼可能有预测地震的功能,研究了颈槽蛇取食萤火虫的系列问题,这些创新性的学研究,都极大促进了昆虫学的研究,也为昆虫产业的拓展奠定了基础。

3. 商业模式创新

在萤火虫、蝴蝶等昆虫文化旅游产业应用和开发上,相继提出了多种创新性的商业模式或思路,如创建了"昆虫版迪士尼"和"虫宠乐园"等多个以昆虫为核心 IP 的新型行浸式创意化主题乐园的打造路径,将萤火虫与佛教和道教结合,推出了"萤里论道"和"禅意萤光"、与蝴蝶结合推出了"萤飞蝶舞"等品牌和产品;探索萤火虫影视作品、系列文创产品开发,尤其是深挖萤火虫的科普功能和文化价值,提出了"萤光机场"的概念,在传统机场建设开发运营中加入赏玩萤、科普萤、销售萤等商业元素;提出了"送萤火虫进城"商业路径,将萤火虫推广和融合到社区、校园、商场、公园等区域,极大拓宽了萤火虫的产业占位;将萤火虫元素巧妙融入传统民宿、酒店业态中,推出"萤火虫主题酒店、民宿、酒吧、餐厅"等创新性产品和业态,受到了市场的良好反应。

除此之外,还深入研究了昆虫在校园教育和社区科普中的应用,探索出了多个较为成功的商业模式,甚至将萤火虫与党建工作巧妙融合,这些都为昆虫产业创意性运营从而取得最大化的商业效益提供了参考和借鉴。

4. 品牌创建创新

首先,商业模式创新中提到的"昆虫版迪士尼""虫宠乐园""萤飞蝶舞""萤里论道""禅意萤光""萤光机场""萤火虫民宿"等同时也是品牌创建的创新,除此之外,团队还相继提出了"萤光六产农业"以及"稻萤共生""药萤共生""荷萤共生""茶萤共生""果萤共生"等萤火虫融入农业的系列思路和技术,提出"萤火虫亲吻过的""萤火虫守护的"萤光茶、萤光稻、萤光中药材、萤果鲜等品牌和产品,并注册了"萤约""萤仔""萤小乖""人间萤河"等多个商标品牌,此外还有汽车商、珠宝商、手机商、白酒商、香水商等都与萤火虫结合实现了品牌创新。

萤火虫景区以萤火虫为主题元素,打造独特的文旅 IP,推出萤火虫文化旅游节、萤火虫微光音乐会、荧光夜跑、萤火虫露营季、萤火虫摄影比赛等节庆活动;实施萤火虫主题公园打造,与华为、小米等著名品牌联名推出萤火虫主题消费场景;推出萤火虫酒店、萤火虫客栈、萤火虫餐厅、萤火虫集市,开发出了系列玩偶、手机链、杯垫、背包等文创产品,创作了插画绘本、歌曲等萤火虫主题宣传品,推出萤火虫主题白酒、茶叶、香水、灯具、文化明信片等系列产品,展示萤火虫夜游全新场景及想象空间。

另外,团队还提出了"大熊猫·小萤火"的品牌,"白天看大熊猫,晚上看萤火虫""一个大,一个小""一个白天,一个黑夜""一个脊椎动物,一个无脊椎动物",两者都是享誉世界的明星物种(萤火虫又被称为"昆虫界的大熊猫"),两者推出,相得益彰,品牌融合。除了萤火虫,团队还在爬沙虫等药用食用昆虫领域探索创意性营销,比如,将爬沙虫(被誉为"河参""虫参")与海参结合起来,放在一个包装盒里售卖,推出品牌"双参滋补",与虫草结合起来推出"虫草·虫参"品牌,与人参结合起来推出"植物人参·动物人参"品牌等。

团队总公司的名称为"虫生",品牌解读如下:谐音"重生",寓意创始人从高校教师到创业者的"重生",同时寓意"虫生万物(昆虫产业可以融入人类的方方面面)",也可以解读为"为虫而生(创始人一辈子为虫奋斗一生的决心)",还可以借鉴"人生"将"虫生"解读为"昆虫的一生"。总公司还演化出了多个分公司,比如,专注做爬沙虫产业的"广翅飞翔",专注做萤火虫产业的"萤光拾里"及诸多"萤"系列品牌公司,从而形成了集团公司的昆虫品牌群。

拓展资料

创新创业比赛网站概览

创新创新比赛名称	网址
中国国际大学生创新大赛	https://cy.ncss.cn
国家级大学生创新训练计划平台	http://gjcxcy.bjtu.edu.cn/Index.aspx
"挑战杯"全国大学生课外学术科技作品竞赛	https://www.tiaozhanbei.net/
中国青年创青春大赛	https://cqc.yeeol.com/
"中国创翼"创业创新大赛	https://zgcyds.newjobs.com.cn/

近几年全国昆虫相关获奖项目概览表

序号	项目名称	学校	获奖比赛名称
1	溪涧生金——昆虫溪沟经济助力乡村发展新模式	乐山师范学院	中国国际大学生创新大赛(2024)高教主赛道铜奖
2	虫新定艺——新时代昆虫定制艺术品领航者	遵义师范学院	中国国际大学生创新大赛(2024)高教主赛道铜奖
3	宠爱有家——新一代抗弓形虫宠物食品添加剂领航者	宁波大学	中国国际大学生创新大赛(2024)高教主赛道银奖

第三篇 实践篇

(续表)

序号	项目名称	学校	获奖比赛名称
4	虫情智汇——新型林间植保解决方案的开拓者	天津商业大学	中国国际大学生创新大赛（2024）高教主赛道铜奖
5	智药安农——全球首个面向农业病虫害防治的农药信息学平台	贵州大学	中国国际大学生创新大赛（2024）高教主赛道金奖
6	慧眼识珠——国内领先的仿生智能成像虫眼仪	新余学院	中国国际大学生创新大赛（2024）高教主赛道铜奖
7	昆虫神探——蝇蝇细语诉逝者之言	苏州大学	中国国际大学生创新大赛（2024）红旅赛道金奖
8	牧野格桑——"富民兴藏"开创藏区包虫病预防新模式	宁波大学	中国国际大学生创新大赛（2024）红旅赛道金奖
9	益虫益农——畜禽粪污多层级循环绿色处理的领航者	山东管理学院	中国国际大学生创新大赛（2024）红旅赛道银奖
10	一镜知虫——田间害虫"诊断仪"	浙江理工大学	中国国际大学生创新大赛（2024）红旅赛道铜奖
11	虫草奇"源"—菌种繁育解难题，激活虫草新动力	山东协和学院	中国国际大学生创新大赛（2024）红旅赛道铜奖
12	"虫"振乡村——溪沟爬沙虫人工繁育拓荒者	乐山师范学院	中国国际大学生创新大赛（2024）红旅赛道铜奖
13	青禾云眼——高光谱无人机助力中草药病虫害防治深耕者	兰州财经大学	中国国际大学生创新大赛（2024）红旅赛道铜奖；第十四届"挑战杯"秦创原中国大学生创业计划竞赛国赛铜奖
14	智焊小爬虫——野外管道爬行焊接机器人的开拓者	河南职业技术学院	中国国际大学生创新大赛（2024）职教赛道银奖
15	"小虫子"大产业——芷江白蜡乡村振兴的排头兵	怀化职业技术学院	中国国际大学生创新大赛（2024）职教赛道铜奖
16	新兴食品——可食用昆虫发展前景探究	湖南科技大学	第四届"挑战杯"湖南科技大学大学生课外学术科技作品竞赛一等奖
17	星虫阁-沙虫的全人工繁育及副产品的开发与应用	北部湾大学	中国国际大学生创新大赛（2023）高教主赛道铜奖
18	农事先知——作物病虫害防控领跑者	安徽大学	中国国际大学生创新大赛（2023）红旅赛道银奖
19	虫启未来 营养新食代	安徽财经大学	中国国际大学生创新大赛（2023）红旅赛道铜奖
20	"凋"虫小技——遥感赋能 做乡村智慧竹林守护者	福州大学	中国国际大学生创新大赛（2023）红旅赛道铜奖
21	小胡蜂有大作为——特色昆虫智能养殖助力乡村振兴	昆明学院	中国国际大学生创新大赛（2023）红旅赛道铜奖

(续表)

序号	项目名称	学校	获奖比赛名称
22	虫口夺粮——绿色治虫富农，助力乡村振兴	塔里木大学	中国国际大学生创新大赛（2023）红旅赛道铜奖
23	虫启希望——全球首次应用中药五谷虫治疗糖尿病溃疡并发症	辽宁师范大学	中国国际大学生创新大赛（2023）高教主赛道铜奖
24	虫影寻踪——迁飞虫害信息化监测雷达	北京理工大学	中国国际大学生创新大赛（2023）高教主赛道铜奖
25	安粮无忧——中国储粮害虫监测防治一体化领军者	南京财经大学	中国国际大学生创新大赛（2023）高教主赛道银奖
26	枣区致富增收技术 害虫变益虫——梨六点天蛾、虫茶、昆虫食品的利用研究	河北科技师范学院	河北科技师范学院大学生"挑战杯"科技作品大赛一等奖
27	智监虫霉	江苏科技大学	第十八届"挑战杯"全国大学生课外学术科技作品竞赛"揭榜挂帅"专项赛国家级二等奖
28	自然卫士——以虫治虫的绿色生物防控技术	南昌大学	第七届中国国际"互联网+"大学生创新创业大赛红旅赛道金奖
29	虫口夺粮——基于 AI 的沿黄流域农作物病虫害"侦察兵"	郑州航空工业管理学院	第八届中国国际"互联网+"大学生创新创业大赛高教主赛道铜奖

全国大学生国家级创新创业项目概览表

序号	项目名称	所属学校	获奖比赛名称
1	生态虫踪—AIoT 赋能滨海湿地昆虫多样性监测与生态评估	山东科技大学	2024 年国家级创新创业项目
2	基于 AIoT 技术的滨海湿地昆虫多样性监测与群落分析系统	山东科技大学	2024 年国家级创新创业项目
3	受昆虫眼启发的纳米线机器人视觉系统	哈尔滨工程大学	2024 年国家级创新创业项目
4	"禅意萤光"——最具乐山地方特色的昆虫主题文创产品及昆虫美食研发项目	乐山师范学院	2024 年国家级创新创业项目
5	与你"虫"逢——昆虫博物馆文创项目	中国农业大学	2024 年国家级创新创业项目
6	仿昆虫生物智能的软体机器人	湖南大学	2024 年国家级创新创业项目
7	云南特色昆虫蛋白肽的健康功效研究	昆明理工大学	2024 年国家级创新创业项目
8	伏牛山自然保护区野外观测站昆虫资源调查及多样性分析	郑州大学	2024 年国家级创新创业项目
9	辽宁仙人洞国家级自然保护区昆虫多样性研究	大连理工大学	2024 年国家级创新创业项目

第三篇 实践篇

(续表)

序号	项目名称	所属学校	获奖比赛名称
10	绿色蛋白——昆虫饲料可持续发展之路	锦州医科大学	2024年国家级创新创业项目
11	昆虫Vip3A毒素抗性相关基因的功能分析及其表达调控	华中师范大学	2024年国家级创新创业项目
12	新疆特色昆虫抗冻蛋白对血细胞的冷冻保护研究	石河子大学	2024年国家级创新创业项目
13	天敌昆虫黄猄蚁对柑橘害虫的捕食偏好及其人工繁育	肇庆学院	2024年国家级创新创业项目
14	基于深度学习的安徽省萤叶甲亚科昆虫的智能识别系统及其线粒体基因参考库的构建	安徽师范大学	2023年国家级创新创业项目
15	《吉林西部昆虫图集》编撰	白城师范学院	2023年国家级创新创业项目
16	白晶白资源昆虫文创工作室	长春师范大学	2023年国家级创新创业项目
17	天"蜘"骄子—飞走融合仿生昆虫	吉林大学	2023年国家级创新创业项目
18	"虫"振农业——乡村振兴背景下多层级昆虫处理技术应用研究	山东管理学院	2023年国家级创新创业项目
19	基于AIoT技术的滨海湿地昆虫多样性监测及时序动态分析系统	山东科技大学	2023年国家级创新创业项目
20	建三江机场周边不同生境昆虫多样性调查	佳木斯大学	2023年国家级创新创业项目
21	基于卷积神经网络与昆虫嗅觉训练的新型仿生气味探测器研发	西北工业大学	2023年国家级创新创业项目
22	内蒙古中新世昆虫叶片取食多样性和生态评价	长安大学	2023年国家级创新创业项目
23	蛀干昆虫快速检测装置研发	西北农林科技大学	2023年国家级创新创业项目
24	昆虫几丁质酶基因家族全基因组鉴定、比较及其作为害虫防控靶标的应用探究	西南大学	2023年国家级创新创业项目
25	翼惊鸿灵犀昆虫艺术工作室	兰州财经大学	2023年国家级创新创业项目
26	食塑昆虫扩繁及其应用推广	内蒙古农业大学	2023年国家级创新创业项目
27	微小型跃翔一体仿昆虫机器人设计及实现	北京理工大学	2023年国家级创新创业项目
28	基于宏条形码技术的鳞翅目昆虫多样性研究	首都师范大学	2023年国家级创新创业项目
29	实现生物神经操控的昆虫电子铠甲	北京航空航天大学	2023年国家级创新创业项目

昆虫创意产业创新创业实践

(续表)

序号	项目名称	所属学校	获奖比赛名称
30	光滑双脐螺 Toll-样受体（BgTLR）重组蛋白基于 Bac-to-Bac 杆状病毒昆虫细胞表达系统的获取及初步功能研究	浙江树人学院	2023 年国家级创新创业项目
31	基于昆虫标本的线上线下混合式工艺品销售模式探究	浙大城市学院	2023 年国家级创新创业项目
32	昆虫抗菌肽数据挖掘与功能分析	浙江大学	2023 年国家级创新创业项目
33	基于昆虫仿生的水下机器人自主抓取技术研究	东北大学	2023 年国家级创新创业项目
34	基于核昆虫不育技术的"无蚊示范村"建设	中山大学	2023 年国家级创新创业项目
35	热带雨林微环境中昆虫与虫生真菌的生态网络调	中山大学	2023 年国家级创新创业项目
36	面向救援拍翼飞行器设计的昆虫飞行运动的研究	东莞理工学院	2023 年国家级创新创业项目
37	海南东寨港红树林鳞翅目害虫的天敌昆虫调查	琼台师范学院	2022 年国家级创新创业项目
38	昆虫唾液蛋白对烟草防御的影响	陕西师范大学	2022 年国家级创新创业项目
39	药用昆虫豫尾琵琶甲抗炎活性多糖的研究	大理大学	2022 年国家级创新创业项目
40	广西十万大山水生绢丝昆虫的资源挖掘与利用	北部湾大学	2022 年国家级创新创业项目
41	昆虫丝腺系统表达海洋药用蛋白的创业实践	北部湾大学	2022 年国家级创新创业项目
42	漓江流域昆虫生物多样性调查与评估	南宁师范大学	2022 年国家级创新创业项目
43	昆虫标本制作技术助力乡村振兴	河北北方学院	2022 年国家级创新创业项目
44	富锦湿地昆虫多样性及分类学研究	佳木斯大学	2022 年国家级创新创业项目
45	基于 YOLOV5 的昆虫识别技术在农业虫害领域研究与实现	黑龙江科技大学	2022 年国家级创新创业项目
46	昆虫病原真菌新种冻土毛霉产孢营养基优化及产孢性能遗传改良研究	聊城大学	2022 年国家级创新创业项目
47	昆虫抗菌肽 MD-L3 调控巨噬细胞极化促进创伤愈合的研究	徐州医科大学	2022 年国家级创新创业项目
48	基于农业昆虫形态特征显微图像的害虫识别技能训练与学习途径创新	甘肃农业职业技术学院	2022 年国家级创新创业项目
49	"当昆虫遇上互联网"——昆虫衍生产品与数据化综合开发	贵州大学	2022 年国家级创新创业项目

· 244 ·

第三篇 实践篇

（续表）

序号	项目名称	所属学校	获奖比赛名称
50	食用菌废菌棒的环境昆虫处理途径及资源化利用探讨	兴义民族师范学院	2022年国家级创新创业项目
51	仙居国家公园摇蚊科昆虫的生物多样性研究	台州学院	2022年国家级创新创业项目
52	利用滚环转录技术进行昆虫RNA干扰效率的研究	华东理工大学	2022年国家级创新创业项目
53	亚热带森林林下昆虫多样性沿海拔梯度的分布规律研究	厦门大学	2022年国家级创新创业项目
54	萤舞虫行——昆虫溪沟经济综合体助力乡村振兴	乐山师范学院	2022年国家级创新创业项目
55	伊犁河谷野果林啮虫目昆虫资源调查与整合分类学研究	新疆大学	2022年国家级创新创业项目
56	土壤重金属铅污染和植食性昆虫为害胁迫对大豆农艺性状和土壤酶活性的影响	邵阳学院	2022年国家级创新创业项目
57	鳞翅目昆虫保幼激素二醇激酶的基因复制与功能分化研究	浙江大学	2022年国家级创新创业项目
58	罗伯兹绿僵菌在穿透昆虫体壁中部分重要调控因子的分工与合作	浙江大学	2022年国家级创新创业项目
59	涡旋光干涉测振技术分析昆虫"交流"信号	安徽大学	2022年国家级创新创业项目
60	皖江流域稻田寄生蜂和鳞翅目昆虫多样性及变化动态	安徽师范大学	2022年国家级创新创业项目
61	小蜂总科昆虫线粒体基因组结构与演化	安徽师范大学	2022年国家级创新创业项目
62	柯睿生物——基于餐厨垃圾生态化应用的昆虫蛋白供应商	海南大学	2022年国家级创新创业项目
63	昆虫蛋白水解物的制备及性质研究	郑州工程技术学院	2022年国家级创新创业项目
64	食品废弃物昆虫化利用的经济与生态效益评估	华中农业大学	2022年国家级创新创业项目

☞ **创商训练**

1. 选择若干昆虫创意产业项目（最好有学科交叉），进行科学研究或规划设计，争取发表论文或申报专利，或者申报商标等。
2. 选择一个大学生创新创业比赛项目，尝试进行创新训练并参赛。
3. 如果你要设计一款仿生机器人，会借鉴哪种昆虫？为什么？

昆虫创意产业创新创业实践

第十四章 昆虫创意产业的创业实践

一、创业概论

(一) 创业和创业精神与昆虫创意产业

创业是一种极具创造性和挑战性的行为过程,在昆虫创意产业领域,它意味着识别、开发和利用昆虫相关的商业机会,通过创新的方式整合资源,创造出独特的产品或服务,并承担相应的风险,以实现经济价值和社会价值的双重追求。创业者需凭借敏锐的市场洞察力,挖掘昆虫的潜在价值,将创意转化为可行的商业项目。

创业精神则是驱动创业行为的核心动力,它涵盖了勇于创新、敢于冒险、坚韧不拔、积极进取等关键品质。创新精神促使创业者突破传统思维,探索昆虫资源的全新应用途径;冒险精神支撑着创业者在面对技术不确定性、市场波动和社会认知偏见等诸多风险时,依然坚定地投入资源,推进项目发展;坚韧不拔的毅力使创业者能够在创业道路上克服重重困难,如技术研发瓶颈、资金短缺和市场推广阻碍等,持续朝着目标前行;积极进取的态度激励创业者不断寻求发展机会,拓展业务领域,提升企业竞争力,推动产业不断发展壮大。

(二) 创业的人生价值

创业不仅仅是一种职业选择,更是一种独特的人生态度和生活方式,与人生的各个方面紧密相连。在昆虫创意产业创业过程中,创业者将个人的兴趣、价值观与商业目标深度融合。对于热爱自然和昆虫的创业者来说,投身昆虫创意产业创业既是实现个人理想的途径,也是为社会和环境作出贡献的方式。他们通过创业,将对昆虫的研究与热爱转化为实际的产品和服务,如创建昆虫科普教育平台,让更多人了解昆虫的生态价值和文化意义,在实现商业成功的同时,获得极大的人生满足感。

创业还能塑造个人的成长轨迹,培养全面的能力和素质。从项目策划、团队管理到市场营销和财务运营,创业者需要不断学习和实践,提升自己的决策能力、沟通能力、应变能力和领导能力。这些能力的提升不仅有助于创业项目的成功，也对个人的人生发展产生深远影响，使创业者在面对生活中的各种挑战时更加从容自信。而且，创业过程中的成功与失败都是宝贵的人生经验，成功的经历增强创业者的信心和成就感，失败的教训则促使他们反思和成长，培养坚韧的品格和面对挫折的承受能力，为未来的人生道路奠定坚实的基础。

（三）昆虫创意产业的创业思维解读

1. 创业思维的特征

机会导向：创业思维始终聚焦于发现和利用市场机会。创业者要时刻关注昆虫领域的新技术、新需求和新趋势，从中识别出潜在的商业机会，迅速调整创业方向和策略，开发出符合市场需求的昆虫创意产品或服务。

创新性：创新是创业思维的灵魂。创业者要敢于突破传统观念和行业常规，探索前所未有的商业模式、产品设计和技术应用，以独特的创新优势在市场中脱颖而出。

冒险性：创业思维蕴含着对风险的接受和承担能力。由于昆虫创意产业的新兴性和跨学科性，技术风险、市场风险和社会认知风险较高。创业者需要有勇气投入时间、精力和资金，在不确定性中前行。

资源整合性：创业者善于整合各种资源来实现创业目标。由于极强的学科交叉性，昆虫创意产业的创业需要昆虫学家、药物学家、艺术家、设计师、营销专家、旅游专家、农业专家等不同领域的专业人员合作，整合科研机构、高校、企业等多方面的资源。

2. 创业思维的培养与练习

知识学习与积累：创业者需要广泛涉猎昆虫学、生物学、生态学、市场营销、财务管理等多学科知识，构建全面而扎实的知识体系。可以通过阅读专业书籍、学术期刊、参加行业研讨会和培训课程等方式，不断更新知识储备。

实践经验积累：积极参与昆虫创意产业相关的实践项目或创业活动，在实践中锻炼创业思维。可以从简单的昆虫主题手工制作或小型养殖实验开始，逐步积累产品开发、市场推广和团队管理等方面的经验。

案例分析与模仿：深入研究昆虫创意产业及其他相关领域的成功创业案例，分析其创业思路、策略和方法，从中汲取经验和灵感，并尝试模仿和创新，也要分析失败案例，总结教训，避免重蹈覆辙。

社交与交流：积极参与创业社群、行业协会和专业网络平台，与其他创业者、投资者、专家学者等建立广泛的联系和交流。在交流过程中，分享经验、获取信息、拓展人脉资源，同时也能接触到不同的思维方式和观点，激发创业

灵感。

(四) 效果推理的五大原则

原则一：确定可承受的损失而非预期的回报。在创业初期，由于市场的不确定性高，创业者不应过度关注预期的高额回报，而应先评估自己能够承受的最大损失。要考虑如果项目失败，自己能够承受的资金损失范围，避免因过度借贷或资金投入而陷入财务困境。根据可承受损失来制订预算和资源配置计划，确保创业活动在风险可控的范围内进行。

原则二：注重可利用的资源而非所需的资源。创业者应充分挖掘和利用身边现有的资源，而不是一味等待获取所有理想的资源。在昆虫创意产业中，可能拥有的资源包括个人的昆虫养殖技术、当地的昆虫物种资源、闲置的场地或设备、人脉关系等。通过整合这些现有资源，逐步推进创业项目，而不是因为缺乏某些资源而停滞不前。

原则三：关注可行的手段而非预设的目标。创业过程中，目标可能会随着市场变化和项目进展而调整，创业者更应关注实现目标的可行手段。在研发过程中发现技术难度过大或市场需求有限，此时可以调整方向，通过灵活运用各种可行的手段，不断探索和尝试新的创业方向，提高创业成功概率。

原则四：重视战略联盟而非竞争分析。与其他企业、科研机构、供应商等建立战略联盟比单纯进行竞争分析更为重要。通过合作，各方可以共享资源、技术和市场渠道，实现互利共赢。建立战略联盟有助于降低创业风险，加速项目发展，提升企业在市场中的竞争力。

原则五：控制偶然因素而非预测未来。创业环境充满不确定性，创业者无法准确预测未来的市场变化和技术发展趋势，因此，应注重控制偶然因素对创业项目的影响，如突发的昆虫疫情、政策法规调整或市场需求的突然转变等偶然事件可能对创业项目产生重大影响。创业者需要建立风险预警机制和应急响应方案，及时监测和应对这些偶然因素，确保创业项目能够在不确定的环境中稳定发展。

(五) 自我认知与开启创业

在投身昆虫创意产业创业之前，创业者需要进行全面的自我认知。创业者要明确自己的兴趣和热情所在，对昆虫的热爱和研究兴趣是推动创业的内在动力，但也需要理性评估这种兴趣是否足以支撑长期的创业过程。创业者要客观认识自己的能力和技能，包括专业知识、管理能力、创新能力、沟通能力等。例如，如果自身具备昆虫学专业背景，但缺乏市场营销经验，就需要在创业过

程中有意识地学习和提升这方面的能力，或者寻找合作伙伴来弥补自身的不足。创业者还需要评估自己的资源储备，包括资金、人脉、技术等方面。了解自己能够投入创业的资金数量，合理规划资金用途；梳理个人的人脉关系，寻找可能的合作伙伴、投资者或客户；盘点自己所掌握的昆虫相关技术和专利等资源，确定创业的起点和优势。通过全面的自我认知，创业者能够更加清晰地认识到自己在昆虫创意产业创业中的优势和劣势，制定合理的创业计划和策略，提高创业成功的可能性。

昆虫创意产业的积极探索和健康运营主要是依靠一批具备下述素质的运营人才和研发人才：

要喜欢昆虫，热爱昆虫产业，立志让昆虫造福人类，真正有做大做强昆虫产业甚至为昆虫产业奉献一切的情怀和决心。把昆虫产业作为一项伟大的事业来做，而不是作为普通的生意来做，更不能作为圈钱等歪门邪道的工具。这是最主要最基础的素质。

要有宏伟的志向和足够的抗压能力，要能坚守自己的事业和信仰，越挫越勇而热情不减，相信昆虫创意产业一定能成功，愿意为其长久投资和耕耘，而不是短视行为，做了一段时间，因效益不好或遇到困难就放弃。

要有极强的创新思维和开阔的视野，具有完善的丰富的知识结构（不仅要有理工科的知识，还要有人文、美学等方面的素养），勇于接受新生事物。

要有管理现代企业的必要素养，尤其是产品研发设计能力、专利转化和创新能力、产学研合作能力、品牌发展规划能力、人力资本开发和管理能力、把握市场机遇的能力等。

要有正确选择的能力和把握"大势"的能力。那么多的昆虫种类和昆虫产业，到底选择哪一个产业作为毕生的事业呢？"选择比努力更重要"，选择一个最恰当的产业是成功的先决条件。正所谓"谋'事'不如谋'势'""识时务者为俊杰"，要盯住和选择国家和社会发展的大势和重大需求，顺势而为，才能获得政府和社会的青睐和支持；还要有"不争第一，只做唯一"的创新意识，不扎堆，不尾随，善于和敢于创新，挑战没人做过且具有产业价值的行业，如此，一般是"十年不开张，开张管十年"，研究和产业化的开端极为艰难，但一旦成功，则处于无人竞争的垄断境界，产业和科研都很好做，也能使得整个昆虫产业出现"百花争艳、蓝海朝阳"的良性发展局面。

昆虫创意产业创业的自询问题：

（1）我是谁？我是否适合创业？我是否具备创业者所需的核心素养？我适合做创业团队的哪个角色或位置？我是否具备创业的天时、地利、人和，以及资金、团队、技术等要素？

（2）选择昆虫创意产业的目的、目标是什么？获取信息和技术支撑的途径是什么？对昆虫创意产业的认知程度如何？

（3）当地的基础产业是什么？与发展昆虫创意产业有什么关系？当地昆虫创意产业发展的氛围如何？到底选择哪个项目去创业？

（4）准备投资多少去建昆虫养殖场？或者计划建设多大规模的昆虫工厂？

（5）期望几年达到高产稳产水平？期望每年获取多少利润？

（6）自己对相应的技术掌握到什么程度？是否具备技术创新能力？能不能自己研发产品？自己的市场开拓能力如何？是否具备系统化创新能力？

（7）管理（包括自我管理）能力如何？情商（为人处世、协调沟通、情绪控制）如何？德商（胸怀、格局、人品）、逆商（抗打压能力）如何？

（8）需不需要找合伙人？对合伙人素质有何要求？

（9）对项目信息掌握到什么程度？能不能辨识真假信息？

（10）对于国家政策是否全面理解？能不能和地方领导沟通，获得当地政府的支持？

二、昆虫创意产业的创业实践理论

（一）创业准备

1. 项目可行性分析与商业计划书编制

在确定创业项目后，创业者需进行全面的可行性分析并编制详细的商业计划书。可行性分析包括技术可行性评估，确保项目所依托的昆虫养殖、加工技术或仿生应用技术成熟可靠，具备实施条件。市场可行性分析要深入研究目标市场规模、增长趋势、消费者需求与竞争态势，精准定位产品或服务的市场切入点与竞争优势。如昆虫主题文创产品需分析不同年龄段、文化背景消费者的购买偏好与消费能力，制定相应的营销策略。

财务可行性分析要预测项目的初始投资、运营成本、收入来源与盈利状况，评估项目的投资回报率与回收期，确保项目在经济上可行。环境可行性分析要考量项目对生态环境的影响，确保符合环保法规与可持续发展原则，包括考虑昆虫逃逸对生态系统的潜在风险，并制定相应的环保措施。

商业计划书应涵盖项目概述、市场分析、产品或服务介绍、营销策略、运营管理、财务规划、风险评估与应对措施等内容，清晰展示项目的商业逻辑、发展规划与盈利预期，为项目融资、团队组建与企业运营提供指导蓝图。

2. 创业团队组建与资源整合

首先，要组建多学科的核心团队成员，包括技术研发人员、市场营销人

员、运营管理人员等,确保团队能自主研发、掌握技术和产品的主动权,能够深入分析市场需求与竞争环境,制定精准的营销策略,拓展产品销售渠道与市场份额,生产流程优化、供应链管理、人力资源管理与财务管理等方面高效稳定运行。

其次,要建立多个合作伙伴关系。创业过程中,与外部合作伙伴建立紧密合作关系至关重要。与高校或专业科研院所合作,可获取前沿技术支持与科研成果转化机会;与材料加工企业合作,可借助其成熟的加工工艺与生产设备,将昆虫原材料转化为高质量产品;与一些较为成熟的营销公司合作,不一定自己营销或自己组建营销队伍,以降低成本和风险;与电商平台、零售商、经销商等建立合作关系,拓宽产品销售渠道;与旅游企业合作,开发昆虫主题旅游项目,如与旅行社联合推出昆虫生态旅游线路,吸引游客参与,实现旅游资源共享与互利共赢。

3. 资金筹集

资金筹集是创业的关键环节之一,除了自筹或自有资金之外,创业者可通过多种渠道获取资金支持:首先,政府扶持资金是重要来源之一,创业者可申请各类政府创业补贴、科技创新基金、农业产业发展专项资金等。其次,风险投资也是常见的融资途径,具有高成长潜力的昆虫创意产业项目能够引起风险投资机构的关注。创业者需准备详细的商业计划书与项目演示资料,向风险投资公司展示项目的创新点、市场前景与盈利潜力,争取获得风险投资资金注入,助力企业快速发展。投资对象包括社会资本,也包括各类国企投资平台。再次,银行贷款是较为传统的融资方式,创业者可凭借良好的项目可行性报告、商业计划书与个人信用记录,向银行申请商业贷款或政策性贷款。最后,创业者还可通过众筹平台开展产品众筹或股权众筹活动,吸引社会公众或潜在投资者参与项目投资。对于创业的高校老师还有各类科研项目或横向课题的资助,创业的在校大学生还有各类国家或当地政府的创业或创新项目及资金,以及各类创新创业大赛的奖金等,都可以用来资助创业。

(二) 企业运营与管理

1. 生产管理与质量控制

在生产管理方面,企业需建立科学合理的生产流程与管理制度,尤其是昆虫养殖和产品加工等环节,要制定标准化养殖方案,要引进先进的生产设备与工艺技术,优化加工流程,提高生产效率与产品质量。

企业应建立完善的质量检测体系与质量控制标准,从昆虫原材料采购开始,严格把控原材料质量,确保其符合生产要求。在生产过程中,对各生产环

节进行实时监控与检测，如昆虫养殖过程中的生长指标监测、产品加工过程中的物理化学指标检测等。同时，企业应积极参与行业标准制定，提升企业在行业内的质量信誉与品牌形象，增强市场竞争力。

2. 市场营销与品牌建设

市场营销策略对于企业的成功至关重要。企业首先要进行精准的市场定位，根据产品或服务的特点与优势，确定目标客户群体。例如，昆虫主题高端艺术品主要面向艺术收藏爱好者与高收入消费者群体，而昆虫科普教育产品则主要针对学校、培训机构与家庭亲子市场。在产品定价方面，要综合考虑成本、市场需求、竞争状况与产品定位等因素。

品牌建设是企业长期发展的重要任务，企业要注重品牌形象塑造与品牌文化传播。通过设计独特的品牌标识、品牌口号与品牌故事，赋予品牌丰富的文化内涵与情感价值，提升品牌辨识度与吸引力。在社交媒体平台上，企业可发布昆虫科普知识、产品制作过程、用户案例等内容，吸引用户关注与互动，提高品牌知名度与美誉度；通过参加行业展会，展示企业最新产品与技术成果，与行业内企业、专家、客户进行交流合作，拓展业务渠道与市场空间。

3. 财务管理与风险应对

创业企业要建立健全财务管理体系，规范财务核算与资金管理流程。在财务预算方面，要制定详细的年度预算计划，包括销售收入预算、成本费用预算、投资预算与资金收支预算等，合理安排企业资金使用，确保企业财务状况稳定。在成本控制方面，要加强对各项成本费用的分析与管理，寻找降低成本的有效途径。

风险应对是企业运营管理的重要环节，昆虫创意产业创业企业可能会面临技术风险、市场风险、环境风险与管理风险等多种风险。企业要持续关注行业技术发展动态，加大技术研发投入，与科研机构保持紧密合作，及时更新技术，解决技术难题；企业要加强市场调研与分析，及时调整营销策略，提高产品市场适应性与竞争力；企业要严格遵守环保法规，加强环保设施建设与运营管理，确保企业生产活动符合环保要求；企业要完善内部管理制度，加强团队建设与人才培养，提高企业管理水平与运营效率。

（三）注意事项

1. 消费教育

昆虫、昆虫产品、昆虫产业、昆虫创意产业，对绝大多数消费者来说，都是新鲜而陌生，而且不易接受，这也是制约昆虫创意产业的一大瓶颈问题，只有实现突破，才能迎来春天。

从大环境和大背景来看，昆虫创意产业要想有快速的发展，首先要有组织、有计划地向全体国民甚至世界各地传播各类昆虫产品的消费知识，培养正确、科学的昆虫产品消费观，这就是"昆虫消费教育"。

需要强调的是：第一，要用创意的方式教育消费者，而不是用传统的简单的教育模式；第二，要把昆虫消费教育作为一种昆虫科普或文化产业来做，而不纯粹是投资性的教育过程。

所以，一方面，我们不丢弃传统宣传媒介和途径，向社会大众宣传昆虫知识；另一方面，我们要结合研学游和科普活动、亲子活动等形式，用产业的思维和方式去传播昆虫文化，尤其是教育青少年孩子，让他们从小就了解昆虫、接受昆虫、热爱昆虫，为将来的一代人普遍具有昆虫产业意识而奠定基础。总之，要用多种方式，多途径多受众地进行消费教育，让广大消费者尽快接受昆虫产业，为昆虫产业的蓬勃发展奠定知识基础。

2. 拓展市场

昆虫创意产业是一个特殊的产业，所以，一定要精准地找到自己的市场，否则，会无的放矢，徒而无功。

需要注意的是：第一，要精准地分门别类地找到每个昆虫物种所对应的市场，包括精准的消费者定位和市场定位。比如，售卖爬沙虫，到底定位在高档食品，还是康养保健品，抑或是药品？爬沙虫的重点受众人群，到底是中老年人的治疗夜尿等疾病，还是小儿的遗尿等疾病，或是提倡年轻人的"轻保健"？不同的思维和定位肯定会带来很大不同的产业结果，甚至关乎产业的成败。第二，要用创意产业的思维去寻找市场，拓展市场。这一点是昆虫创意产业的精髓，也要与"瞄准市场"有机结合。

只有在寻找市场的同时拓展市场，然后反复斟酌，进而确定最精准的市场，才能有的放矢，精准营销，从而取得最佳的产业效果。

3. 创意性开发

按照昆虫创意产业构建的思路，对基地建设、养殖过程、尤其是产品开发和产业拓展各个环节进行昆虫创意产业打造。总之，一定要把创意产业思维贯穿始终，在各个环节开发出各类创意性的产品。这是昆虫创意产业的基础。

4. 创意性营销

有了好的创意产品，还要有相应的高水平的创意性营销，才能取得最佳的产业效果。昆虫创意产业思维要求我们不仅卖产品，更要卖文化卖创意，最终是为了尽量地拉长产业链，提高产品和产业的附加值。比如，农业房地产综合体项目里加入了萤火虫，那么，由此而诞生的萤火虫创意农业和农产品如何营销，萤火虫夜间旅游如何打造和营销，萤火虫房地产等如何创意性营销，这些

都是崭新的课题。如果只是有好的产品或项目,而没有发现由此碰撞出的新业态和新产业,就不会产生这些新业态和新产业最佳的营销方式,最终还是无法取得最佳的产业效果和回报。

三、昆虫创意产业的创业实践案例

(一) 创业案例

整体来看,昆虫创意产业每一个项目前途都是非常光明的,都有人会因此而成名致富,为社会发展作出巨大的贡献,但是也有很多人不幸成为陪跑,轻则投资打水漂,重则很多年翻不了身。

案例 1 昆虫研学科普项目

2009 年北京旅游行业开始有儿童研学活动的雏形,个别旅行社使用高校师生资源,在带儿童出游的时候,把知识和体验融入进去,获得了家长的认可。项目创始人负责的昆虫活动板块,竟然让几乎所有的小朋友喜欢,他隐约觉得昆虫的爱好者群体可能比自己想象中广泛的多。而儿童作为可塑性最强的群体,他们喜欢这些天然地小生命,昆虫研学具有很大的空间。

2013 年项目创始人创办了一家以昆虫为主题的儿童研学活动机构,把古板严肃的科学用更贴近小孩子的思维方式呈现出来,在半年时间里收获了几百个粉丝,虽然数量不大,但是转化率很高,其成功的诀窍是使用了最新的传播资源。

最初的宣传方式是使用微信,当时自媒体这个概念刚刚出现,公众号都还很少,内容也比较少,大量的优质内容正在从电脑端转向手机移动端,手机 App 的数量不算很多,当时一篇公众号文章阅读量 10 万+就是爆款文章,就是现象级的。但是自媒体即便玩得很不错,也要考虑变现的问题,这也是困扰很多玩家的第二重因素,好在我们的变现路径非常的短,获取少量的客户资源,就立刻用实体变现。这种发展方式显然很慢,但是也比较稳妥。如果只做流量没有考虑好变现通道,就很被动。除用线下实体变现之外,还有一些其他的变现途径,有一个爬宠博主,最终用自己巨大的流量成功举办非常多的线下爬宠交易展,最终把流量落地,成功变现。

后来在短视频时代,该团队有一位带队老师,课程知识非常丰富,专职从事抖音,经过两年多的发展,他的抖音粉丝量已经接近 300 万,变现方式主要是接商单,比方说新能源车企,摄影器材或是跟自然调性相同的一些商业植入。

刚刚起步的时候,自然导师特别匮乏,懂昆虫的老师不太懂孩子的心理,

懂孩子心理和教育的老师却不太懂昆虫学知识，找到理想的师资难度很大，也反映出了人才培养和社会需求的脱节。2016年，该团队开始做自然教育培训，当时整个市面上都是空白，好在已经积累了一些课程内容和经验，虽然这些经验还比较初级，但是比市面上其他人的认知已经领先了一截。自然导师培训坚持了很久，其间培养了多个团队自己的老师，增加了团队在行业里的影响力，也顺理成章地树立了专业的形象。我们深刻地感受到，在你很弱小的时候，老想着用这个弱小的能力变现是不明智的，因为不管变现多少，总归都是少的，在质上没有区别，把变现能力变强才是更重要的事情，想办法靠近资源更优的圈子，想办法提升自己的能力，开拓自己的思路更加重要。

该团队的一个创业教训是昆虫旅馆项目：公司租赁了半层楼7套房，外加一个相邻的楼顶，做成屋顶花园，预期是可以展示很多昆虫的生活状态，成为当地昆虫爱好者聚集地。实际情况是公司严重高估了昆虫爱好者的群体，即便是孩子很喜欢，但是绝大多数大人接受不了住宿的地方有虫子，不管好看不好看或好玩不好玩，再加上该地的位置在营销上处于劣势，结果就可想而知了。尽管创业失败，但却总结了一些昆虫主题酒店的经验：

（1）选准客户。独立人格更强的"00后"父母是主要客户群，他们会愿意带着孩子体验新奇的东西，哪怕自己完全不了解。因为在组织活动的过程中发现，"70后"非常务实追求效果，"80后"追求让孩子开心，"90后"家长自己都像个孩子一样，好玩有趣会非常吸引他们。所以，我的感受是，在经济发展的浪潮下，后一代人的开放程度会越来越高。

（2）投资规模。不要只是小民宿，投资规模要大，酒店设施更完备，住宿条件舒适，餐饮环境更好，公共空间多一些昆虫主题元素的陈设，甚至可以将酒店的大堂和餐厅或者活动区就做成昆虫博物馆。

（3）特色昆虫。可以考虑做萤火虫或蝴蝶等主题酒店，再加上举办萤火虫或蝴蝶许愿放飞、科普讲座、文化活动、各类节日以及特色美食和若干打卡点，必将会成为主题鲜明、市场威力较大的特色酒店和民宿。

（4）选好位置。在一线旅游城市或热门旅游目的地相对核心的位置，外来游客规模庞大，才能有足够多的游客数量。

项目团队创始人从2017年就意识到，随着团队的快速庞大，后勤、财务、美编、销售等辅助岗位增多，团队的能效其实变低了，因为信息的反馈回路变得更长，节点变得更多，能耗是几何级上升的。为什么有的企业追逐规模效应？那是因为专业化分工会提升岗位的生产效率，但是自然科普直接产出经济价值的地方是带队的老师，他没办法同时带更多的人（除非以牺牲科普活动效果为代价），那么后勤岗位对他的帮助其实非常有限。所以自然科普这个领

域,并不适合超大规模的团队,即便是一个大规模的公司,那么也应该以小团队协作为主要工作形式。像律师事务所那样,最好成为合伙制,每个人成为多面手,通过提升单个人的全面效率,增加产出也增加个人福利。所以,在科普领域,大型企业是打不过家庭作坊式的小公司的。

  2017年年底至2018年年初团队的快速扩张,带来了经营上的压力,团队的销售却还在原地踏步,当时的销售还叫作课程顾问老师,只是对于上门的客户进行解答,理论上讲他们不具备拓展市场的能力。昆虫展就是一次市场营销行为,其目的还是为了拓展影响力,增加流量。2018年儿童节,算得上是创业团队的一个高光时刻,非常成功,原计划用来引流,结果发现流量在第一时间就产生了转化,营收效果比夏令营还要好,每天来参观的人达到数千人,楼下排队的队伍长度达到了上百米。之后又在成都做了第二次展览,效果比第一次还要好,每天都有团队来拜访,寻求合作。

  昆虫展的主要内容分三部分:第一部分是传统标本展示,相对博物馆的展示升级的部分是把解说变得更有意思,明确参观群体是小朋友为主,语言儿童化、形象化,为了让标本区域展示效果更好,全程配备讲解老师,就好像再有意思的历史古迹,若没有讲解,个人游客很难从中品出味道来,即便是用二维码的方式链接到讲解视频,几千个标本,几千个二维码,对用户来说太烦琐了。第二部分就是活体昆虫展示,其中一些活体昆虫是可以触摸的,比如说独角仙的幼虫,为了增加互动效果,专门设置了蝴蝶屋,效果非常好。同时也放入一些爬行动物,尤其是鬃狮蜥、守宫和蛇这样不太常见的生物,受到了极大的欢迎,可以说当时完成了很重要的破圈儿,有人发朋友圈说她们是专门来看蛇的。由此可见,小众市场过渡到大众市场,经历的时间比我们想象的要长的多,其实也需要很多的契机来完成破圈儿,越是不被人理解的东西,越是被人排斥的东西,其中蕴含的可挖掘的价值就越大,但需要创业者点石成金的能力。在首届昆虫艺术展上,活体昆虫就是杀手锏,互动性极好,促使客户自发传播的动力很强。第三部分就是昆虫这个IP下的其他相关产品,比如昆虫化石、昆虫科普书籍、昆虫摄影作品、昆虫科学手绘插画、昆虫食材药材,等等。

  在这期间也收获了很多创业的经验教训:

  (1)背刺。该项目团队中的一个合伙人,连股份都不要了,带着资料,偷偷接了公司拒绝的单而小赚一笔,然后到北京找到投资人,抢先开了一场昆虫艺术展,随后又去了石家庄,其中一个跟公司走得很近的合作商家,找到公司内部一个员工,到广州开了一场昆虫艺术展,突然之间全国各地都兴起了昆虫艺术展。

（2）选址。在亲戚朋友的极力邀请下，公司在两个四线城市同时开展了"十一"黄金周的昆虫艺术展，全都一败涂地，因为对市场的把握不到位，不管互联网如何发展，四线城市终究是保守的，主要是观念的保守，其中有两个细节足以说明问题，一个是妈妈开着宝马车，来到昆虫展门口发现成人与孩子同价，不管孩子哭着闹着想留下，拖拽着孩子就离开了；第二个是，10元的昆虫展特价票，让一个父亲望而却步，但是转身买了旁边的10元的棉花糖。之后，2019年的元旦，公司在深圳开办了一场昆虫艺术展，整体上是成功的，但是因为选址还是过于偏僻，加上选的时间又是春节，所以效果低于预期；2019年的春季和夏季分别在重庆、成都做了第二场，效果都差强人意，2020年年初的疫情阻断了昆虫展的继续举办，最后只做了零星小规模的展示，主要是在商业综合体、社区商业、大型展会里面做专题展，规模要小得多。

做自然教育研学的产品是非标品，或者说是标准框架下的非标准品。因为研究活动的执行几乎全部都依靠老师进行，这对老师的要求非常高，培养老师很困难，周期也很长，一个成熟的老师需要一年到两年甚至更久的锤炼。更麻烦的是，即便是使用课件和教学工具，在做活动的时候依然具有巨大的随意性，当然这一方面也是好事儿，他给了老师施展才华的空间；另一方面也具有很大的不可控性，意味着他的可复制性比较差，好的老师可以给机构带来强大的生命力，那普通的老师有可能会消耗掉机构的品质。当机构特别依托具体的老师的时候，那么结构分裂的倾向就也会加剧，因为如果老师选择单干，大概率可以依托自己的能力，给自己带来更大的收益，这种情况下机构很难做大，如果做大一定会走向平庸。但是昆虫展则不同，因为产品本身是相对固定的，可以实现标准化，参观者甚至不需要老师的介入，就可以实现对产品的体验。讲解老师的培训也相对简单，数天就可以完成。所以该项目创始人一度觉得昆虫展是一个非常好的创业方向，直到市场的反馈越来越弱，这个想法才慢慢淡下去。

最终，该项目创始人选择了建造营地的方式：在营地当中构建比较有特色的明星产品，建设固定设施，最大化地发挥设施的作用，减少对老师的依赖。建设昆虫教室作为一个微型的固定昆虫展，除标本和场景的活体之外，可以搭建一些更有趣的昆虫展示，比方说黑水虻处理餐厨垃圾的展示，来到这里的客户可以把餐厨垃圾带过来，走的时候可以把黑水虻的粪便营养土带回去种花；使用蚯蚓处理畜禽粪便，蚯蚓可以用来给鱼塘的客户钓鱼，蚯蚓粪可以用来生态种植，也可以用来作为有机土赠送客户；在稻田里面饲养水生萤火虫，一方面萤火虫具有观赏的门票收益和科普课堂的研学收益，同时也用萤火虫来证明农作物的生态品质，把营地打造成一个生态产品的展示窗口，带动远郊甚至其

他省市生态产品的销售；林下养殖金蝉，作为春末和夏季夜间研学活动的素材，可以作为昆虫食品出售，增加营地的识别度，也增加一些收益；依托水系建造小型的湿地群，以树蛙、蜻蜓等水生生物为明星物种，建立湿地昆虫观察区，作为研学课程的载体；饲养蜜蜂，制作易于观察的蜜蜂箱；修建昆虫旅馆，作为营地美陈。当然，其他可做的东西也非常多，总之，一个核心理念——依托自然环境，把其中的一些容易成为明星的物种放大，形成研学课程或者营地标识物。营地投资比较大，在基础设施修建上非常花钱，形成产品的周期很长，通常以年为单位来实现，而研学课程则以周为单位，很快可以实现变现。但是营地也有自己明显的优势，产品一旦形成便可以重复使用很多次；一旦站稳脚跟，收益便比较稳定，适合长期投资。

案例2　我与蝴蝶的故事——昆虫标本项目

创业之路始于大学时期的偶然机遇，历经波折与转型，创新与坚持成就了今天的行业地位。

（1）校园起步，蝴蝶贺卡掘得第一桶金。1998年，大学读书期间，收到一封信，高中校友寄来一张带有蝴蝶标本的贺卡，感觉非常新颖，蝴蝶居然是真的，还很漂亮。第一次见到这样别致的贺卡，同宿舍的舍友也都很喜欢，当时的我正在找兼职的工作，看到这个标本贺卡，感觉到应该有市场。因自己本钱少，就跟同学商量合伙销贩卖蝴蝶贺卡，未果。后来从别处借2 000元本钱进货，通过跑礼品店、精品屋等渠道销售，3天时间售完，盈利2 000多元。随着业务扩大，逐渐积累上万元资金。这段经历让我赚到了创业资本，有了深入研究昆虫的动力，也为后续发展奠定了知识基础。

（2）温州历练，学习务实经营之道。2000年暑假，不是销售贺卡的季节，就去了温州打工，工作很难找，多次降低标准后才找到一份工作。一家刚成立的小公司，我的工作就是通过黄页（当时的一种印刷版的电话本，记录有国内注册的各个公司的电话、地址、业务范围等信息）查找目标客户，然后给他们快递本公司广告，做了一个多月，效果很好，订单很多，天天加班，很辛苦。我坚持做了2个月，这段打工经历中，温州人的"务实、低调、能干"的精神，以及开拓市场的模式，让我有了自己的想法，我决心自主创业。

（3）创业初期，合作与矛盾的淬炼。回到郑州后，开始专攻昆虫标本工艺品。也采用邮寄广告、市场推销的方式拓展市场。与礼品批发商合作，用他们的销售渠道，很快占领市场。但问题也很多，结账很麻烦，部分合作方结算货款不积极，经常让我资金紧张，周转不开。

（4）关键转折，展览催生教学标本新赛道。一次售卖现场，河南教育学院（现郑州师范高等专科学校）李老师对各种昆虫标本很感兴趣，邀请我去校内展示，也可以售卖，还给提供场地座椅等。我准备了100多个昆虫标本框，还做了些昆虫知识展板。参观的人很多，老师们也很满意，带我参观了他们的标本室，还有定制教学标本需求，提出来很多专业性要求。第一次做教学标本，在交货时问题很多，按要求一次次修改，严格质检，虽然让我利润微薄，但我学到了很多，也发现了教育领域的商机。此后，开始专注于高标准的教学与展览标本制作，让我规避了礼品市场的激烈竞争，也因为产业升级建立了行业优势。昆虫展让我完成了资本积累，打开了市场。

（5）提升发展，多元化布局与全球视野。市场很大又很小，毕竟还是冷门行业。国内市场逐渐趋于稳定，偶尔有外贸公司订单及外商来访，比起国内订单，他们订购量较大，要求也较严格。在进出口之间，拓展了市场，丰富了昆虫种类，开阔了视野。公司发展步入正轨，不能只局限于国内，国内的产品性价比优势明显，南美洲美丽的昆虫等待进口。高校、博物馆里的很多模式标本需要数字化保护，高质量的昆虫数据库等待搭建填充，养殖厂里的昆虫还在看天吃饭，饲料养殖配方还需要改进……我们一直在路上。

案例3　黑水虻项目

2012年北京一个农场想给鸡找到健康安全的蛋白饲料，找到农场里饲养黑水虻的小伙伴，他当时使用黑水虻来处理垃圾，越研究越觉得好玩，既然这种生物这么善于处理厨余垃圾，又产生了优质的蛋白质，而且现在做的人非常少，那么一定是一个非常有前景的创业项目。于是和朋友分享，农场的实践也给了自己和伙伴们很大的信心，其实，后面发现这些积累的经验还只是很初级的，更多更大的困难还在后面，不过这是后话了。

2016年的时候，几个股东七凑八凑凑了几十万元，觉得可以干这个事情了，但是只能很小规模，离想象中的相去甚远。经过到处寻找和引荐，有一个朋友的朋友靠着伐木和煤炭生意，积累了一大笔钱，对于能够保护环境的项目，非常感兴趣，感觉能够让他尽到社会责任，于是承诺投资1 000万元，这笔钱在后面几年持续支持了项目的运行。

当时根据自己觉得很成熟的经验，对这个项目做了全面的评估，觉得已经成型，可以落地了，但在未来的几年之内，实践把这些所有的评估几乎全部推翻。因为太过自信，所以踩了不少坑，建立生产线的时候，一些细节放大就铸成了很多错误。比如说横着的钢管有60米，但是全部采用焊接，这样在热胀冷缩的情况下就会发生一些弯曲，这种弯曲导致上面的盒子不能顺利通过，经常发生小故障；比方说把两条生产线并行进行，想着能够共用一套动力设备，同时推动两个盒子进行，但是结果是当有个别的不协调时，导致整个生产线都会受影响；处理厨余产生氨气的时候，想着氨气会上升，所以通风口开在了上

部，结果忘了室内产生很多的水珠，氨气溶于水了，往下流；这几年犯了太多的错误，严重的时候三条生产线中的两条都在维护，导致产品平均成本很高；再加上销售端迟迟没有打开市场，基本上比较局限于作为螃蟹的饲料，市场容量太有限，所以最终在长沙的厂房，300多万元的投资就打了水漂，回本遥遥无期，当地的一个合伙人也撤资，最终长沙工厂黯然关闭。

公司账上已经彻底没有钱了，到处借钱发工资，几个股东已经动了念头解散项目，可以说当时公司的倒闭就在一念之间，这个时间点绝对是公司的至暗时刻。当时非常巧合，迪拜方面向公司做了一个商业咨询，支付了10万美元，这笔钱又让公司撑了一段时间，所以，有时候运气挺重要的，但是前提是你要有足够多的尝试。

2017年的时候，生产出来大量的虫子，主要供给水产养殖，最终发现螃蟹养殖的契合度最高。但是也不是一开始就这样，最开始的时候人家甚至不要，因为虫子有一半容易漂在水面上，而螃蟹喜欢底栖，吃不到，造成大量浪费，而且飘着的虫子会招引来水鸟，顺便把螃蟹也祸害了。经过反复尝试，最终找到了一种很简单的办法，先高温，然后瞬间低温，虫子就爆掉了，开裂的虫子，没有了中空的腔，就会沉底了。但是这个技术含量并不高，所以所有的人都这么做的时候，竞争依然会很激烈，黑水虻虫子蛋白，从行情好的时候4 000元/吨一路跌到2 000元/吨，跟个体养殖户根本无法竞争。

2017年10月，公司把前几笔资金已经快烧完了，幸好做出了一些成就，在业内也算是有点影响，当年进了一个新股东，带来100万元的新鲜血液，算是解了燃眉之急，所以CEO非常重要的一个职责就是为公司找钱。

最终还是把视野放在了溢价更高的宠物市场，因为在出口市场上发现了一些端倪，那就是客户中，宠物食品开发商的身影逐渐增加，而且对价格的接受程度也更高一些，公司就开始研究宠物市场这一块，当然这一条路走得也并不容易，因为所有的一切都是陌生的，虽然市场很大（3 000多亿元），但是已是一片红海，大大小小的品牌几千个。

因为昆虫蛋白宠物粮成本比较高，对于需要大量使用的用户（比如说食量比较大的拉布拉多、金毛的主人）来说会觉得比较贵，最终找到饲养较名贵的宠物猫的群体作为主要客户，因为猫的身价比较高，所以对安全的关注度也更高一点，高点的宠物粮价格接受度也比较好。其实还有其他选项比如说一些异宠，但是因为市场太有限，动销不足，所以没办法开展。

在直播带货这个方面，公司也有过经验教训：头部大主播有坑位费，而且在他正常带货过程中给公司出镜的机会很少，"昆虫计划"作为一个新兴的品牌，价格又比较高，没有可锚定的参照物，用户就会觉得价格很贵，在直播间也不会有占到便宜的感觉，所以即便是头部主播带货量也非常少，反倒是一些腰部的主播，他可以花很多的时间来介绍公司的产品，吸引一些人的注意，从而带动销量，比头部主播要好的多。

到 2024 年 11 月，公司年收入达到 700 万~800 万元，持有的专利将近 30 个，现在团队有十几个人，分别在深圳、北京和长沙办公，平时沟通的时候都使用线上会议。团队的人具有很强的自我学习能力，每个月也都会拜访专家，寻求专业的指导，团队奖罚分明。奖励不多，但是惩罚也不到位，领导帮着一起分析问题，让团队的人知道有人帮忙兜底，大家敢于尝试新的想法。团队成员主要来自于农业院校，但是也爱学习，成功的学会社会供应链相关的能力，可以跟这些供应链沟通需求，制定管理手册，帮助他们满足原来不曾有的生产需求。

2023 年底开始公司逐渐站稳脚跟，战略逐渐清晰。在创业过程中有很多时候另一个方向也可以，但是在 90% 的情况下都是陷阱，本来考虑的是顺便做一件事情，但是付出的隐性成本或者额外未知成本要高得多。现在公司就只做两件事情，一个是养虫子技术的研发，另一个是宠物粮，而且只做猫粮和狗粮，其他的都不做。

公司有很多看似奇葩的规定：比如，如果有商业合作的参观，公司会收取 1 000 元的门票费，签订咨询合同，因为公司觉得如果你还不愿意为这个事情付出门票费，说明你还没想好，很草率地来参观是学不了什么东西的，同时公司同事时间也是很有限的，因为你的匆忙参观，他可能也很匆忙地给你回复很简单的问题，总之双方的效率都很低。反过来，如果参观者想清楚了，因为付了费，所以来了之后会敞开问问题，公司因为收了费，所以可以敞开地回答问题，这是双赢。比如，公司在卖宠物粮的时候，如果他的宠物状态不是很好，不太适合吃我们的宠物粮，我们会推荐他不要买，这在商业上也比较奇葩。

对于有差评的客户，公司会第一时间表达关心和抱歉，因为吃了我们不够成熟的宠物食品产品，他的宠物身体不舒服，即便肯定不是公司的产品的问题，我们都愿意表达出同理心，宠物的利益至上，甚至还要给做出差评的客户送上新年的祝福，把与公司合作的有机农场的产品送给他，但是并不会提出任何的其他要求，比如说删差评，只是表达一种祝福，但实际上好多客户都是都会这么做的。我们只是想做个好人，树立一种善意的形象和正面的价值观。

公司里面工资最高的是员工，而不是初创股东。公司在工商注册上有期权池，很多员工都持有股份。所以员工真的会把公司当做自己的家，虽然公司一直在跟他们讲安全第一，但是他们会很愿意帮公司省钱，经常选择最便宜的航班，有一次一个员工在供应商家里住了一个月，他说当地的宾馆太贵了，一个

晚上要400多元,太心疼了。

案例4 蟋蟀养殖项目

2012年的时候,我和几个朋友正儿八经做了第一次创业,养殖中华斗蟋,之所以说正儿八经,是因为这真的租了房子,买了设备,投了3万多块钱,现在回过头来看确实不多,但那时候刚毕业,这笔钱算得是倾我所有。

找了一个成熟的蟋蟀养房,交了学费,买了繁殖用的卵,在北京市城郊租了一套房子,买了一批工具就干起来了。因为北方冬季有集中供暖,采暖成本并不是高。

繁育蟋蟀这个过程挺有意思的,看着蟋蟀从土里面钻出来,然后我用毛刷轻轻地扫在大箱子里,撒上它们的饲料,喷雾器喷点儿小水珠,就算有吃有喝了,是不是超级简单?第一个月还有很多时间打扫优化工具,但是很快现实就给了我第一巴掌。

中华斗蟋天生有斗性,从三龄开始,就必须住单间儿,不然天天打来打去,轻则以后没有斗性,就没人买了,重则咬残了肢体,就完了。所以我们又买了一大批陶罐儿,陶罐底部用泥土和水和匀之后晾干,陶罐儿顶上盖一铁片儿,就算是斗蟋的单间儿了。进了单间儿,吃的东西就要麻烦的多,买来没有农药的大白菜,当然为了万一,买了大白菜,外面几层都要扒掉不要,自己留着炒菜煮汤吃,里面的大白菜叶子去了不要,只要白菜帮子,然后切成0.5cm见方小块儿的。再把蟋蟀的饲料煮成糊糊。一块儿小白菜帮子上面粘一小坨糊糊,这就成了蟋蟀的居家餐,居家餐码的整整齐齐的,然后再一只蟋蟀一个切菜喂饭送快递上门,这一套流程最多20秒,听起来也不是太难,对吧?但是如果蟋蟀的数量是一千只呢,多的时候几个批次合起来要喂几千只,我记得早上把白菜和糊糊准备好,一只一只地喂就已经搞到下午了。搞得我中午饭也没心情吃饭,直接把白菜帮子叶子和糊糊吃了,就算果腹。如果蟋蟀不听话,在你打开盖子一瞬间就跳出来,那又得去找上一会儿,用一个专用的软网,把它抓回来。就这样我忙的不亦乐乎。

为了斗蟋能够不间断地有成虫可以出售,在养殖的时候就要形成批次,也就是说同时有卵在孵化,有低龄的混住,同时也有高龄的住单间吃居家餐,同时也有成虫准备售卖,成虫还要给它们做配对繁育。

除劳累之外,这个流程并没有什么难的,但是想要把这些蟋蟀卖出去就是在运营了3个月之后遇到的第一个重大事故,因为我们跟培训方签订的是包回收协议,所以我们养的蟋蟀他是都要收购的,但是这个收购规则却由他来制定,市场好的时候,我们的蟋蟀基本上他都要,市场不好的时候,他只会挑一些优质个体,其余的就不要了。所以我们很快发现,工作在继续,但是产出却

第三篇 实践篇

非常不稳定,即便是非常劳累都不敢雇佣一个帮手,因为那会进一步增加成本。而我自己已经完全陷在生产里面,销售又没办法去抓,其实在北京几个大的宠物市场,都是可以去跑渠道的。所以在这个项目进行到第6个月的时候,我身心俱疲,实在没有办法,就把它关了。

中间穿插一个故事,当时因为太劳累,在熬蟋蟀食物的时候,我用的是一个小电热杯,放在地板上,我躺在旁边小眯一下,结果睡着了,这一睡就是一个多小时,当我突然惊醒的时候,锅已经烧干,软搭下来,木地板烧了一个大洞,我惊出一身冷汗,赶紧断了电。当我站起来的时候,发现我人已经站在烟雾之中,整个房间的2/3高的上层空气中弥漫着浓烟。这是第一次我离死亡如此之近,每每想起都非常后怕。安全第一,在那一瞬间变得非常具象,如果人都没了,那还创什么业?

与之相关的一件事情是,这个创业项目我把身体搞坏了。因为蟋蟀的成虫需要很高的温度,这无疑增加了非常大的能耗。为了节能省钱,这个套房只有蟋蟀所在的这间屋子是加热的,温度达到30~31℃,里面开着暖气,还增加了热油汀电暖气,而我处理蟋蟀食物等其他杂活的空间没有暖气,靠着左邻右舍和蟋蟀房间传递的热量,温度大概只有10℃。而这些工作需要反复地在高温和低温之间穿插,因为太热,我索性脱掉外套只穿个单衣,出来又不想麻烦,反复的温差使我的脾胃受到很大伤害,天天拉肚子,没力气,也没有多少精气神。这个身体损伤又花了好多年的时间,才慢慢恢复调理回来。这也是导致项目夭折的很重要的一个因素,精神都没有了,还怎么搞?

其实还有一个隐藏问题,就是中华斗蟋的人工繁育虫,市场的容量很有限,是一个非常小的垂直市场。在山东省宁阳县,举全县之力打造的蟋蟀节,声势比较浩大,但是经过十多年的发展,依然无法破圈。在我游历过的几个城市,只有在北京花鸟市场,中华斗蟋相对比较常见,其他北方市场都比较罕见,在南方市场更是没有踪迹。

案例5 昆虫宠物项目

蚂蚁爱好者群体是一个很小众的群体,但是因为我国人口基数大,即便是一个小众的群体,数量也达百万级别,有些蚂蚁产品的销量可以过万。

我小的时候自己玩蚂蚁都是用泥土压紧在罐头瓶里面,然后把蚂蚁抓了放进去,让它们直接现场打洞,然后整体搬家进去。制作成本非常低廉,因为当时的自然环境很好,所以能找到蚂蚁的地方也很多。但是这个玩法有非常大的缺陷,或者说有不够满足玩儿家的地方,如泥土灰尘比较多,过不了多久,蚂蚁的通道就会变得模糊不清,更不用说更靠中心的通道,完全在视野之外。而蚂蚁比较胆小,不喜欢光,也都喜欢躲在更靠中心的位置,确实不方便观察。

· 263 ·

还有一个问题，泥土如果变得干燥之后，容易垮塌，我当时使用滴管，一滴一滴的轻轻地把表层土润湿，保持一定的黏度，而水气也会顺着毛细通道，慢慢的扩散至整个巢穴。

泥土巢的好处也很明显，通俗的话就叫接地气，科学的表述应该是这种环境是蚂蚁熟悉的环境，土壤中的微生物菌群适合，土壤的透气性也更好，所以蚂蚁挺乐意在里面生活的。我甚至用很多个罐子，把同一窝铺道蚁养在一起，它们之间通过瓶口的木头联系起来，形成一个群落，在石桌上散养起来，这给我童年的时光带来了非常多的快乐和启迪。

2007年左右，市面上出现了一款非常有名的蚂蚁生态玩具，叫"蚂蚁工坊"，它是用凝胶代替土壤，装在亚克力盒子里，整体全部透明，蚂蚁可以在里面挖洞，清晰可见，特别适合观察，同时凝胶里面还有一些糖分，出厂的时候做了消毒处理，里面增加一些抑菌成分，蚂蚁可以把当凝胶当做食物。这个设计也很简洁，成年的蚂蚁并不需要太多营养物质，简单的糖分足够。当然，如果把蚁后养在里面是不行的，因为缺少蛋白质、脂肪、矿物质等营养，如果另外投喂食物，里面环境有点潮湿，残渣很容易产生霉变。

这款产品火了几年时间，慢慢地，随着爱好者群体的崛起，他们的需求变得丰富而深度，这款产品显然就只能停留在入门级。包括这款产品所带活的蚂蚁种类（日本弓背蚁）也成为入门级蚂蚁的代表。

2012年、2013年开始出现很多蚂蚁产品，并开始进入快速迭代，石膏巢、纯亚克力巢、透水砖巢、3D打印巢，非常丰富。巢体的构建也越来越复杂，甚至一个巢体用上百块零件拼接。里面会做更精致的造景，加水加湿，投喂食物等功能也更加方便，单单一个巢体可以卖到上百块或一两千块钱（如展示蜜罐蚁的巢穴）、两三千块钱（如饲养切叶蚁的专用巢穴）甚至更贵。以蚂蚁和巢穴等周边产品作为主营的商家，在平台上已经有几十或上百家，这个小众的群体已经变得非常庞大，具体数据实在难以估量，但是规模大概在百万级。

这个非常小众的门类已经养活了一批人，虽不至于大富大贵，但是达到小康水平完全没有问题。

兰花螳螂是一种颜值和可玩性都比较高的昆虫，其若虫身体以白色为主色，带一些粉红色，非常像是一朵花，甚是漂亮，在宠物市场受欢迎程度比较高，而且因为它只生活在热带地区，从自然界获取的难度高，所以市场价格比较可观。因为螳螂是肉食动物，同一窝的也会相互残杀，所以在自然界中孵化率很高，但是存活率很低，通过人工繁育的方式可以大大提高存活率，这个产业就变得有利可图。在西双版纳就有专门繁育兰花螳螂的养房，就是普通的民房，使用网笼单独喂养，一处民房两三个人手，一年的孵化量可以达到十几万

或二十几万只（2龄个体），如果销售渠道通畅，其盈利能力也是蛮可观的。正是因为市场的需求量没有那么旺盛，而且需求的时间和兰花螳螂孵化有时间差，所以兰花螳螂的养殖规模都不大，仅够养家糊口，算是一个个体创业项目。

创业者的告诫：

首先，创业是一种生活，自己必须清楚自己是不是适合创业，适合团队里的哪一个角色，最尴尬的事情就是自己坐错位置，进退两难。只要是团队合作，就得跟人打交道，就得了解自己，了解对方。早一天认识到这个事情的重要性，就早一天避免很多雷区。

我一度认为，人与人是一样的，都要经历不同的阶段，成长不同的能力，最终达到的目标是一样的，不同的是，经历和能力先后有不同，达到的目标有多少而已。当我发现这个想法是错误的时候，我已经把头皮撞破了。

在公司初期找合作伙伴的时候，我就因为对人的不够理解，犯下很多错误，要不就是找到团队里的人是和自己很相似的，那么就形成了 1+1≤2 的结果；或者是和思维方式经常完全相左，自己完全无法合作的伙伴，因为没办法相互理解，误以为对方是故意针对自己，经常好心办成坏事，出力不讨好，花很多力气去解决矛盾。一度自我怀疑是不是不适合带团队。但是当后来通过对心理学的了解，及时调整，就得心应手得多。尤其是 MBTI 人格测试，发现人和人太不一样了，人与人之间的差别比昆虫之间的差别还大。甚至有很多地方，人与人之间是相反的。

选择了自己的道路，就要勇敢的走下去，螳螂选择了肉食，就不能墨迹，得卷，螳螂兄弟相残，夫妻相残，没办法群居，孤独一生；蝴蝶选择了猥琐发育，那就得会装，凤蝶小时候装鸟屎，大一点装蛇，装的不好，就是别人的点心。当然，动物奉行的是你死我活的丛林法则，而人类社会有法律作为基础兜底，却没办法解决精神层面的折磨。唯有需要注意的是，需要周全计划，减少损失，并且注意复盘，不要在一个坑里反复堕落。

我给大家推荐一些了解自己的途径：

第一个：盖洛普优势识别。盖洛普优势识别是把人的能力详细划分出来34项，归为四个维度：执行力、影响力、关系建立、战略思维。每个维度下的每种能力都可能实现这个维度的结果，当然这个维度下的能力越强越多，这个维度的能力就越厉害。我们没办法把每个维度每种能力都做到很好，所以就需要把排名最靠前的 5 个能力作为自己的核心能力，最大化开发发挥出来，前十项的其他能力就着重培养，而最后的能力则要注意，视为短板，避免造成不利后果即可。谨慎注意，试图补齐短板是一个事倍功半的选择，发挥强项是最

佳选择，正所谓扬长避短。

第二个：MBTI人格测试。我在大学阶段做过这个测试，那个时候测试的解读比较粗糙，所以，我从测试本身并没有得到多少指导意义。再次测试已经是中年，现在的版本题库更丰富，解读也更精细，叠加半生的人生阅历对自己和对别人的认知，理解也会更深刻一点，尤其是对自己最强烈的与别人的不同，和自己最容易情绪波动的点。MBTI测试很多免费的版本，测试也比较简单，非常适合做为初步自我认知的工具，可以框架性的认识自己和周围的人。

不用怀疑测试的真实性，因为这个测试就是一个归纳而已。答案是测试者自己如实填写的，那么系统会把具有这些特征的人归纳到一个标签下，给这一类人取一个名字而已。通过反向挖掘，你自己会发现自己连带还有很多其他的特质，尤其是自己的缺陷，往往在平时是忽略的。

创业必然是有方法的，关于创业的书有很多，建议大家至少选取三五本仔细阅读，尤其是关于创业如何失败的书。如果你是抱着美好的憧憬开始创业，那可能很危险，因为希望越大，失望越大，也许只有你知道了一百种把企业干倒闭的途径，依然要创业，那你真的可能是那个天选创业者。

我在这里只赘述最简单的两句话，创业者每天都要问自己的话：（1）你做这个产品是卖给谁的？也就是找到客户在哪，他们的特征，怎么找到？当然也可以反过来倒推，这个人买了我的东西，那么他有什么特征，跟他相似的人在哪，怎么让他们找到我？（2）凭什么买你的产品或服务？是便宜或性价比高，还是方便，还是服务好，还是颜值高，还是故事精彩？你必须有一个优势，哪怕是相对优势，并不断把这个优势扩大，甚至创造新的优势。

你认为这两句话是不是很简单？如果是，也可能是你太过自信了，有点自负。创业者大概都是这副样子，这种状态是好的，也是不好的。好在可以激活自己和团队的能力，不好的是，有可能会在不经意间踩坑爆雷。所以，情绪上保持自信，理性上保持警惕，永远不要同时闭上两只眼睛。

（二）创业分析

1. 创业产业类型分类

目前，基本所有的昆虫创意产业都集中在食用药用昆虫、观赏娱乐昆虫、环保饲用昆虫、绿色防控昆虫、工业原料昆虫五大领域，近些年内可能会崛起仿生昆虫等学科交叉新兴产业。这些昆虫产业项目大概归为两大类：

（1）很大程度依赖技术、资金、市场，属于重投入，起步门槛较高，创业风险较大，当然了，一旦创业成功，收益也会很大，适合于较大且资金实力强的企业和较为成熟的企业家创业，这类项目主要包括了食用药用

昆虫、环保饲用昆虫、绿色防控昆虫、工业原料昆虫,也包括后期可能会出现的仿生昆虫产业等,也要注意"昆虫创意产业"思想的适当融入和指导;当然了,其中也有些项目适合"轻创业",比如,养殖和市场都较为成熟的一些地方特色食用昆虫的开发、个别较为成熟的环保昆虫项目试创等。

(2)不是很依赖养殖和加工技术,不需要太多的资金,自己可以寻找市场、市场波动不是很大,创业门槛不是太高,创业风险不是很大,但收益也会有局限,很适合中小企业、社会普通创业者及大学生练手创业和高校教师兼职创业,当然了,也不是排斥大型企业和资金的注入,相反,较大投入会深挖和提升这些产业,会做得更好,产业价值挖掘更深;这类项目主要是观赏娱乐昆虫,包括文化昆虫、昆虫疗愈、昆虫宠物、昆虫研学科普等内容,特别需要"昆虫创意产业"思想的指导,多融入创意思维。

2. 大学生创业分析

大学生创业可以分为在校创业和毕业后创业。

(1)在校创业的优点是可以享受学校及社会的一些补助政策,借用学校的人力、场地、仪器、技术等资源,降低成本和风险,促进学业提升,还能获得一些创新创业项目和比赛成果,也能为毕业后的考研、就业、创业奠定基础和积累资本,但明显的问题就是在校期间的创业经常与上课时间冲突,让学业把创业割裂或难以协调,再就是在校生情商、阅历不够和水平、资金欠缺,也严重影响了创业质量,多数的创业项目都流产或形同虚设,高水平的在校大学生创业比例极低。建议在校生以创业训练和实践锻炼为主,重在积累创业经验,训练创意思维,提升综合素养,而不太看重挣钱利润,要尽量保守投资,降低风险,扬长避短,兼顾好创业和学业,千万不能顾此失彼或舍本逐末,更要注意创业期间的人身、财务等安全。

(2)大学生若毕业后创业,也要综合全面分析个人优势和劣势,包括能力、技术、资金、资源等是否具备创业的条件,再就是谨慎选择创业项目和规模,组建优质的创业团队,不能好大喜功和盲目自信。总体而言,创业成功是个小概率事件,可谓九死一生,大学生刚毕业就创业风险较大,不建议毕业后立即创业,除非是各种条件都非常成熟且风险可控,建议毕业之后先沉淀沉淀,在社会大学里再学习几年,在公司里待一待,锻炼一下自己的心理承受能力,比如说能不能承受被老板骂,因为自己做老板,要独自承担所有的后果,这种比被人骂还要难受。如果你是一只昆虫,就应该在幼虫的时候,拼命吃饱,谨慎地度过化蛹和羽化,最终才能展翅高飞,比肩彩虹。

3. 创业成功与失败分析

昆虫创意产业创业成功的要素不外乎团队强大、资金雄厚、选项正确、营销到位、管理科学、风控得当、市场较好等，更重要的是要分析创业失败的原因。有的公司因为创始人心术不正、因诈骗或资金非法使用等而锒铛入狱，有的公司因为股东内部出问题而崩塌，有的公司是因为项目技术不成熟或国家政策等原因而步履维艰，很多公司是因为创业者能力不够、迟迟打不开市场或对市场把握出现问题或财务管理及内部管理不善而亏损，少数公司是因为外部突发事件而关门。总结一下，基本归属于以下积累原因。

（1）人的原因。人永远是所有事业成败的核心要素。若创业者本身就心术不正，没想认真创业，而是借助项目圈钱或报项目等，格局不大，认为创业就是为了享受而不是造福社会，那注定了创业失败或无法做大；若创业团队单薄，不和谐，人员和股权结构不合理，价值观不统一，内部管理和沟通不到位，那也会导致公司崩塌。除此之外，若创始人对昆虫创意产业理解不够，把握不到位，不善于管理和团结成员，不善于把控市场，决策出现重大失误，或者思维打不开，不创新，用传统思路营销，或者毅力不够，不够坚持，遇到困难或挫折就放弃，都会导致最终创业夭折。

（2）项目的原因。若选择的昆虫产业项目本身技术不成熟，或市场不大、市场萎缩，或属于夕阳项目，或者持续投入太大、回收资本不及时、利润回报不大等原因，也会导致创业失败。

（3）管理的原因。对昆虫创意产业理解不够，思路打不开，销路不稳定，产品延伸不够，传统市场一旦萎靡就无路可走，或者内部管理、财务管理等不善，再加上规模较大，投入和成本较高，很容易导致公司夭折。

（4）其他原因。食用昆虫产业很容易受到国家食品名录等政策原因而遭受灭顶之灾，新冠疫情等突发事件也会给昆虫产业带来政策和市场等方面的打击，这些原因也会给创业带来灾难。

☞ 参考文献

阿航，2024. 害虫变"致富虫"：女大学生村官养蚂蚱助力乡村振兴［J］. 山西老年（1）：32-34.

曹成全，等，2021. 昆虫创意产业［M］. 北京：中国农业大学出版社.

曹成全，等，2022. 昆虫创意产业助力乡村振兴［M］. 成都：西南交通大学出版社.

梁发山，黎小琦，2024."一蔗一虫一村"推动乡村振兴［N］. 河池日报，2024-10-16（3）.

Insectta 公司案例. 昆虫农场的转型之路: 从昆虫蛋白走向昆虫生物材料 [EB/OL]. (2024-03-08) [2025-02-23]. https: //so. html5. qq. com/page/real/search_news? docid=70000021_66665ea72c883752&faker=1.

☞ **创商训练**

1. 撰写一个以昆虫创意产业为主题的创业路演项目,并当众演讲。
2. 围绕你的就业和创业计划,结合你身边的昆虫物种、人力、资金等资源,制定一个创业项目商业计划书,甚至尝试探索创业。
3. 总结一下昆虫创意产业项目成功和失败的主要因素。